Kubernetes
从入门到实践

赵卓◎编著

人民邮电出版社
北京

图书在版编目（ＣＩＰ）数据

Kubernetes从入门到实践 / 赵卓编著. -- 北京：人民邮电出版社，2020.6
 ISBN 978-7-115-53471-2

Ⅰ. ①K… Ⅱ. ①赵… Ⅲ. ①Linux操作系统－程序设计 Ⅳ. ①TP316.85

中国版本图书馆CIP数据核字(2020)第033605号

内 容 提 要

本书共 11 章，由浅入深地介绍了 Kubernetes 的相关技术。主要内容包括容器的发展史，Kubernetes 的核心概念，Kubernetes 的安装与部署，Kubernetes 的基本单位 Pod，Kubernetes 中的各种控制器，Kubernetes 发布服务的方式，Kubernetes 中的存储卷与用法，Kubernetes 中的几种实用扩展，Kubernetes 管理资源的方式与 Pod 的调度原理，API Server 的基本使用方式及身份认证与授权方式等。

本书适合开发人员、运维人员、测试人员阅读，同时也适合对 Kubernetes 或容器技术感兴趣的读者阅读。

◆ 编　　著　赵　卓
　　责任编辑　谢晓芳
　　责任印制　王　郁　焦志炜

◆ 人民邮电出版社出版发行　北京市丰台区成寿寺路 11 号
　　邮编　100164　电子邮件　315@ptpress.com.cn
　　网址　https://www.ptpress.com.cn
　　北京七彩京通数码快印有限公司印刷

◆ 开本：800×1000　1/16
　　印张：20.25　　　　　　　2020 年 6 月第 1 版
　　字数：466 千字　　　　　2025 年 1 月北京第 9 次印刷

定价：79.00 元

读者服务热线：(010)81055410　印装质量热线：(010)81055316
反盗版热线：(010)81055315
广告经营许可证：京东市监广登字 20170147 号

前　言

过去，应用程序的部署并没有如今这么简单，要先找到物理机或者虚拟机，而这些机器必须先安装操作系统，再部署基础应用与数据库，最后才部署目标应用程序。作者曾体验过这些复杂的部署过程，也曾编写过长达几十页的部署文档。每次部署一台新机器时，总会面临各种不同的挑战，要解决各式各样的运行环境问题。即使后来引入了自动化部署，也没有从根源上解决运行环境问题。

直到容器技术（如 Docker）发展与流行起来，才真正从根源上解决了这些问题。容器技术将应用程序与程序依赖都打包到镜像中，供开发者复制、分发。使用容器技术，不仅提高了打包的速度，还拥有更高的资源利用率。最重要的是，能保持运行环境的一致性，真正做到"一次构建，随处运行"（build once, run anywhere）。这为开发人员、运维人员与测试人员带来了极大的便利，大大提高了效率，降低了运维成本。对于现代互联网企业，更高的效率就意味着能拥有更大的生存空间，更能实时响应竞争环境的变化。

基于基础的容器技术，Kubernetes 是一套容器集群管理系统，是一个开源平台，可以实现容器集群的自动化部署、自动扩缩容、维护等功能，充分发挥容器技术的潜力，给企业带来真正的便利。Kubernetes 拥有自动包装、自我修复、横向缩放、服务发现、负载均衡、自动部署、升级回滚、存储编排等特性，不仅支持 Docker，还支持 Rocket。Kubernetes 与 DevOps、微服务等相辅相成，共同推进现代的数字化变革。

写作本书的目的

作为当下及未来的主要技术方向之一，对于个人职业生涯及公司发展而言，Kubernetes 至关重要，但由于它涉及操作系统、网络、存储、调度、分布式原理等方面的综合知识，因此直接导致了初学者面对 Kubernetes 时，感觉无从下手，摸不着头脑。即使已经熟练运用的用户也可能无法全面掌握 Kubernetes 的深层原理。因此，作者开始有了写作本书的想法，由浅入深全面剖析 Kubernetes 的功能与特性，不管是刚刚入门 Kubernetes 的用户，还是已经熟练运用 Kubernetes 的用户，都会从中有所收获。

如何阅读本书

本书适合开发人员、运维人员、测试人员阅读，也可供任何对 Kubernetes 或容器技术感兴趣的读者参考。

本书共 11 章，由浅入深介绍 Kubernetes 的各个方面，即使读者不具备任何开发或运维的功底，也可以阅读。

第一部分（第 1 章和第 2 章）主要介绍容器技术的发展史，并对 Kubernetes 的架构与工作流程及核心概念进行介绍。该部分有助于读者了解容器技术的背景与它所解决的问题，从而对 Kubernetes 的功能有基本的了解。

第二部分（第 3~8 章）详细介绍 Kubernetes 的主要功能与特性。该部分将对各种工作负载对象（Pod 与控制器）的使用、应用部署、网络、服务发现、负载均衡、存储、配置、资源管理、资源调度等进行介绍，对于每个知识点都深入分析其原理并配以清晰明了的示例，帮助读者掌握 Kubernetes 的主要用法。

第三部分（第 9 章和第 10 章）介绍如何对 Kubernetes 进行配置、管理及扩展。该部分主要介绍 Kubernetes 的 API Server、授权与安全、可视化管理，并讨论如何扩展 Kubernetes 的功能。

第四部分（第 11 章）使用两种类型的项目作为示例，介绍如何进行部署和运维，并讲述如何使用 Helm 来部署项目。

读者可以根据需求选择阅读，不过最好按照顺序来阅读，这样不仅可以循序渐进，还可以从整体上对 Kubernetes 有深入而系统的认识。

服务与支持

本书由异步社区出品,社区(https://www.epubit.com/)为您提供相关服务。

提交勘误

作者和编辑尽最大努力来确保书中内容的准确性,但难免会存在疏漏。欢迎您将发现的问题反馈给我们,帮助我们提升图书的质量。

当您发现错误时,请登录异步社区,按书名搜索,进入本书页面,单击"提交勘误",输入勘误信息,单击"提交"按钮(见下图)即可。本书的作者和编辑会对您提交的勘误进行审核,确认并接受后,您将获赠异步社区的 100 积分。积分可用于在异步社区兑换优惠券、样书或奖品。

扫码关注本书

扫描下方二维码,您将会在异步社区微信服务号中看到本书信息及相关的服务提示。

与我们联系

我们的联系邮箱是 contact@epubit.com.cn。

如果您对本书有任何疑问或建议,请您发邮件给我们,并请在邮件标题中注明本书书名,以便我们更高效地做出反馈。

如果您有兴趣出版图书、录制教学视频，或者参与图书翻译、技术审校等工作，可以发邮件给我们；有意出版图书的作者也可以到异步社区在线投稿（直接访问 www.epubit.com/selfpublish/submission 即可）。

如果您所在学校、培训机构或企业想批量购买本书或异步社区出版的其他图书，也可以发邮件给我们。

如果您在网上发现有针对异步社区出品图书的各种形式的盗版行为，包括对图书全部或部分内容的非授权传播，请您将怀疑有侵权行为的链接通过邮件发送给我们。您的这一举动是对作者权益的保护，也是我们持续为您提供有价值的内容的动力之源。

关于异步社区和异步图书

"**异步社区**"是人民邮电出版社旗下 IT 专业图书社区，致力于出版精品 IT 技术图书和相关学习产品，为作译者提供优质出版服务。异步社区创办于 2015 年 8 月，提供大量精品 IT 技术图书和电子书，以及高品质技术文章和视频课程。更多详情请访问异步社区官网 https://www.epubit.com。

"**异步图书**"是由异步社区编辑团队策划出版的精品 IT 专业图书的品牌，依托于人民邮电出版社近 30 年的计算机图书出版积累和专业编辑团队，相关图书在封面上印有异步图书的 LOGO。异步图书的出版领域包括软件开发、大数据、AI、测试、前端、网络技术等。

异步社区　　　　　　　微信服务号

目 录

第一部分 基础知识

第1章 容器的发展史 ... 3
- 1.1 开发过程的发展 ... 3
  - 1.1.1 瀑布式开发 ... 3
  - 1.1.2 敏捷式开发 ... 4
  - 1.1.3 DevOps ... 5
- 1.2 应用架构的发展 ... 6
  - 1.2.1 单体架构与多层架构 ... 6
  - 1.2.2 微服务架构 ... 7
- 1.3 部署/打包的发展 ... 9
  - 1.3.1 物理机和虚拟机 ... 9
  - 1.3.2 容器 ... 10
  - 1.3.3 容器的舵手——Kubernetes ... 11

第2章 Kubernetes 的核心概念 ... 12
- 2.1 Kubernetes 的设计架构 ... 12
  - 2.1.1 Master ... 13
  - 2.1.2 Node ... 15
  - 2.1.3 组件间的基本交互流程 ... 16
- 2.2 Kubernetes 的核心对象 ... 17
  - 2.2.1 Pod ... 17
  - 2.2.2 控制器 ... 18
  - 2.2.3 服务与存储 ... 20
  - 2.2.4 资源划分 ... 22
- 2.3 本章小结 ... 23

第二部分 应用

第3章 Kubernetes 的安装与部署 ... 27
- 3.1 Master 与 Node 都要安装的基础组件 ... 28
  - 3.1.1 在 Debian、Ubuntu 系统上安装基础组件 ... 28
  - 3.1.2 在 CentOS 以及 RHEL 和 Fedora 系统上安装基础组件 ... 28
- 3.2 Master 的安装与配置 ... 29
  - 3.2.1 如何解决 CPU 数量不够的问题 ... 29
  - 3.2.2 如何解决不支持交换内存的问题 ... 29
  - 3.2.3 如何解决网络连接错误的问题 ... 30
- 3.3 Node 的安装与配置 ... 32
- 3.4 本章小结 ... 36

第4章 Pod——Kubernetes 的基本单位 ... 37
- 4.1 Pod 的基本操作 ... 37
  - 4.1.1 创建 Pod ... 37
  - 4.1.2 查询 Pod ... 38
  - 4.1.3 修改 Pod ... 40
  - 4.1.4 删除 Pod ... 41
- 4.2 Pod 模板详解 ... 41
- 4.3 Pod 与容器 ... 45
  - 4.3.1 Pod 创建容器的方式 ... 45
  - 4.3.2 Pod 组织容器的方式 ... 50
- 4.4 Pod 的生命周期 ... 55
  - 4.4.1 Pod 的相位 ... 55
  - 4.4.2 Pod 的重启策略 ... 56
  - 4.4.3 Pod 的创建与销毁过程 ... 57
  - 4.4.4 Pod 的生命周期事件 ... 58
- 4.5 Pod 的健康检查 ... 63
- 4.6 本章小结 ... 68

目录

第 5 章 控制器——Pod 的管理 ... 70
5.1 Deployment 控制器 ... 70
- 5.1.1 Deployment 控制器的基本操作 ... 71
- 5.1.2 Deployment 控制器的模板 ... 75
- 5.1.3 Deployment 控制器的伸缩 ... 76
- 5.1.4 Deployment 控制器的更新 ... 77
- 5.1.5 Deployment 控制器的回滚 ... 84

5.2 DaemonSet 控制器 ... 85
- 5.2.1 DaemonSet 控制器的基本操作 ... 86
- 5.2.2 DaemonSet 控制器的更新 ... 88

5.3 Job 与 CronJob 控制器 ... 90
- 5.3.1 Job 控制器的基本操作 ... 90
- 5.3.2 Job 的异常处理 ... 95
- 5.3.3 CronJob 控制器的基本操作 ... 98

5.4 其他控制器 ... 101
5.5 本章小结 ... 102

第 6 章 Service 和 Ingress——发布 Pod 提供的服务 ... 103
6.1 Service ... 103
- 6.1.1 向外发布——通过 ClusterIP 发布 ... 107
- 6.1.2 向外发布——通过 NodePort 发布 ... 110
- 6.1.3 向外发布——通过 LoadBalancer 发布 ... 112
- 6.1.4 向内发布——通过无头 Service ... 115
- 6.1.5 向内发布——通过 ExternalName ... 117
- 6.1.6 服务发现 ... 119
- 6.1.7 其他配置方式 ... 121

6.2 Ingress ... 124
- 6.2.1 Ingress 控制器的安装 ... 126
- 6.2.2 Ingress 的基本操作 ... 127

6.3 本章小结 ... 137

第 7 章 存储与配置 ... 138
7.1 本地存储卷 ... 138
- 7.1.1 emptyDir ... 139
- 7.1.2 hostPath ... 140

7.2 网络存储卷 ... 142
- 7.2.1 安装 NFS ... 142
- 7.2.2 使用 NFS ... 144

7.3 持久存储卷 ... 146
- 7.3.1 PV 与 PVC ... 147
- 7.3.2 StorageClass ... 154

7.4 StatefulSet 控制器 ... 159
- 7.4.1 StatefulSet 控制器的基本操作 ... 161
- 7.4.2 PVC 及 PV 的使用 ... 163
- 7.4.3 无头 Service 的访问 ... 165
- 7.4.4 Pod 的重建 ... 167
- 7.4.5 StatefulSet 控制器的伸缩与更新 ... 168

7.5 配置存储卷 ... 168
- 7.5.1 ConfigMap ... 169
- 7.5.2 Secret ... 174
- 7.5.3 Downward API ... 181

7.6 本章小结 ... 184

第 8 章 Kubernetes 资源的管理及调度 ... 186
8.1 资源调度——为 Pod 设置计算资源 ... 186
8.2 资源管理——命名空间 ... 190
- 8.2.1 命名空间的基本操作 ... 190
- 8.2.2 命名空间的资源配额 ... 193
- 8.2.3 命名空间中单个资源的限额范围 ... 197

8.3 资源管理——标签、选择器及注解 ... 202
- 8.3.1 标签 ... 202
- 8.3.2 选择器 ... 204
- 8.3.3 注解 ... 207

8.4 资源调度——Pod 调度策略详解 ... 208

8.4.1	调度过程	208
8.4.2	节点选择调度	211
8.4.3	节点亲和性调度	212
8.4.4	Pod 亲和性与反亲和性调度	215
8.4.5	污点与容忍度	219
8.4.6	优先级与抢占式调度	222
8.5	本章小结	224

第三部分　进阶

第 9 章　API Server … 227

9.1	API Server 的基本操作	227
9.1.1	写操作	228
9.1.2	读操作	234
9.1.3	独有操作	237
9.1.4	状态操作	241
9.2	API Server 的身份认证、授权、准入控制	245
9.2.1	身份认证	246
9.2.2	RBAC 授权	253
9.3	本章小结	260

第 10 章　Kubernetes 的扩展 … 261

10.1	可视化管理——Kubernetes Dashboard	261
10.1.1	安装 Kubernetes Dashboard	261
10.1.2	使用 Kubernetes Dashboard	264
10.2	资源监控——Prometheus 与 Grafana	269
10.2.1	安装与配置 Prometheus	269
10.2.2	安装与配置 Grafana	270
10.3	日志管理——ElasticSearch、Fluentd、Kibana	275
10.4	本章小结	277

第四部分　实践

第 11 章　项目部署案例 … 281

11.1	无状态项目的部署案例	281
11.2	有状态项目的部署案例	287
11.3	使用 Helm 部署项目	292
11.3.1	Helm 简介	293
11.3.2	Helm 的安装	294
11.3.3	Helm Chart 的基本操作	296
11.3.4	将 Chart 打包到 Chart 仓库中	306
11.3.5	发布版本的更新、回滚和删除	308
11.3.6	使用 Helm 部署的项目案例	310
11.4	本章小结	313

第一部分 基础知识

第 1 章 容器的发展史

第 2 章 Kubernetes 的核心概念

第 1 章　容器的发展史

要完全了解容器及 Kubernetes，了解它真正解决什么问题，有必要花一定篇幅介绍容器的发展史。容器技术的发展离不开开发过程、应用架构的演变，它们是相辅相成的，在一定程度上说是缺一不可的。

本章会从 3 个方面来介绍容器的发展史，分别是开发过程的发展、应用架构的发展、部署/打包的发展，介绍容器所扮演的角色，以及它的历史定位，帮助读者真正理解容器的发展史。

1.1 开发过程的发展

开发过程大致经历了 3 个阶段——瀑布式开发、敏捷式开发和 DevOps（在每个阶段发布产品的周期及反馈循环的快慢各不相同）。本节会结合容器技术介绍开发过程的发展。

1.1.1 瀑布式开发

瀑布模型是一种广泛采用的项目开发过程。瀑布模型由各个阶段组成，从上一个阶段流向下一个阶段，各个阶段都会产生反馈，从系统需求分析阶段开始，然后一直流向产品发布和维护阶段。其核心思想在于，按照一定的工序让问题变得有迹可循，将软件开发过程划分为需求分析、需求定义、概要设计、详细设计、编码、系统测试、验收测试、维护这 8 个阶段。各个阶段自上而下，互相衔接，就像是瀑布流水一样（见图 1-1）。

瀑布式开发的缺点是显而易见的。

（1）由于阶段的划分比较独立，因此各个阶段的衔接会存在脱节情况，即上一个阶段的成果未必适合下一个阶段。

（2）计划非常死板。任何一个环节出现延误，都会像滚雪球一般影响后续阶段。瀑布式开发通过强制的完成日期来跟踪各个项目阶段,毫无弹性。

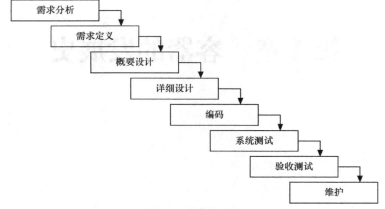

图 1-1　瀑布式开发

（3）交付周期太长,过程风险难以控制且不能及时响应变化。

（4）反馈回路太长,几乎到最后阶段才能发现瀑布式开发是否适用。

容器技术在这一代开发过程中没有发挥太大作用,即使使用,也局限于最后一两个阶段。有容器固然很好,但由于瀑布模型的先天劣势,容器对它帮助不大,收效甚微。

1.1.2　敏捷式开发

敏捷式开发是一种以用户需求为核心,通过迭代、循序渐进完成软件开发的方法。它的核心在于,整个项目被拆分为多个拥有联系但相对独立的子项目。这些子项目通常在一个迭代周期（通常为 2~4 周）发布一次,而每次迭代都经历了完备的开发流程,并通过了各项测试,因此这些子项目可以作为单独的产品使用。

这种方法也非常适合一开始没有或不能完整确定需求和范围的项目,或者经常变化的项目。相对于瀑布式开发,敏捷式开发明显更具有弹性,对风险更可控。敏捷式开发的交付周期适中,反馈回路相对较短,可执行原型和部分实现的可运行系统是了解用户需求与反馈的有效媒介。每次迭代完成后,都可以基于用户反馈或总结,持续优化下一次迭代（见图 1-2）。

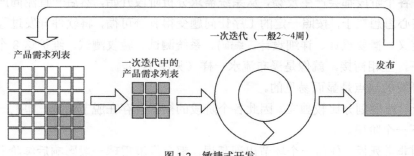

图 1-2　敏捷式开发

敏捷式开发的交付周期适中，反馈回路适中，很多开发团队会使用持续集成时间贯穿整个过程。容器技术开始在这一开发过程中显示出一定的作用。有效利用它会带来可见的良性改观，但容器技术并未起决定性作用。

1.1.3 DevOps

很多人在讨论 DevOps 的时候，会把 Kubernetes 等同于 DevOps，其实他们并未理解 DevOps 的精髓。简单地将 DevOps 理解为自动化部署，其实是很不科学的。

DevOps 一词来自 Development 和 Operation 的组合，突出了软件开发人员和运维人员的沟通合作，通过自动化流程来使软件构建、测试与发布更加快捷、频繁和可靠。然而，这只是文字上的定义。

前两节已经介绍过瀑布式开发和敏捷式开发，请注意这些过程的关键点。开发过程的发展趋势如下。

（1）越来越快速、越来越频繁的交付，交付周期越来越短。

（2）更迅捷的反馈回路，反馈周期明显变短。

很多业内人士依然使用瀑布模型，一个月甚至更长时间交付一次，然后再对某些小环节实施自动化，并把它当作 DevOps。这种对 DevOps 的理解并未上升到软件工程的高度，这样的自动化也并非 DevOps。

作为第 3 代开发过程，DevOps 比敏捷式开发拥有更短的交付周期，更快的反馈回路。从需求分析到发布产品再到生产环境，敏捷式开发大约一个迭代周期中（2~3 周）有一次交付，而 DevOps 呢？最快的 DevOps 只有几分钟，常见的有一小时、半天等。

DevOps 是怎么做到的呢？这里必须要理解一个概念，即"最小原子产品"。每一个"最小原子产品"都是一个单独发布的产品（这个产品也许只是某个特征，甚至有的只需要几分钟就可以完成编码）。伴随着全链路监控，DevOps 能够真正做到更快捷的持续交付，并拥有更短的反馈回路。相对于敏捷式开发，DevOps 响应变化的速度更快，对风险更可控，如图 1-3（a）与（b）所示。发布频率越高，项目中的变化就越小，也越能灵活响应。

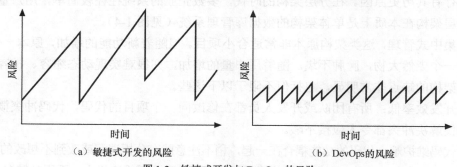

（a）敏捷式开发的风险　　　　　（b）DevOps 的风险

图 1-3　敏捷式开发与 DevOps 的风险

对于这种方式，必须理解一个要点，如果敏捷式开发每两周做一次交付，那么 DevOps 在两周里会有 10 多次的交付。也就是说，执行从需求到部署这一系列过程（比如，需求测试、回归测试、本地部署、生产环境部署），DevOps 会比敏捷式开发多执行 10 次以上。如果在一个低效、不增效环节较多的组织中实现 DevOps，简直就是噩梦。

不增效环节并不是只靠自动化就可以解决的，比如在有些组织中轮转每个过程时，需要填写各种毫无意义的单据，审批增加的等待时间，由于项目粒度太大而导致代码冲突很多，测试人员和部署人员隔墙丢包等。这些并非仅靠自动化就可以解决，要真正实现 DevOps，要在公司上下对这些毫无价值的额外环节进行不断优化，然后再讨论自动化。然而，自动化也是必不可少的。

作为自动化部署的一大利器，Kubernetes 高效的部署、卓越的集群管理、强大的反馈监控等，能够给 DevOps 打下坚实的基础（如果测试人员、运维人员需要频繁部署，并且每次都卡在部署环节中的环境问题上或部署低效，则 DevOps 在两周内可能比敏捷式开发多走几十次流程，简直让人崩溃）。而 Kubernetes 本身并不是 DevOps，而 DevOps 也不是 Kubernetes。它们是相辅相成的，Kubernetes 这样的平台会真正在 DevOps 这种开发过程中尽其所能，大放异彩。另外，Kubernetes 也是 DevOps 中不可或缺的一环。

1.2 应用架构的发展

应用架构大致经历了单体架构、多层架构和微服务架构 3 个阶段。本节会结合容器技术介绍应用架构的发展。

1.2.1 单体架构与多层架构

单体架构是指部署在单台物理机上的应用架构。在软件架构中，还有一些经典的分层架构，如经典的 3 层架构从上到下依次由用户界面层、业务逻辑层与数据访问层组成。这类架构之所以能够流行有其历史原因。在分层架构的时代，多数企业的系统往往较简单，用户量也不大，而这种分层架构在本质上是单体架构的数据库管理系统（见图 1-4）。

通过集中式管理，这类架构原本非常适合小项目。但随着新功能的增加，原本一个小项目渐渐变成一个庞然大物，臃肿不堪。随着用户量的增加，亦很难实现动态缩容、扩容。

单体架构的缺点非常明显，包括但不限于以下这些。

- ❑ 开发效率低：所有团队或开发人员都在修改同一个项目的代码，代码冲突概率极大，仅解决冲突都令人应接不暇。
- ❑ 代码维护难：代码的功能耦合在一起，稍不注意就有分析遗漏或改到不想改的功能。另外，还有各种历史开关与成堆的遗弃代码，这导致分析难度极大，无用功较多。

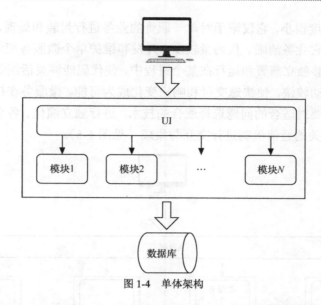

图 1-4 单体架构

- 部署不灵活：构建时间长，有任何小修改就必须重新构建整个项目，这个过程往往很长。部署麻烦，部署后的重启耗时太长。
- 健壮性极低：一个微不足道的小问题就可以造成整个应用程序的瘫痪。
- 扩展性极差：动态扩容困难，无法满足高并发情况下的业务需求。

总体而言，如果应用规模本身非常小（微服务本身也是微小的单体应用），使用容器技术能带来可观的效益。然而，当这类架构的应用当发展到一定规模时，由于本身太过臃肿且同一时间线并发的冲突项目较多，几乎很难应用容器技术，甚至有时会适得其反。有时这类应用使用非容器技术会更高效。通过非容器技术实现部分文件增量更新，或通过 Puppet 等基于文件的运维工作来进行部署、管理。但这并不是说不用容器是好事一桩，只表明这只是暂时的无奈之举。

单体架构与多层架构也不是绝对一成不变的。随着技术的不断发展，对于应用的各项指标有了更高的要求，很多企业原本就有这类已无法满足需求的庞大的单体架构应用，在升级换代的过程中，会逐渐分解/重构这类大型应用，将其变为扩展性更好、更易于维护和部署的小粒度的分布式应用。而这些应用最先应进行集中治理、统一调度，根据需要逐渐变为自治、去中心化的应用。基于这些过程，渐渐演化出如今的微服务架构。

1.2.2 微服务架构

微服务是指拥有独立业务意义的小型服务。简单地说，微服务就是提交量很微小的服务，可谓麻雀虽小五脏俱全，这种服务一定要区别于系统。微服务是一个或者一组相对较小且独立的功能单元，是用户可以感知的最小功能集。每个服务都有自己的处理机制和轻量级的通信机制，能够部署在一个或者多个服务器上。

因为微服务的粒度很小，它仅限于对单一职责的业务进行封装和处理，在整个生命周期只做好一件事情，所以它业务清晰、代码量较少。开发和维护单个微服务相对简单，没有并行维护冲突。这些服务能够独立部署和运行在某个进程中，使代码能够灵活组织并拥有灵活的发布节奏。单个微服务启动较快，使快速交付和响应变化成为可能。微服务在技术上也不受既有系统的约束，可根据需要对适合的问题选择适合的技术，进行独立演化。各个服务之间使用与服务所用技术和语言无关的通信机制进行交互与集成（见图1-5）。

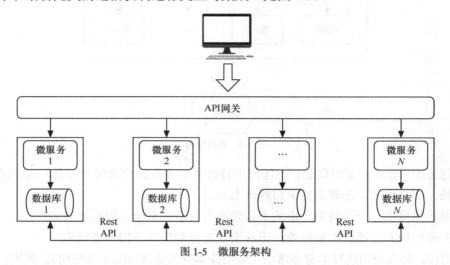

图 1-5 微服务架构

相对于单体架构，微服务架构是更能激发业务创新的一种架构模式，也能让系统更快地响应变化。为了尽快响应变化，如果说 DevOps 是在软件开发流程和实践方面提出的解决方案，那么微服务架构就是在软件技术和架构层面提出的应对之策。

话虽如此，使用微服务还要解决以下难题。

（1）就像拼图一样，单位越小，就越难拼出完整的图。微服务的粒度较小，相对于整体应用来说，服务的个数就会更多。如果一个系统被拆分成零零散散的微服务，那么要组成完整系统的难度自然要大得多。

（2）微服务并没有自我管理的能力，由谁来控制各个微服务的启动和停止？由谁来控制其版本的升级或降级？

（3）虽然微服务为高效的动态伸缩、容灾等打下了基础，但它本身并无这个能力，由谁来决定什么时候启动更多的微服务？它们的流量应该如何调度和分发？

（4）在注册新服务时，如何让用户能访问？安全策略如何集中管理？如何快速定位系统故障和跟踪到具体服务？整个系统状态如何监控？

由此可见，微服务对部署与监控提出了更高的要求，而能满足这些要求的，正是容器技术。容器技术使开发环境与生产环境完全相同，解决微服务对机器的诉求问题。使用 Kubernetes 能充分对承载微服务的容器进行管理，对其进行动态扩容和缩容、版本控制、容灾处理、服务注册与发现、监控、动态调节 CPU 与内存等。对于微服务的应用来说，Kubernetes 这样的平台是必需的。

1.3 部署/打包的发展

1.3.1 物理机和虚拟机

顾名思义，物理机就是由硬件组成的实体计算机，在这台实体机器上安装操作系统，并直接部署应用的运行环境及应用程序。很久以前，在部署一个应用时，往往会将多个应用部署到一台物理机上。这种方式最大的问题就是所有应用都集中在一起部署，没有任何隔离。假设其中有一个应用发生异常或者管理员执行了误操作，可能就会直接导致服务器崩溃，结果殃及池鱼，机器上的所有应用一起失效。这种部署的扩容也相当麻烦。物理机的部署直接与硬件挂钩，有时还会由技术活变为体力活（见图1-6）。

显然，要克服直接使用物理机的各个弊端，就要引入虚拟化技术，将一台计算机虚拟化为多台逻辑计算机。在一台物理机上同时运行多台逻辑计算机，每台逻辑计算机可运行不同的操作系统，并且应用程序可以在相互独立的空间内运行，互不影响，从而显著提高计算机的利用率。

在操作系统和硬件之间加入一个虚拟机监控程序（hypervisor），可以实现虚拟化系统。虚拟机监控程序允许多台虚拟机共享底层硬件，访问服务器上包括磁盘和内存在内的所有物理设备。虚拟机监控程序不但协调这些硬件资源的访问，而且在各台虚拟机之间施加防护，互相隔离。当服务器启动并执行虚拟机监控程序时，它会加载所有虚拟机客户端的操作系统，同时给每台虚拟机分配适量的内存、CPU 和磁盘。虚拟机监控程序支持多个操作系统或多个配置不同的相似操作系统。

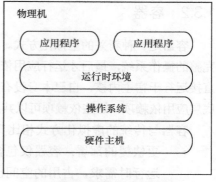

图 1-6 物理机的部署

虚拟机的运行环境相对纯净，便于定期抓取状态、备份、复制、挂起和恢复。虚拟机便于管理，能够最大限度减少物理资源的使用，提高利用率。每个应用程序可以运行在独立的操作系统中，它们之间互不干涉，某个程序的崩溃也不会影响其他任务。只要拥有支持的硬件，虚拟机就可以无缝迁移，因此维护和升级简单。虚拟机的部署也便于控制访问权限，以及检测病毒入侵等（见图1-7）。

然而，虚拟机仍不是最佳方式。虚拟机依赖操作系统，每次备份所需硬盘空间过于庞大，整体性能相对于物理机又存在一定损耗，且启动较缓慢。虚拟化技术一直在不断发展，直到容器诞生，才发生了质的变化。

图 1-7　虚拟机的部署

1.3.2　容器

容器是一种新兴的虚拟化方式。在传统虚拟机技术中，首先虚拟出一套硬件，然后运行一个完整的操作系统，最后才运行应用依赖项和应用程序。而容器并不需要这些，它可以让应用程序直接运行于宿主内核，自己本身没有内核，也不需要硬件虚拟。如果不同的容器之间存在相同的底层应用依赖项，这些依赖项可以共用。容器要比传统虚拟机更轻便。容器的部署见图 1-8。

容器与传统的虚拟化方式相比具有众多的优势。

- 更快捷的部署：容器仅包含应用程序中最少的运行时需求，占用的空间已大幅缩小，能快速传递和部署。容器直接运行于宿主内核，无须像虚拟机一样启动完整的操作系统。容器可以达到秒级甚至毫秒级的启动时间。

图 1-8　容器的部署

- 更高的可移植性：应用程序及所有依赖项可以划分到独立的单个容器中，该容器与 Linux 内核的版本、平台配置或部署类型无关。这个容器可以快速转移到另一台机器上，不存在兼容性问题，也不会出现"在我的机器上没问题"这种状况。

- 更强的版本控制和更高的组件重用率：可以持续跟踪容器的版本，检查差异或回滚到以前版本。容器会重用前面层中的组件，其分层文件系统既能提高重用率，又能非常方便地追溯变化。

- 更小的性能开销：容器是轻量级的，没有硬件虚拟以及运行完整操作系统等额外开销，对系统资源的利用率更高。应用的执行速度、文件存储速度等均比传统虚拟机技术更高,内存损耗更低。
- 更易于共享和维护:在依赖性问题上容器减少了应用程序的工作量,降低了风险,并可以使用远程存储库与其他人共享容器。通过 Dockerfile(对于 Docker),可以使镜像构建透明化。各个团队很容易理解应用运行所需的条件,并将其部署在各个环境上。

容器与虚拟机的特性对比如表 1-1 所示。

表 1-1 容器与虚拟机的特性对比

对比项	容器	虚拟机
启动速度	秒级	分钟级
空间占用	一般以 MB 为单位	一般以 GB 为单位
性能	接近物理机	相对于物理机存在明显损耗
单台机器支持量	可支持上千个容器	可支持几十台虚拟机

然而,容器技术本身只是单机版的应用,并没有解决容器的编排问题。例如,容器没有 Web 管理界面,也无法实现任务调度策略、监控报警等。随着越来越多的开发者使用了容器技术,编排平台的重要性日益突出。所有人都翘首以盼能使用优秀的容器平台,直到 Kubernetes 开源,才圆了开发人员的梦。

1.3.3 容器的舵手——Kubernetes

Kubernetes 项目由 Google 公司在 2014 年启动。Kubernetes 建立在 Google 公司超过 10 多年的运维经验基础之上,Google 所有的应用都运行在容器上,然后与社区中最好的想法和实践相结合。Kubernetes 是目前最受欢迎的容器平台,如图 1-9 所示。

Kubernetes 是一套容器集群管理系统,是一个开源平台,可以实现容器集群的自动化部署、自动扩缩容、维护等功能。Kubernetes 拥有自动包装、自我修复、横向缩放、服务发现、负载均衡、自动部署、升级回滚、存储编排等特性。Kubernetes 与 DevOps、微服务等相辅相成,密不可分,三者的关系如图 1-10 所示。

图 1-9 Kubernetes

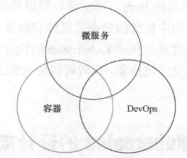

图 1-10 铁三角(DevOps、微服务、容器)

下一章将会详细讲解容器技术,以及 Kubernetes 的基础概念,介绍其架构、工作流程及核心概念。

第 2 章 Kubernetes 的核心概念

就应用程序的部署而言，容器化为开发人员带来了很大的灵活性。但是，应用程序越精细，它所包含的组件就越多，管理起来也就越复杂。要使容器得以有效管理，至少需要考虑以下方面：

- 组件复制；
- 自动缩放；
- 负载均衡；
- 滚动更新；
- 组件记录；
- 监测和健康检查；
- 服务发现；
- 认证。

Kubernetes 的出现正好完美地解决了上述问题，它是一套功能强大的开源系统，最初源于 Google 内部的 Borg，用于管理集群环境中的容器化应用程序，旨在提供更好的方法来管理各种基础架构中相关的分布式组件和服务。

本章将重点介绍 Kubernetes 的设计架构、核心概念及工作流程。这些架构、概念在初次接触时会感觉比较抽象，读者可以先大致了解 Kubernetes 的整体概况，在以后的章节中逐一对它们进行详解。

2.1 Kubernetes 的设计架构

在 Kubernetes 集群中，有 Master 和 Node 这两种角色。Master 管理 Node，Node 管理容器。

Master 主要负责整个集群的管理控制，相当于整个 Kubernetes 集群的首脑。它用于监控、编排、调度集群中的各个工作节点。通常 Master 会占用一台独立的服务器，基于高可用原因，也有可能是多台。

Node 则是 Kubernetes 集群中的各个工作节点。Node 由 Master 管理，提供运行容器所需的各种环境，对容器进行实际的控制，而这些容器会提供实际的应用服务。

Kubernetes 的整体架构如图 2-1 所示。

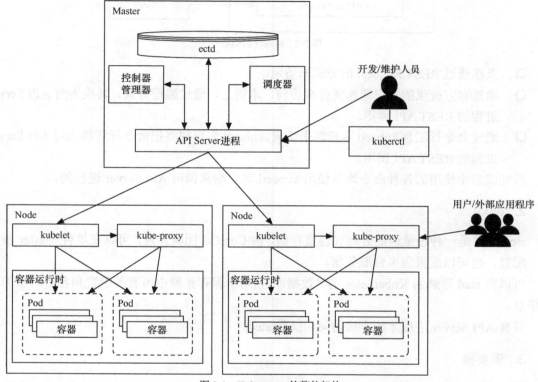

图 2-1 Kubernetes 的整体架构

2.1.1 Master

Master 的组成如图 2-2 所示。

1. API Server 进程

API Server（kube-apiserver）进程为 Kubernetes 中各类资源对象提供了增删改查等 HTTP REST 接口。对于资源的任何操作，都需要经过 API Server 进程来处理。除此之外，API Server 进程还提供了一系列认证授权机制。

对于用户来说，访问 API Server 进程有 3 种方式。

第 2 章　Kubernetes 的核心概念

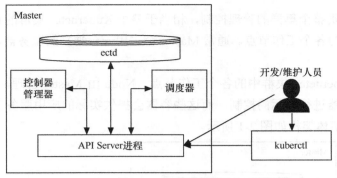

图 2-2　Master 的组成

- 直接通过 REST Request 的方式来访问。
- 通过官方提供的客户端库文件来访问，本质上，通过编程方式，转换为对 API Server 进程的 REST API 调用。
- 通过命令行工具 kubectl 客户端来访问。kubectl 客户端将把命令行转换为对 API Server 进程的 REST API 调用。

后续演示中使用的各种命令均是使用 kubectl 客户端来调用 API Server 进程的。

2. etcd

etcd 项目是一种轻量级的分布式键值存储，由 CoreOS 团队开发，可以在单台 Master 服务器上配置，也可以配置到多台服务器。

可以将 etcd 理解为 Kubernetes 的 "数据库"，用于保存集群中所有的配置和各个对象的状态信息。

只有 API Server 进程才能直接访问和操作 etcd。

3. 调度器

调度器（kube-scheduler）是 Pod 资源的调度器。它用于监听最近创建但还未分配 Node 的 Pod 资源，会为 Pod 自动分配相应的 Node。

调度器在调度时会考虑各种因素，包括资源需求、硬件/软件/指定限制条件、内部负载情况等。

调度器所执行的各项操作均是基于 API Server 进程的。如调度器会通过 API Server 进程的 Watch 接口监听新建的 Pod，并搜索所有满足 Pod 需求的 Node 列表，再执行 Pod 调度逻辑。调度成功后会将 Pod 绑定到目标 Node 上。

4. 控制器管理器（kube-controller-manager）

Kubernetes 集群的大部分功能是由控制器执行的。理论上，以下每种控制器都是一个单独的进程，为了降低复杂度，它们都被编译、合并到单个文件中，并在单个进程中运行。
- Node 控制器：负责在 Node 出现故障时做出响应。
- Replication 控制器：负责对系统中的每个 ReplicationController 对象维护正确数量的 Pod。
- Endpoint 控制器：负责生成和维护所有 Endpoint 对象的控制器。Endpoint 控制器用于监听 Service 和对应的 Pod 副本的变化。
- ServiceAccount 及 Token 控制器：为新的命名空间创建默认账户和 API 访问令牌。

kube-controller-manager 所执行的各项操作也是基于 API Server 进程的。例如，Node 控制器会通过 API Server 进程提供的 Watch 接口，实时监控 Node 的信息并进行相应处理。

2.1.2 Node

Node 的组成如图 2-3 所示。Node 主要由 3 个部分组成，分别是 kubelet、kube-proxy 和容器运行时（container runtime）。

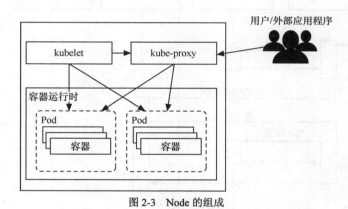

图 2-3　Node 的组成

1. kubelet

kubelet 是在每个 Node 上都运行的主要代理进程。kubelet 以 PodSpec 为单位来运行任务，PodSpec 是一种描述 Pod 的 YAML 或 JSON 对象。kubelet 会运行由各种机制提供（主要通过 API Server）的一系列 PodSpec，并确保这些 PodSpec 中描述的容器健康运行。不是 Kubernetes 创建的容器将不属于 kubelet 的管理范围。kubelet 负责维护容器的生命周期，同时也负责存储卷（volume）等资源的管理。

每个 Node 上的 kubelet 会定期调用 Master 节点上 API Server 进程的 REST 接口，报告自身状态。API Server 进程接收这些信息后，会将 Node 的状态信息更新到 etcd 中。kubelet 也通过 API Server 进程的 Watch 接口监听 Pod 信息，从而对 Node 上的 Pod 进行管理。

2. kube-proxy

kube-proxy 主要用于管理 Service 的访问入口，包括从集群内的其他 Pod 到 Service 的访问，以及从集群外访问 Service。

3. 容器运行时

容器运行时是负责运行容器的软件。Kubernetes 支持多种运行时，包括 Docker、containerd、cri-o、rktlet 以及任何基于 Kubernetes CRI（容器运行时接口）的实现。

2.1.3 组件间的基本交互流程

本节简要描述各个组件之间是如何交互的。以 Pod 的创建为例，当使用 kubectl 创建 Pod 时，会相继发生以下事件（见图 2-4）。

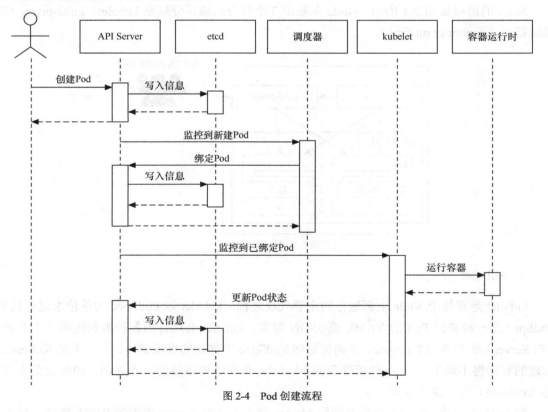

图 2-4　Pod 创建流程

具体发生的事件如下。

（1）kubectl 命令将转换为对 API Server 的调用。

（2）API Server 验证请求并将其保存到 etcd 中。

（3）etcd 通知 API Server。
（4）API Server 调用调度器。
（5）调度器决定在哪个节点运行 Pod，并将其返回给 API Server。
（6）API Server 将对应节点保存到 etcd 中。
（7）etcd 通知 API Server。
（8）API Server 在相应的节点中调用 kubelet。
（9）kubelet 与容器运行时 API 发生交互，与容器守护进程通信以创建容器。
（10）kubelet 将 Pod 状态更新到 API Server 中。
（11）API Server 把最新的状态保存到 etcd 中。

2.2 Kubernetes 的核心对象

虽然应用程序部署的底层机制是容器，但 Kubernetes 在容器接口上使用了额外的抽象层，以支持弹性伸缩和生命周期管理的功能。用户并不是直接管理容器的，而是定义由 Kubernetes 对象模型提供的各种基本类型的实例，并与这些实例进行交互，如图 2-5 所示。

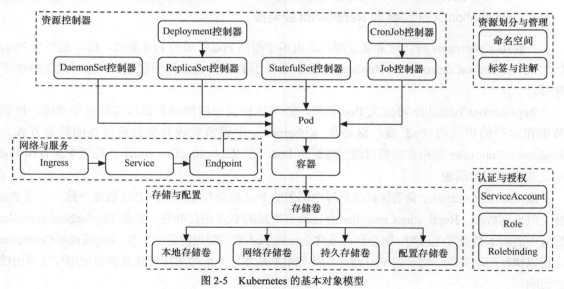

图 2-5　Kubernetes 的基本对象模型

接下来将介绍一些主要的资源对象。

2.2.1 Pod

Pod 是 Kubernetes 处理的最基本单元。容器本身并不会直接分配到主机上，而是会封装到名为 Pod 的对象中。

Pod 通常表示单个应用程序，由一个或多个关系紧密的容器构成，如图 2-6 所示。这些容器拥有同样的生命周期，作为一个整体一起编排到 Node 上。这些容器共享环境、存储卷和 IP 空间。尽管 Pod 基于一个或多个容器，但应将 Pod 视作单一的整体、单独的应用程序。Kubernetes 以 Pod 为最小单位进行调度、伸缩并共享资源、管理生命周期。

一般来说，用户不应自行管理 Pod，因为 Pod 并没有提供应用程序通常会用到的一些特性，如复杂的生命周期管理及动态伸缩。建议用户使用将 Pod 或 Pod 模板作为基本组件的更高级别对象，这些对象会拥有更多的特性。

图 2-6　Pod 容器的构成

2.2.2　控制器

一般来说，用户不会直接创建 Pod，而是创建控制器，让控制器来管理 Pod。在控制器中定义 Pod 的部署方式（如有多少个副本、需要在哪种 Node 上运行等），根据不同的业务场景，Kubernetes 提供了多种控制器，接下来将分别介绍。

1. ReplicationController 和 ReplicaSet 控制器

在使用 Kubernetes 时，通常要管理的是由多个相同 Pod 组成的 Pod 集合，而不是单个 Pod。例如，ReplicationController 或 ReplicaSet 控制器基于 Pod 模板进行创建，能够很好地支持水平伸缩。

ReplicationController 可定义 Pod 模板，并可以设置相应控制参数以实现水平伸缩，以调节正在运行的相同的 Pod 数。这是在 Kubernetes 中调节负载并增强可用性的简单方式。ReplicationController 能根据需要自动创建新的 Pod，在 ReplicationController 的配置中拥有和 Pod 定义非常相似的模板。

ReplicationController 负责保证在集群中部署的 Pod 数量与配置中的 Pod 数量一致。如果 Pod 或主机出现故障，ReplicationController 会自动启用新的 Pod 进行补充。如果 ReplicationController 配置中的副本数量发生改变，则会启动或终止一些 Pod 来匹配设定好的数量。ReplicationController 还可以执行滚动更新，将一组 Pod 逐个切换到最新版本，从而最大限度地减少对应用程序可用性的影响。

ReplicaSet 控制器可以看作 ReplicationController 的另一种版本，其 Pod 识别功能使它在 Pod 管理上更具灵活性。由于 ReplicaSet 控制器具有副本筛选功能，因此 ReplicaSet 控制器才有逐渐取代 ReplicationController 的趋势，但 ReplicaSet 控制器无法实现滚动更新，无法像 ReplicationController 那样在后端轮流切换到最新版本。

与 Pod 一样，ReplicationController 和 ReplicaSet 控制器都是很少直接使用的对象。虽然它们都是基于 Pod 而设计的，增加了水平伸缩功能，提高了可靠性，但它们缺少一些在其他复杂对象中具有的更细粒度的生命周期管理功能。

2. Deployment 控制器

Deployment 控制器可能是最常用的工作负载对象之一。Deployment 控制器以 ReplicaSet 控制器为基础，是更高级的概念，增加了更灵活的生命周期管理功能。

虽然 Deployment 控制器是基于 ReplicaSet 控制器的，但仍有部分功能和 ReplicationController 相似，Deployment 控制器解决了之前在滚动更新上存在的诸多难点。如果用 ReplicationController 来更新应用程序，用户需要提交一个新的 ReplicationController 计划，以替换当前的控制器。因此，对于历史记录跟踪、更新出现网络故障时的恢复以及回滚错误修改等任务，ReplicationController 要么做起来非常艰难，要么需要用户自理。

Deployment 控制器是一种高级对象，旨在简化 Pod 的生命周期管理。只要简单更改 Deployment 控制器的配置文件，Kubernetes 就会自动调节 ReplicaSet 控制器，管理应用程序不同版本之间的切换，还可以实现自动维护事件历史记录及自动撤销功能，如图 2-7 所示。正是由于这些强大的功能，Deployment 控制器可能是使用频率最高的对象。

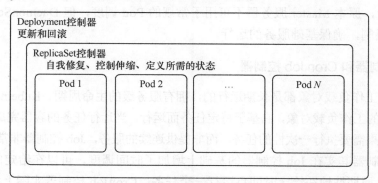

图 2-7 Deployment 控制器

3. StatefulSet 控制器

StatefulSet 控制器是一种提供了排序和唯一性保证的特殊 Pod 控制器。当有与部署顺序、持久数据或固定网络等相关的特殊需求时，可以使用 StatefulSet 控制器来进行更细粒度的控制。StatefulSet 控制器主要用于有状态的应用，例如，StatefulSet 控制器通常与面向数据的应用程序（比如数据库）相关联。即使 StatefulSet 控制器被重新分配到一个新的节点上，还需要访问同一个存储卷。

StatefulSet 控制器为每个 Pod 创建唯一的、基于数字的名称，从而提供稳定的网络标识符。即使要将 Pod 转移到另一个节点，该名称也将持续存在。同样，当需要重新调度时，可以通过

Pod 转移持久性数据卷。即使删除了 Pod，这些卷也依然存在，以防止数据意外丢失。

每当部署或进行伸缩调节时，StatefulSet 控制器会根据名称中的标识符执行操作，这使得对执行顺序有了更大的可预测性和控制能力，它在某些情况下很有用。

Deployment 控制器下的每一个 Pod 都毫无区别地提供服务，但 StatefulSet 控制器下的 Pod 则不同。虽然各个 Pod 的定义是一样的，但是因为其数据的不同，所以提供的服务是有差异的。比如分布式存储系统适合使用 StatefulSet 控制器，由 Pod A 存储一部分数据并提供相关服务，Pod B 又存储另一部分数据并提供相关服务。又比如有些服务会临时保存客户请求的数据，例如，使用服务端会话方式存放部分信息的业务网站，由于会话的不同，Pod A 和 Pod B 能提供的服务也不尽相同，这种场景也适合使用 StatefulSet 控制器。

4. DaemonSet 控制器

DaemonSet 控制器是另一种特殊的 Pod 控制器，它会在集群的各个节点上运行单一的 Pod 副本。DaemonSet 控制器非常适合部署那些为节点本身提供服务或执行维护的 Pod。

例如，日志收集和转发、监控以及运行以增加节点本身功能为目的的服务，常设置为 DaemonSet 控制器。因为 DaemonSet 控制器通常是用于提供基本服务的，并且每个节点都需要，所以它们可以绕过某些用于阻止控制器将 Pod 分配给某些主机的调度限制。因为 DaemonSet 控制器独特的职责，原本 Master 服务器不可用于常规的 Pod 调度，但 DaemonSet 控制器可以越过基于 Pod 的限制，确保基础服务的运行。

5. Job 控制器和 CronJob 控制器

上述的各类工作负载对象都是长期运行的，拥有服务级的生命周期。Kubernetes 中还有一种叫作 Job 控制器的工作负载对象，它基于特定任务而运行。当运行任务的容器完成工作后，Job 就会成功退出。如果需要执行一次性的任务，而非提供连续的服务，Job 控制器非常适合。

CronJob 控制器其实在 Job 控制器的基础上增加了时间调度，可以在给定的时间点运行一个任务，也可以周期性地在给定时间点运行一个任务。CronJob 控制器实际上和 Linux 系统中的 Crontab 控制器非常类似。

2.2.3 服务与存储

1. Service 组件和 Ingress

在 Kubernetes 中，Service 是内部负载均衡器中的一种组件，会将相同功能的 Pod 在逻辑上组合到一起，让它们表现得如同一个单一的实体。

之前介绍的各个工作负载对象只保证了支撑服务的微服务 Pod 的数量，但是没有解决如何访问这些服务的问题。Pod 只是一个运行的应用示例，随时可能在一个节点上停止，并在另一个节点使用新的 IP 地址启动新的 Pod，因此 Pod 根本无法以固定的 IP 地址和端口号提供服务。

通过 Service 组件可以发布服务，可以跟踪并路由到所有指定类型的后端容器。内部使用者只需要知道 Service 组件提供的稳定端点即可进行访问。另外，Service 组件抽象可以根据需要来伸缩或替换后端的工作单元，无论 Service 组件具体路由到哪个 Pod，其 IP 地址都保持稳定。通过 Service 组件，可以轻松获得服务发现的能力，如图 2-8 所示。

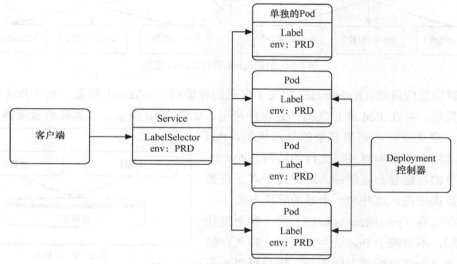

图 2-8 通过 Service 组件访问 Pod

每当需要给另一个应用程序或外部用户提供某些 Pod 的访问权限时，就可以配置一个 Service 组件。比如，假设需要从外网访问 Pod 上运行的应用程序，就需要提供必要的 Service 组件抽象。同样，如果应用程序需要存储或查询数据，则可能还需要配置一个内部 Service 组件抽象，使应用程序能访问数据库 Pod。

虽然在默认情况下只有 Kubernetes 集群内的机器（Master 和 Node）以及 Pod 应用可以访问 Service 组件，但通过某些策略，可以在集群之外使用 Service 组件。例如，通过配置 NodePort，可以在各个节点的外部网络接口上打开一个静态端口。该外部端口的流量将会通过内部集群 IP 服务自动路由到相应的 Pod。

还可以通过 Ingress 来整合 Service 组件。Ingress 并不是某种服务类型，可以充当多个 Service 组件的统一入口。Ingress 支持将路由规则合并到单个资源中，可以通过同一域名或 IP 地址下不同的路径来访问不同的 Service 组件，如图 2-9 所示，实现在同一域名或 IP 地址下发布多个服务。

2. 存储卷和持久存储卷

在容器化环境中，如何可靠地共享数据并保证这些数据在容器重启的间隙始终是可用的，一直都是一个挑战。容器运行时通常会提供一些机制来将存储附加到容器上，这类容器的存留时间超过其他容器的生命周期，但实现起来通常缺乏灵活性。

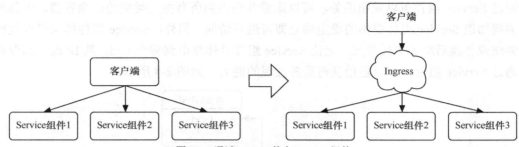

图 2-9　通过 Ingress 整合 Service 组件

为了解决这些问题，Kubernetes 定义了自己的存储卷（volume）抽象，允许 Pod 中的所有容器共享数据，并在 Pod 终止之前一直保持可用，如图 2-10 所示。这意味着紧密耦合的 Pod 可以轻松共享文件而不需要复杂的外部机制，Pod 中的容器故障不会影响对共享文件的访问。Pod 终止后，共享的存储卷会被销毁，因此对于真正需要持久化的数据来说，这并非一个好的解决方案。

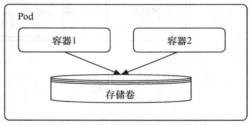

图 2-10　存储卷

持久存储卷（persistent volume）是一种更健壮的抽象机制，不依赖于 Pod 的生命周期。持久存储卷允许管理员为集群配置存储资源，用户可以为正在运行的 Pod 请求和声明存储资源。带有持久存储卷的 Pod 一旦使用完毕，存储卷的回收策略将决定是保留存储卷（直到手动删除），还是立即删除数据。持久性数据可预防节点级的故障，并分配比本地更多的可用存储空间。

2.2.4　资源划分

1. 命名空间

命名空间（namespace）的主要作用是对 Kubernetes 集群资源进行划分。这种划分并非物理划分而是逻辑划分，用于实现多租户的资源隔离，如图 2-11 所示。

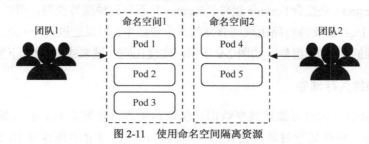

图 2-11　使用命名空间隔离资源

2. 标签和注解

Kubernetes 中的标签（label）是一种语义化标记，可以附加到 Kubernetes 对象上，对它们进行标记或划分。如果要针对不同的实例进行管理或路由，可以用标签来进行选择。例如，每种基于控制器的对象都可以使用标签来识别需要操作的 Pod。Service 组件也可以使用标签来确定应该将请求路由到哪些后端 Pod，如图 2-8 所示。

标签的形式是键值对，每个单元可以拥有多个标签，但每个单元对于每个键只能拥有一个值。通常来说，相对于当作标识符的 name 属性，标签的使用更像是对资源进行划分细类，可以用开发阶段、可访问性级别、应用程序版本等标准对各个对象进行分类。

注解（annotation）也是一种类似的机制，用于将任意键值信息附加到某一对象中。相对于标签，注解更灵活，可以包含少量结构化数据。一般来说，注解只是向对象添加更多元数据的一种方式，但并不用于筛选。

2.3 本章小结

本章主要讲解了 Kubernetes 的设计架构，描述了 Kubernetes 的核心对象，并以 Pod 的创建为例，描述了各个组件的基本工作流程。本章要点如下。

- Kubernetes 集群主要由 Master 和 Node 组成。Master 管理 Node，Node 管理容器。
- Master 的主要组件分别为 kube-apiserver（负责实际操作）、etcd（负责存储）、kube-scheduler（负责 Pod 调度）、kube-controller-manager（负责对象管理）。
- Node 的主要组件分别为 kubelet（值守进程）、kube-proxy（负责服务发现）和容器运行时（负责操作容器）。
- Kubernetes 以 Pod 为最小单位进行调度、伸缩并共享资源、管理生命周期。
- 控制器中定义了 Pod 的部署方式，如有多少个副本、需要在哪种 Node 上运行等。根据不同的业务场景，Kubernetes 提供了多种控制器，如 ReplicationController、ReplicaSet 控制器、Deployment 控制器、StatefulSet 控制器、DaemonSet 控制器、Job 控制器和 CronJob 控制器。
- Service 是内部负载均衡器中的一种组件，会将相同功能的 Pod 在逻辑上组合到一起，让它们表现得如同一个单一的实体。
- Kubernetes 定义了自己的存储卷抽象，允许 Pod 中的所有容器共享数据，在 Pod 终止之前一直保持可用。而持久存储卷是一种更健壮的抽象机制，不依赖于 Pod 的生命周期。
- Label 是一种语义化标签，可以附加到 Kubernetes 对象上，对它们进行标记或划分。

第二部分 应用

第3章 Kubernetes 的安装与部署

第4章 Pod——Kubernetes 的基本单位

第5章 控制器——Pod 的管理

第6章 Service 和 Ingress——发布 Pod 提供的服务

第7章 存储与配置

第8章 Kubernetes 资源的管理及调度

第二部分 应用

第 3 章　Kubernetes 的安装与部署

Kubernetes 的安装与部署非常灵活，可以部署在一台主机上，也可以部署在多台主机上。然而，因为 Kubernetes 本身是一种分布式平台，所以本书的示例会部署在多台机器上。

为了构成简单的集群，本书共使用了 4 台虚拟机（目前比较常见的虚拟机管理软件有 VMware Workstation 和 VirtualBox，读者可以自行选择），在这些虚拟机上部署 Kubernetes 运行环境。集群的构成参见表 3-1。

表 3-1　本书中 Kubernetes 集群的构成

节点类型	节点名称	IP 地址
Master	k8smaster	192.168.100.100
Node	k8snode1	192.168.100.101
Node	k8snode2	192.168.100.102
Node	k8snode3	192.168.100.103

建议给 Master 分配更多的内存和 CPU，以减少异常的产生。

在开始安装之前，请先在各台机器上配置好相应的主机，以便各台机器之间可通过机器名称相互访问。可通过如下命令编辑 hosts 文件。

```
$ vi /etc/hosts
```

在本书的示例中，hosts 的配置如下。

```
192.168.100.100    k8smaster
192.168.100.101    k8snode1
192.168.100.102    k8snode2
192.168.100.103    k8snode3
```

Kubernetes 的安装过程比较复杂，再加上防火墙等因素，使得安装难上加难，很容易直接放弃安装。最好的方式其实是通过代理访问可能无法访问的国外网站（如 Google）来安装。

如果无法使用网络代理也没有关系，本章将介绍如何在国内网络条件下轻松地安装 Kubernetes。

3.1 Master 与 Node 都要安装的基础组件

以下操作需要在所有节点上执行。由于防火墙等因素，阿里云提供了 Kubernetes 国内镜像来安装相应组件。

3.1.1 在 Debian、Ubuntu 系统上安装基础组件

首先，安装并启动 Docker。

```
$ apt-get update
$ apt-get install docker.io
```

安装完成后，可以通过以下命令进行测试。

```
$ docker run hello-world
```

然后，准备安装 Kubernetes 所需的关键组件。为此，要先配置安装源地址。

```
$ apt-get install -y apt-transport-https
$ curl
  https://mirrors.aliyun.com/Kubernetes/apt/doc/apt-key.gpg | apt-key add -
$ vim /etc/apt/sources.list.d/Kubernetes.list
```

接下来，进入编辑界面，修改 Kubernetes.list，加入以下内容并保存。

```
deb https://mirrors.aliyun.com/Kubernetes/apt/
  Kubernetes-xenial main
```

最后，安装 Kubernetes 的关键组件。

```
$ apt-get update
$ apt-get install -y kubelet kubeadm kubectl
```

3.1.2 在 CentOS 以及 RHEL 和 Fedora 系统上安装基础组件

首先，安装并启动 Docker。

```
$ yum-config-manager --add-repo
  http://mirrors.aliyun.com/docker-ce/linux/centos/docker-ce.repo
$ yum makecache fast
$ yum -y install docker-ce
$ systemctl start docker
```

安装完成后，可以通过以下命令进行测试。

```
$ docker run hello-world
```

然后，准备安装 Kubernetes 所需的关键组件。为此，先配置安装源地址。

```
$ vim /etc/yum.repos.d/Kubernetes.repo
```

接下来，进入编辑界面，修改 Kubernetes.repo，加入以下内容并保存。

```
[Kubernetes]
name=Kubernetes
```

```
baseurl=https://mirrors.aliyun.com/Kubernetes/yum/repos/Kubernetes-el7-x86_64/
enabled=1
gpgcheck=1
repo_gpgcheck=1
gpgkey=https://mirrors.aliyun.com/Kubernetes/yum/doc/yum-key.gpg
       https://mirrors.aliyun.com/Kubernetes/yum/doc/rpm-package-key.gpg
```

最后,安装 Kubernetes 的关键组件。

```
$ setenforce 0
$ yum install -y kubelet kubeadm kubectl
$ systemctl enable kubelet && systemctl start kubelet
```

3.2 Master 的安装与配置

在 Master 节点上,使用如下命令初始化 Master。

```
$ kubeadm init --pod-network-cidr 10.244.0.0/16
```

提示:Kubernetes 默认支持多种网络组件,例如 Flannel、Weave、Calico。因为在本例中使用的是 Flannel,所以必须要将 --pod-network-cidr 参数设置为 10.244.0.0/16,它是 kube-flannel.yml 文件配置的默认网段(如图 3-1 所示)。如果需要修改该值,--pod-network- cidr 参数和 kube-flannel.yml 文件中的定义需要保持一致。

在执行该命令时,可能会遇到不少错误。下面讨论常见的错误与解决办法。

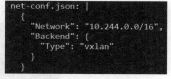

图 3-1 kube-flannel.yml 文件的默认配置

3.2.1 如何解决 CPU 数量不够的问题

Master 节点至少需要两个 CPU,如果遇到图 3-2 所示的错误(CPU 数量不够),请将虚拟机内核数设置为 2。

```
[ERROR NumCPU]: the number of available CPUs 1 is less than the required 2
```

图 3-2 CPU 数量提示

3.2.2 如何解决不支持交换内存的问题

基于性能等方面的考虑,Kubernetes 禁用了交换内存,如果出现图 3-3 所示的错误(不支持 swap),请关闭 swap。

```
[ERROR Swap]: running with swap on is not supported. Please disable swap
```

图 3-3 不支持 swap 的提示

具体命令如下。

```
$ swapoff -a
```

如果以上命令无效，请检查虚拟机的内存是否小于 2GB。

上述命令只会临时关闭 swap，若要永久关闭 swap，请执行以下命令。

```
$ sed -ri 's/.*swap.*/#&/' /etc/fstab
```

3.2.3　如何解决网络连接错误的问题

如果未通过代理访问在国内可能无法访问的网站（例如 Google），则可能会遇到类似图 3-4 所示的错误。

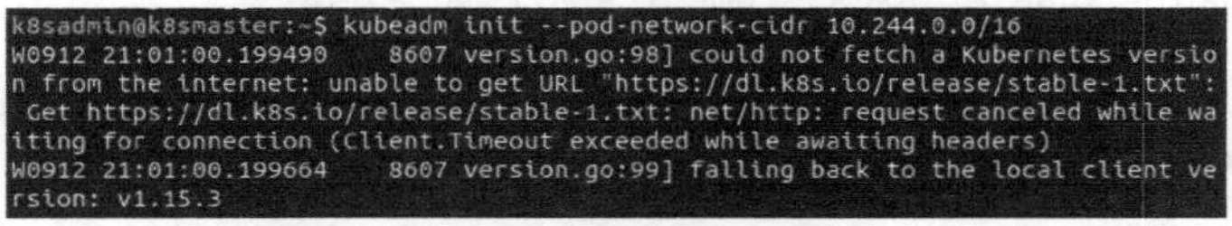

图 3-4　网络连接错误

因为 kubeadm 需要用到容器，这些镜像都是来自 k8s.gcr 网站的，出于防火墙原因无法访问它们，所以只能拉取国内的镜像再重新贴上标签，之后再执行初始化。请执行以下命令，查看需要用到哪些镜像。

```
$ kubeadm config images list
```

执行结果如图 3-5 所示。

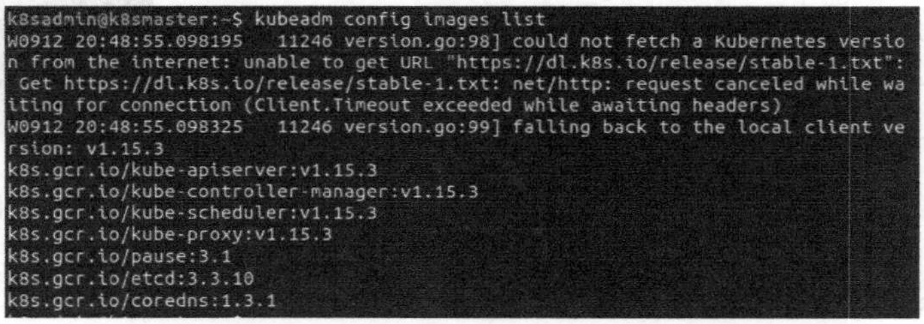

图 3-5　kubeadm config images list 的执行结果

所需的镜像如下所示。

```
k8s.gcr.io/kube-apiserver:v1.15.3
k8s.gcr.io/kube-controller-manager:v1.15.3
k8s.gcr.io/kube-scheduler:v1.15.3
k8s.gcr.io/kube-proxy:v1.15.3
k8s.gcr.io/pause:3.1
k8s.gcr.io/etcd:3.3.10
k8s.gcr.io/coredns:1.3.1
```

可以发现它们都是从 k8s.gcr 网站获取的。然而，国内是无法访问这个地址的，所以只能通过使用国内镜像网站依次下载上面的 7 个镜像，然后将其标记为 k8s.gcr 网站下的镜像。这里我们使用阿里云镜像，具体命令结构如下。

```
$ sudo docker pull
  registry.cn-hangzhou.aliyuncs.com/google_containers/{镜像名称}:{版本}
$ sudo docker tag
```

3.2 Master 的安装与配置

```
registry.cn-hangzhou.aliyuncs.com/google_containers/{镜像名称}:{版本}
k8s.gcr.io/{镜像名称}:{版本}
```

以上 7 个镜像的操作命令如下所示。依次执行以下 7 组命令即可。

```
$ sudo docker pull
  registry.cn-hangzhou.aliyuncs.com/google_containers/kube-api
  server:v1.15.3
$ sudo docker tag
  registry.cn-hangzhou.aliyuncs.com/google_containers/kube-api
  server:v1.15.3 k8s.gcr.io/kube-apiserver:v1.15.3

$ sudo docker pull
  registry.cn-hangzhou.aliyuncs.com/google_containers/kube-controller-manager:v1.15.3
$ sudo docker tag
  registry.cn-hangzhou.aliyuncs.com/google_containers/kube-controller-manager:v1.15.3
  k8s.gcr.io/kube-controller-manager:v1.15.3

$ sudo docker pull
  registry.cn-hangzhou.aliyuncs.com/google_containers/kube-scheduler:v1.15.3
$ sudo docker tag
  registry.cn-hangzhou.aliyuncs.com/google_containers/kube-scheduler:v1.15.3
  k8s.gcr.io/kube-scheduler:v1.15.3

$ sudo docker pull
  registry.cn-hangzhou.aliyuncs.com/google_containers/kube-proxy:v1.15.3
$ sudo docker tag
  registry.cn-hangzhou.aliyuncs.com/google_containers/kube-proxy:v1.15.3
  k8s.gcr.io/kube-proxy:v1.15.3

$ sudo docker pull
  registry.cn-hangzhou.aliyuncs.com/google_containers/pause:3.1
$ sudo docker tag
  registry.cn-hangzhou.aliyuncs.com/google_containers/pause:3.1
  k8s.gcr.io/pause:3.1

$ sudo docker pull
  registry.cn-hangzhou.aliyuncs.com/google_containers/etcd:3.3.10
$ sudo docker tag
  registry.cn-hangzhou.aliyuncs.com/google_containers/etcd:3.3.10
  k8s.gcr.io/etcd:3.3.10

$ sudo docker pull
  registry.cn-hangzhou.aliyuncs.com/google_containers/coredns:1.3.1
$ sudo docker tag
  registry.cn-hangzhou.aliyuncs.com/google_containers/coredns:1.3.1
  k8s.gcr.io/coredns:1.3.1
```

然后，执行初始化命令。不同于之前的是，由于网络限制，这里必须要指定初始化的版本。

通过刚才的 `images list` 命令，已经知晓版本号为 1.15.3，因此在初始化时要执行以下带版本号的命令，才能使用刚才下载的镜像。

```
$ sudo kubeadm init --Kubernetes-version=1.15.3 --pod-network-cidr 10.244.0.0/16
```

提示：如果还遇到其他问题，请根据提示消除[Error]级别的问题。问题消除后，如果在运行 kubeadm init 时抛出其他不可逆的异常，可以使用 `$ kubeadm reset` 命令来重置状态。

成功安装后，会出现图 3-6 所示的界面。

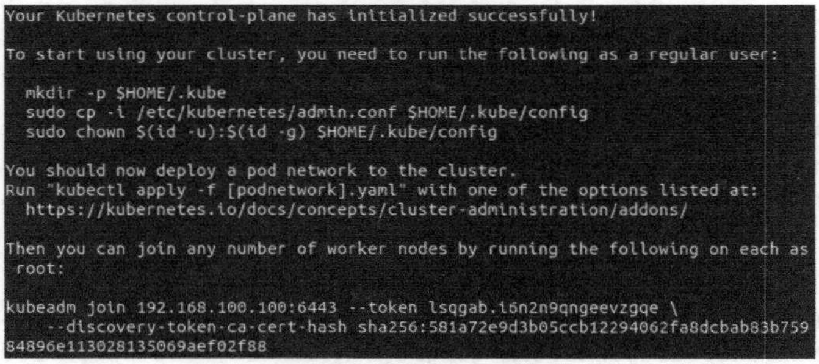

图 3-6　Master 安装成功

根据界面提示，需要执行以下命令，以创建集群。

```
$ mkdir -p $HOME/.kube
$ sudo cp -i /etc/Kubernetes/admin.conf $HOME/.kube/config
$ sudo chown $(id -u):$(id -g) $HOME/.kube/config
```

此时可以通过 `$ kubectl get nodes` 命令查看集群状态，如图 3-7 所示。

集群创建完成后，根据 Master 安装成功界面上的最后一个提示，在 Node 上执行加入集群的命令即可，如图 3-8 所示。

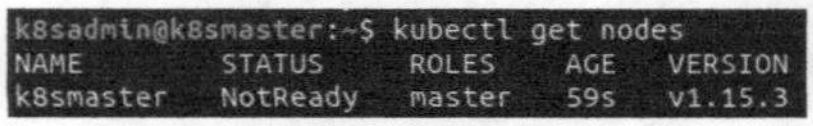

图 3-7　集群状态

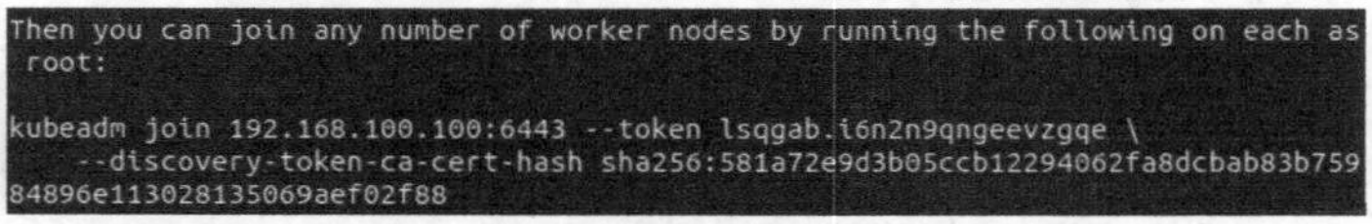

图 3-8　加入集群命令

3.3 Node 的安装与配置

在获取到 Master 上的 `kubeadm join` 参数后，就可以登录 Node 进行初始化，加入集群。具体命令及参数在 Master 安装成功界面上已经给出提示，如下所示。

```
$ kubeadm join 192.168.100.100:6443 --token lsqgab.i6n2n9qngeevzgqe\
  --discovery-token-ca-cert-hash sha256:581a72e9d3b05ccb12294062fa8dcbab83b759
  84896e113028135069aef02f88
```

执行成功后的界面如图 3-9 所示。

3.3 Node 的安装与配置

提示：如果已经忘记 kubeadm join 参数，可以在 Master 节点中用 `$ kubeadm token create --print-join-command` 命令来查询。

此时再回到 Master，运行 `$ kubectl get nodes` 命令查看集群状态（见图 3-10）。

```
This node has joined the cluster:
* Certificate signing request was sent to apiserver and a response was received.
* The Kubelet was informed of the new secure connection details.

Run 'kubectl get nodes' on the control-plane to see this node join the cluster.
```

图 3-9 Node 添加成功

```
k8sadmin@k8smaster:~$ kubectl get nodes
NAME        STATUS     ROLES    AGE     VERSION
k8smaster   NotReady   master   2m28s   v1.15.3
k8snode1    NotReady   <none>   31s     v1.15.3
```

图 3-10 集群状态

可以看到 Node 已成功添加，但状态都是 NotReady，表示还没有准备好。这时，离安装成功还有一段路需要走。

此时运行 `$ kubectl get pod --namespace=kube-system` 命令，查看 kube-system 下各个 Pod 的状态（见图 3-11）。

```
k8sadmin@k8smaster:~$ kubectl get pod --namespace=kube-system
NAME                                 READY   STATUS              RESTARTS   AGE
coredns-fb8b8dccf-44zsp               0/1     Pending             0          18m
coredns-fb8b8dccf-4kjdr               0/1     Pending             0          18m
etcd-k8smaster                        1/1     Running             0          17m
kube-apiserver-k8smaster              1/1     Running             0          17m
kube-controller-manager-k8smaster     1/1     Running             0          17m
kube-proxy-g8j5n                      1/1     Running             0          18m
kube-proxy-t65wr                      0/1     ContainerCreating   0          3m55s
kube-scheduler-k8smaster              1/1     Running             0          17m
```

图 3-11 kube-system 下各个 Pod 的状态

可以看到 kube-proxy 处于 ContainerCreating 状态，而 coredns 处于 Pending 状态。只有将这些问题完全解决，让它们变为 Running 状态，才成功完成了 Kubernetes 的安装。

先解决 kube-proxy 的问题。如果能通过代理访问国外的网站，那么是不会出现这个问题的。如果不能通过代理访问国外的网站，请首先通过以下命令查看状态。在本例中，kube-proxy 的名称为 kube-proxy-t65wr。

```
$ kubectl describe pod kube-proxy-t65wr --namespace=kube-system
```

执行结果如图 3-12 所示，可以发现是在 k8snode1 这台机器上出了问题。

```
k8sadmin@k8smaster:~$ kubectl describe pod kube-proxy-t65wr --namespace=kube-system
Name:                 kube-proxy-t65wr
Namespace:            kube-system
Priority:             2000001000
PriorityClassName:    system-node-critical
Node:                 k8snode1/192.168.100.101
```

图 3-12 执行结果（顶部）

往下滑动，直到看到关于 Events 的信息（见图 3-13）。

```
Events:
  Type     Reason                  Age                  From               Message
  ----     ------                  ----                 ----               -------
  Normal   Scheduled               8m38s                default-scheduler  Successf
ully assigned kube-system/kube-proxy-t65wr to k8snode1
  Warning  FailedCreatePodSandBox  27s (x18 over 8m22s) kubelet, k8snode1  Failed c
reate pod sandbox: rpc error: code = Unknown desc = failed pulling image "k8s.gcr.io
/pause:3.1": Error response from daemon: Get https://k8s.gcr.io/v2/: net/http: reque
st canceled while waiting for connection (Client.Timeout exceeded while awaiting hea
ders)
```

图 3-13 执行结果（底部）

可以发现，这是由于要获取 `k8s.gcr.io/pause:3.1` 镜像没有成功而造成的。之前已经提到过，国内网络无法从 k8s.gcr 网站上下载东西，只能通过镜像网站下载镜像，然后贴到 k8s.gcr 网站下。

现在需要登录 k8snode1 这台 Node，通过之前提到的方式执行以下命令，从国内镜像网站下载 pause:3.1，然后重命名为 k8s.gcr.io/pause:3.1。

```
$ sudo docker pull
  registry.cn-hangzhou.aliyuncs.com/google_containers/pause:3.1
$ sudo docker tag
  registry.cn-hangzhou.aliyuncs.com/google_containers/pause:3.1 k8s.gcr.io/pause:3.1.
```

此时问题仍然没有解决，因为 Node 上不止缺少这一个镜像，所以 kube-proxy 仍然处于 ContainerCreating 状态。在 Master 节点上执行 `$ kubectl describe pod kube-proxy-t65wr --namespace=kube-system` 命令，可以看到还缺少第二个镜像 `k8s.gcr.io/kube-proxy`（见图 3-14）。

图 3-14　执行结果 3

再次登录 k8snode1 这台 Node，执行以下命令下载并重命名 kuber-proxy。

```
$ sudo docker pull
  registry.cn-hangzhou.aliyuncs.com/google_containers/kube-proxy:v1.15.3
$ sudo docker
  tagregistry.cn-hangzhou.aliyuncs.com/google_containers/kube-proxy:v1.15.3
  k8s.gcr.io/kube-proxy:v1.15.3
```

回到 Master 节点，执行 `$ kubectl get pod --namespace=kube-system` 命令，查看 kube-system 下各个 Pod 的状态。可以发现 kube-proxy 已经处于 Running 状态（见图 3-15）。

图 3-15　kube-system 下各个 Pod 的状态

接下来，解决 coredns 的问题，这是由于还没有安装网络组件而造成的。本例中选择使用 Flannel，因此需要在各个节点部署 Flannel，具体命令如下。

```
$ kubectl apply -f
  https://raw.githubusercontent.com/coreos/flannel/master/Documentation/kube-flannel.yml
```

执行 `$ kubectl get pod --namespace=kube-system` 命令，可以发现多出了两个名为 kube-flannel-ds-amd64 的 Pod，但二者暂时处于 `Init:0/1` 状态（见图 3-16）。

3.3 Node 的安装与配置

```
k8sadmin@k8smaster:~$ kubectl get pod --namespace=kube-system
NAME                                  READY   STATUS     RESTARTS   AGE
coredns-fb8b8dccf-44zsp               0/1     Pending    0          10h
coredns-fb8b8dccf-4kjdr               0/1     Pending    0          10h
etcd-k8smaster                        1/1     Running    3          10h
kube-apiserver-k8smaster              1/1     Running    3          10h
kube-controller-manager-k8smaster     1/1     Running    4          10h
kube-flannel-ds-amd64-lqjxf           0/1     Init:0/1   0          9s
kube-flannel-ds-amd64-rqqlg           0/1     Init:0/1   0          9s
kube-proxy-g8j5n                      1/1     Running    2          10h
kube-proxy-t65wr                      1/1     Running    0          10h
kube-scheduler-k8smaster              1/1     Running    3          10h
```

图 3-16 kube-system 下各个 Pod 的状态

提示：因为这也是从国外网站拉取镜像的，虽然 Flannel 没有被屏蔽，但网速可能非常慢，所以也有一定概率会失败。如果等待 5min 还是没有处于 Running 状态，则可以用之前提到的从国内下载镜像然后使用 tag 命令重命名的办法快速下载。具体办法和之前是一样的，在本例中，可以用 $ kubectl describe pod kube-flannel-ds-amd64-lqjxf --namespace=kube-system（也可以用 $ kubectl log kube-flannel-ds-amd64-lqjxf --namespace=kube-system），查看哪台机器出错了，以及具体需要的镜像是什么（本例中需要的镜像为 quay.io/coreos/flannel:v0.11.0-amd64），然后登录那台机器，从国内镜像下载并使用 tag 命令重命名，例如以下命令。

```
$ sudo docker pull
  quay-mirror.qiniu.com/coreos/flannel:v0.11.0-amd64
$ sudo docker tag
  quay-mirror.qiniu.com/coreos/flannel:v0.11.0-amd64
  quay.io/coreos/flannel:v0.11.0-amd64
```

Flannel 安装完成后，执行 $ kubectl get pod --namespace=kube-system 命令，可以看到所有的 Pod 都已运行正常（见图 3-17）。

```
k8sadmin@k8smaster:~$ kubectl get pod --namespace=kube-system
NAME                                  READY   STATUS    RESTARTS   AGE
coredns-fb8b8dccf-44zsp               1/1     Running   0          10h
coredns-fb8b8dccf-4kjdr               1/1     Running   0          10h
etcd-k8smaster                        1/1     Running   3          10h
kube-apiserver-k8smaster              1/1     Running   3          10h
kube-controller-manager-k8smaster     1/1     Running   4          10h
kube-flannel-ds-amd64-lqjxf           1/1     Running   0          3m52s
kube-flannel-ds-amd64-rqqlg           1/1     Running   0          3m52s
kube-proxy-g8j5n                      1/1     Running   2          10h
kube-proxy-t65wr                      1/1     Running   0          10h
kube-scheduler-k8smaster              1/1     Running   3          10h
```

图 3-17 kube-system 下各个 Pod 的状态

提示：Flannel 成功安装并成功运行后，coredns 也有可能因为网络原因依旧持续处于 ContainerCreating 状态。办法还是一样的，用 kubectl describe 查看对应 Pod 的状态，确定哪台机器缺少了镜像，然后从国内镜像网站下载并使用 tag 命令重命名。

此时再次执行 $ kubectl get nodes 命令，可以发现节点都已处于 Ready 状态（见图 3-18）。

```
k8sadmin@k8smaster:~$ kubectl get nodes
NAME        STATUS   ROLES    AGE     VERSION
k8smaster   Ready    master   5m32s   v1.15.3
k8snode1    Ready    <none>   3m35s   v1.15.3
```

图 3-18 节点的状态

对于其他的 Node，安装方式与前面相同。

3.4 本章小结

本章主要讲解了 Kubernetes 的安装与配置方法，即使在网络受限并且没有通过代理访问国内可能无法访问的网站的情况下，也可以成功安装配置。

虽然本章已经列出了绝大多数问题的解决办法，但无法排除日后版本升级可能导致的其他问题。安装 Kubernetes 需要有耐心，不断试错、查错、找准根源，然后解决问题，才能成功。

第 4 章 Pod——Kubernetes 的基本单位

Pod 是 Kubernetes 中的基本单位。容器本身并不会直接分配到主机上，而会封装到名为 Pod 的对象中。

Pod 通常表示单个应用程序，由一个或多个关系紧密的容器构成，这些容器拥有同样的生命周期，作为一个整体一起编排到 Node 上。这些容器共享环境、存储卷（volume）和 IP 空间。尽管 Pod 基于一个或多个容器，但应将 Pod 视作一个单一的整体、单独的应用程序。Kubernetes 以 Pod 为最小单位进行调度、伸缩并共享资源、管理生命周期。

本章将重点讲解 Pod，展示如何部署 Pod、它与容器的关系、Pod 的生命周期及其维护等。

4.1 Pod 的基本操作

本节讲解 Pod 的基本操作，用非常简单的例子来说明如何创建、查询、修改和删除 Pod。

4.1.1 创建 Pod

先从部署一个 Pod 开始。Pod 的创建非常简单，首先定义模板文件，创建一个名为 examplepod.yml 的模板文件。命令如下。

```
$ vim examplepod.yml
```

在文件中填入如下内容并保存。

```
apiVersion: v1
kind: Pod
metadata:
  name: examplepod
spec:
  containers:
```

```yaml
    - name: examplepod-container
      image: busybox
      imagePullPolicy: IfNotPresent
      command: ['sh', '-c']
      args: ['echo "Hello Kubernetes!"; sleep 3600']
```

该模板的含义如下。

- `apiVersion` 表示使用的 API 版本。v1 表示使用 Kubernetes API 的稳定版本。
- `kind` 表示要创建的资源对象，这里使用关键字 Pod。
- `metadata` 表示该资源对象的元数据。一个资源对象可拥有多个元数据，其中一项是 name，它表示当前资源的名称。
- `spec` 表示该资源对象的具体设置。其中 containers 表示容器的集合，这里只设置了一个容器，该容器的属性如下。
  - name：要创建的容器名称。
  - image：容器的镜像地址。
  - imagePullPolicy：镜像的下载策略，支持 3 种 imagePullPolicy，如下所示。
    - Always：不管镜像是否存在都会进行一次拉取。
    - Never：不管镜像是否存在都不会进行拉取。
    - IfNotPresent：只有镜像不存在时，才会进行拉取。
  - command：容器的启动命令列表（不配置的话，使用镜像内部的命令）。
  - args：启动参数列表（在本例中是输出文字"Hello Kubernetes!"并休眠 3600s）。

运行以下命令，通过模板创建 Pod。

```
$ kubectl apply -f examplepod.yml
```

提示：apply 是一种声明式对象配置命令。这里应用了之前创建的模板，-f 参数表示使用文件名作为参数。相比命令式对象管理，apply 既便于跟踪，又具备很好的可读性。本书将统一使用声明式对象配置来管理资源。

创建成功后，可通过以下命令查询当前运行的所有 Pod。

```
$ kubectl get pod
```

执行结果如图 4-1 所示。

图 4-1 执行结果

4.1.2 查询 Pod

Pod 创建后，最常用的功能就是查询。可以用以下命令查询 Pod 的状态。

```
$ kubectl get pod {Pod 名称}
```
在本例中，查询结果如图 4-2 所示。

图 4-2　查询结果

还可以在查询命令中带上参数 -w，以对 Pod 状态进行持续监控。只要 Pod 发生了变化，就会在控制台中输出相应信息。命令如下。

```
$ kubectl get pod {Pod 名称} -w
```
本例中的 Pod 状态如图 4-3 所示。

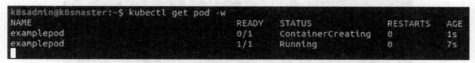

图 4-3　Pod 状态

另外，还可以在查询命令中带上 -o wide 参数，输出 Pod 的更多概要信息（如调度到哪台机器上，Pod 本身的虚拟 IP 等信息）。命令如下。

```
$ kubectl get pod {Pod 名称} -o wide
```
本例中 Pod 的更多概要信息如图 4-4 所示。

图 4-4　Pod 的更多概要信息

get 命令除了可以显示简要的运行信息外，还可以输出完整信息。它支持多种格式的输出，如可以用 yaml 和 Json 方式输出，命令如下。

```
$ kubectl get pod examplepod --output yaml
$ kubectl get pod examplepod --output json
```
一般情况下，如果要查询 Pod 更详细的信息（包括状态、生命周期和执行情况等），除了将其输出为 yaml 或 json 格式，还可以用 describe 命令查看详情，格式如下。

```
$ kubectl describe pods {Pod 名称}
```
在本例中，Pod 更详细的信息如图 4-5 所示。

该命令会输出比较全面的信息，包括资源的基本信息、容器信息、准备情况、存储卷信息及相关的事件列表。在资源部署时如果遇到问题，可以使用此命令查看详情，分析部署错误的原因。

如果要查询 Pod 本身输出的日志信息，还可以使用 logs 命令，格式如下。

```
$ kubectl logs {Pod 名称}
```
在本例中，Pod 的日志信息如图 4-6 所示。

```
k8sadmin@k8smaster:~$ kubectl describe pods examplepod
Name:               examplepod
Namespace:          default
Priority:           0
PriorityClassName:  <none>
Node:               k8snode1/192.168.100.101
Start Time:         Wed, 05 Jun 2019 04:59:20 -0700
Labels:             <none>
Annotations:        kubectl.kubernetes.io/last-applied-configuration:
                      {"apiVersion":"v1","kind":"Pod","metadata":{"annotations":
{},"name":"examplepod","namespace":"default"},"spec":{"containers":[{"command":[
...
Status:             Running
IP:                 10.244.1.3
Containers:
  examplepod-container:
    Container ID:   docker://c384d4e786f8e126d5289c89c9e160801bb6899388934070e7f8
4906fef8fa75
    Image:          busybox
    Image ID:       docker-pullable://busybox@sha256:4b6ad3a68d34da29bf7c8ccb5d35
5ba8b4babcad1f99798204e7abb43e54ee3d
    Port:           <none>
    Host Port:      <none>
    Command:
      sh
      -c
      echo Hello Kubernetes! && sleep 3600
    State:          Running
      Started:      Wed, 05 Jun 2019 04:59:29 -0700
    Ready:          True
    Restart Count:  0
    Environment:    <none>
    Mounts:
      /var/run/secrets/kubernetes.io/serviceaccount from default-token-v6wkr (ro
)
Conditions:
  Type              Status
  Initialized       True
  Ready             True
  ContainersReady   True
  PodScheduled      True
Volumes:
  default-token-v6wkr:
    Type:        Secret (a volume populated by a Secret)
    SecretName:  default-token-v6wkr
    Optional:    false
QoS Class:       BestEffort
Node-Selectors:  <none>
Tolerations:     node.kubernetes.io/not-ready:NoExecute for 300s
                 node.kubernetes.io/unreachable:NoExecute for 300s
Events:
  Type    Reason     Age    From                Message
  ----    ------     ----   ----                -------
  Normal  Scheduled  7m12s  default-scheduler   Successfully assigned default/exa
mplepod to k8snode1
  Normal  Pulling    7m9s   kubelet, k8snode1   Pulling image "busybox"
  Normal  Pulled     7m4s   kubelet, k8snode1   Successfully pulled image "busybo
x"
  Normal  Created    7m4s   kubelet, k8snode1   Created container examplepod-cont
ainer
  Normal  Started    7m3s   kubelet, k8snode1   Started container examplepod-cont
ainer
```

图 4-5 Pod 更详细的信息

```
k8sadmin@k8smaster:~$ kubectl logs examplepod
Hello Kubernetes!
```

图 4-6 Pod 的日志信息

4.1.3 修改 Pod

可以用 replace 命令来修改原先设置的 Pod 属性,命令格式如下。

```
$ kubectl replace -f {pod模板路径}
```

修改之前示例中定义的 Pod,使它输出 "Hello Kubernetes replaced!"。先打开 examplepod.yml 文件。

```
$ vim examplepod.yml
```
在文件中填入如下内容并保存。
```
apiVersion: v1
kind: Pod
metadata:
  name: examplepod
spec:
  containers:
  - name: examplepod-container
    image: busybox
    imagePullPolicy: IfNotPresent
    command: ['sh', '-c']
    args: ['echo "Hello Kubernetes replaced!"; sleep 3600']
```
提示：Pod 有很多属性无法修改，比如 containers 的 image 属性，spec 下的 activeDeadlineSeconds、tolerations 属性等。如果一定要修改，则需要加上 --force 参数，相当于重新创建 Pod，命令如下。
```
$ kubectl replace -f {pod模板路径} --force
```
本例中的执行结果如图 4-7 所示。

查看输出日志，结果如图 4-8 所示。

```
k8sadmin@k8smaster:~$ kubectl replace -f examplepod.yml --force
pod "examplepod" deleted
pod/examplepod replaced
```
图 4-7 replace 命令的执行结果

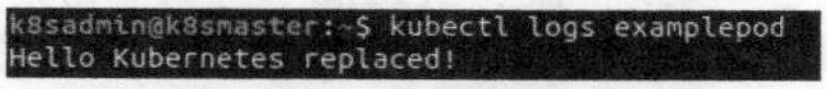

```
k8sadmin@k8smaster:~$ kubectl logs examplepod
Hello Kubernetes replaced!
```
图 4-8 logs 命令的执行结果

4.1.4 删除 Pod

Pod 的删除非常简单，只要执行以下命令即可。
```
$ kubectl delete pod {Pod名称}
```
本例中的执行结果如图 4-9 所示。

```
k8sadmin@k8smaster:~$ kubectl delete pod examplepod
pod "examplepod" deleted
```
图 4-9 delete 命令的执行结果

另外，还可以基于模板文件删除资源，如以下命令所示。
```
$ kubectl delete -f {模板文件名称}
```

4.2 Pod 模板详解

在之前创建 Pod 的示例中，我们使用了基本的 Pod 模板来定义资源，但 Pod 模板包含的内容不仅只有示例中的那些，还可以定义非常丰富的内容。

以下是 Pod 模板的主要内容及对应说明。目前只需要大致了解有这些属性就足够了，不需要把每个都完全理解，在以后的章节中将逐一进行演示。

```
apiVersion: v1                    #版本，必填，v1 代表稳定版本
kind: pod                         #类型，必填，Pod
metadata:                         #元数据，表示资源的标识信息
  name: String                    #元数据，必填，Pod 的名字
  namespace: String               #元数据，Pod 的命名空间
  labels:                         #元数据，标签列表
    - key: value                  #元数据，可定义多个标签的键/值对
  annotations:                    #元数据，自定义注解列表
    - key: value                  #元数据，可定义多个注解的键/值对
spec:                             #Pod 中容器的详细定义，必填
  containers:                     #Pod 中的容器列表，必填，可以有多个容器
  - name: String                  #容器名称，必填
    image: String                 #容器中的镜像地址，必填
    imagePullPolicy: [Always|Never|IfNotPresent]#获取镜像的策略，Always 表示下载镜像；
#IfNotPresent 表示优先使用本地镜像，否则下载镜像；Never 表示仅使用本地镜像
    command: [String]             #容器的启动命令列表（不配置的话，使用镜像内部的命令）
    args: [String]                #启动命令参数列表
    workingDir: String            #容器的工作目录
    volumeMounts:                 #挂载到容器内部的存储卷设置
    - name: String                #为了引用 Pod 定义的共享存储卷的名称，要用 volumes[]部分定义的卷名
      mountPath: String           #存储卷在容器内挂载的绝对路径，应少于 512 个字符
      readOnly: boolean           #是否为只读模式
    ports:                        #容器需要暴露的端口号列表
    - name: String                #端口名称
      containerPort: int          #容器要暴露的端口
      hostPort: int               #容器所在主机监听的端口（把容器暴露的端口映射到宿主机的端口）
      protocol: String            #端口协议，支持 TCP 和 UDP，默认为 TCP
    env:                          #容器运行前要设置的环境变量列表
    - name: String                #环境变量名称
      value: String               #环境变量值
    resources:                    #资源限制和请求的设置
      limits:                     #资源限制的设置
        cpu: String               #CPU 的限制，单位为 CPU 内核数。将用于 docker run --cpu-quota 参数，
#也可以使用小数，例如 0.1，0.1 等价于表达式 100m，表示 100milicpu
        memory: String            #内存限制，单位可以为 MiB/GiB/MB/GB (1MiB=1024×1024B，
#1MB=1000×1000B)，将用于 docker run --memory 参数
      requests:                   #资源请求的设置
        cpu: String               #CPU 请求，容器启动时的初始可用数量，将用于 docker run --cpu-shares 参数
        memory: String            #内存请求，容器启动时的初始可用数量
    livenessProbe:                #Pod 内容器健康检查的设置，当探测几次无响应后将自动重启该容器，
#检查方法有 exec、httpGet 和 tcpSocket，对一个容器只要设置一种方法即可
      exec:                       #通过 exec 方式来检查 Pod 内各容器的健康状况
        command: [String]         #exec 方式需要指定的命令或脚本
      httpGet:                    #通过 httpGet 方式来检查 Pod 中各容器的健康状况，需要指定 path、port
```

```
      path: String
      port: number
      host: String
      scheme: String
      httpHeaders:
      - name: String
        value: String
    tcpSocket:                    #通过tcpSocket检查Pod中各容器的健康状况
      port: number
    initialDelaySeconds: 0       #容器启动完成后，首次探测的时间（单位为秒）
    timeoutSeconds: 0            #对容器进行健康检查时探测等待响应的超时时间（单位为秒，默认为1s）
    periodSeconds: 0             #对容器监控检查的定期探测时间设置（单位为秒），默认10s一次
    successThreshold: 0
    failureThreshold: 0
    securityContext:             #安全配置
      privileged: false
  restartPolicy: [Always|Never|OnFailure]#Pod的重启策略，Always表示不管以何种方式终止
  #运行，kubelet都将重启；OnFailure表示只有Pod以非0码退出才重启；Never表示不再重启该Pod
  nodeSelector: object           #节点选择，设置nodeSelector表示将该Pod调度到包含这个标签的
  #节点上，以key: value格式来指定
  imagePullSecrets:              #拉取镜像时使用的secret名称，以key: secretkey格式指定
  - name: String
  hostNetwork: false             #是否使用主机网络模式，默认为false，如果设置为true，表示使用宿主机网络
  volumes:                       #在该Pod上定义共享存储卷列表
  - name: String                 #共享存储卷名称
    emptyDir: {}                 #类型为emptyDir的存储卷，与Pod有相同生命周期的一个临时目录，为空值
    hostPath:                    #类型为hostPath的存储卷，将会挂载Pod所在宿主机的目录
      path: string               #Pod所在宿主机的目录，该目录将在容器中挂载
    secret:                      #类型为secret的存储卷，在容器内部挂载集群中预定义的secret对象
      secretName: String
      items:
      - key: String
        path: String
    configMap:                   #类型为configMap的存储卷，挂载预定义的configMap对象到容器内部
      name: String
      items:
      - key: String
        path: String
```

还可以使用 `$ kubectl explain pod` 命令详细查看 Pod 资源所支持的所有字段的详细说明，如图 4-10 所示。

可以看到图中列出了 5 个字段，分别是 `apiVersion`、`kind`、`metadata`、`spec`、`status`。如果要进一步查看每个字段的详情，例如，对于 `spec` 字段可以使用命令 `$ kubectl explain pod.spec` 进行查看，如图 4-11 所示。

```
k8sadmin@k8smaster:~$ kubectl explain pod
KIND:     Pod
VERSION:  v1

DESCRIPTION:
     Pod is a collection of containers that can run on a host. This resource is
     created by clients and scheduled onto hosts.

FIELDS:
   apiVersion   <string>
     APIVersion defines the versioned schema of this representation of an
     object. Servers should convert recognized schemas to the latest internal
     value, and may reject unrecognized values. More info:
     https://git.k8s.io/community/contributors/devel/api-conventions.md#resources

   kind <string>
     Kind is a string value representing the REST resource this object
     represents. Servers may infer this from the endpoint the client submits
     requests to. Cannot be updated. In CamelCase. More info:
     https://git.k8s.io/community/contributors/devel/api-conventions.md#types-kinds

   metadata     <Object>
     Standard object's metadata. More info:
     https://git.k8s.io/community/contributors/devel/api-conventions.md#metadata

   spec <Object>
     Specification of the desired behavior of the pod. More info:
     https://git.k8s.io/community/contributors/devel/api-conventions.md#spec-and-status

   status       <Object>
     Most recently observed status of the pod. This data may not be up to date.
     Populated by the system. Read-only. More info:
     https://git.k8s.io/community/contributors/devel/api-conventions.md#spec-and-status
```

图 4-10　Pod 支持的字段的说明

```
k8sadmin@k8smaster:~$ kubectl explain pod.spec
KIND:     Pod
VERSION:  v1

RESOURCE: spec <Object>

DESCRIPTION:
     Specification of the desired behavior of the pod. More info:
     https://git.k8s.io/community/contributors/devel/api-conventions.md#spec-and-status

     PodSpec is a description of a pod.

FIELDS:
   activeDeadlineSeconds        <integer>
     Optional duration in seconds the pod may be active on the node relative to
     StartTime before the system will actively try to mark it failed and kill
     associated containers. Value must be a positive integer.

   affinity     <Object>
     If specified, the pod's scheduling constraints

   automountServiceAccountToken <boolean>
     AutomountServiceAccountToken indicates whether a service account token
     should be automatically mounted.

   containers   <[]Object> -required-
     List of containers belonging to the pod. Containers cannot currently be
     added or removed. There must be at least one container in a Pod. Cannot be
     updated.

   dnsConfig    <Object>
```

图 4-11　spec 字段的详情

如果要了解一个正在运行的 Pod 的配置，可以通过以下命令来获取。

```
$ kubectl get pod {pod名称} -o yaml
```

4.3 Pod 与容器

4.3.1 Pod 创建容器的方式

可能细心的读者已经发现,之前描述的 Pod 模板和 Docker-Compose 配置非常相似,但 Pod 模板涉及其他部署参数的设定,相对更复杂。先排除与容器无关的配置参数,在模板的 Containers 部分,指明容器的部署方式。在部署过程中,会转换成对应的容器运行时(container runtime)命令,例如,对于 Docker,会转换成类似于 `Docker run` 的命令。

在最开始的例子中,yml 文件内容如下。

```yaml
apiVersion: v1
kind: Pod
metadata:
  name: examplepod
spec:
  containers:
  - name: examplepod-container
    image: busybox
    imagePullPolicy: IfNotPresent
    command: ['sh', '-c']
    args: ['echo "Hello Kubernetes!"; sleep 3600']
```

在 Kubernetes 将 Pod 调度到某个节点后,kubelet 会调用容器运行时(本例中为 Docker),执行如下所示的命令。

```
$ docker run --name examplepod-container busybox sh -c 'echo "Hello Kubernetes!"; sleep 3600'
```

提示:`command` 和 `args` 设置会分别覆盖原 Docker 镜像中定义的 EntryPoint 与 CMD,在使用时请务必注意以下规则。

- 如果没有在模板中提供 `command` 或 `args`,则使用 Docker 镜像中定义的默认值运行。
- 如果在模板中提供了 `command`,但未提供 `args`,则仅使用提供的 `command`。Docker 镜像中定义的默认的 EntryPoint 和默认的命令都将被忽略。
- 如果只提供了 `args`,则 Docker 镜像中定义的默认的 EntryPoint 将与所提供的 `args` 组合到一起运行。
- 如果同时提供了 `command` 和 `args`,Docker 镜像中定义的默认的 EntryPoint 和命令都将被忽略。所提供的 `command` 和 `args` 将会组合到一起运行。

同样,在 Pod 模板的 Container 设置中的各项信息,在运行时都会转换为类似的容器命令来执行。Container 的基础信息的设置如下所示。

```
    containers:                      #Pod 中的容器列表，必填，可以有多个容器
    - name: String                   #容器的名称，必填
      image: String                  #容器中的镜像地址，必填
      imagePullPolicy: [Always|Never|IfNotPresent]#获取镜像的策略。Always 表示下载镜像；
      #IfNotPresent 表示优先使用本地镜像，否则下载镜像；Never 表示仅使用本地镜像
      command: [String]              #容器的启动命令列表（不配置的话，使用镜像内部的命令）
      args: [String]                 #启动命令参数列表
      workingDir: String             #容器的工作目录
      volumeMounts:                  #挂载到容器内部的存储卷设置
      - name: String                 #为了引用 Pod 定义的共享存储卷的名称，要用 volumes[]部分定义的卷名
        mountPath: String            #存储卷在容器内挂载的绝对路径，应少于 512 个字符
        readOnly: boolean            #是否为只读模式
      ports:                         #容器需要暴露的端口号列表
      - name: String                 #端口名称
        containerPort: int           #容器要暴露的端口
        hostPort: int                #容器所在主机监听的端口（把容器暴露的端口映射到宿主机的端口）
        protocol: String             #端口协议，支持 TCP 和 UDP，默认为 TCP
      env:                           #容器运行前要设置的环境变量列表
      - name: String                 #环境变量名称
        value: String                #环境变量值
```

容器中关键的基本信息（如 name、image、imagePullPolicy、command、args）在之前的示例中已经演示并讲解过，接下来将演示另外 3 组——volumeMounts、ports、env。

1. volumeMounts 配置信息

容器运行时通常会提供一些机制来将存储附加到容器上。例如，Docker 有两种容器机制：一种是数据卷（data volume），它可以将容器内的文件或目录映射到宿主机上的文件或目录中，其命令格式为`$ docker run -v /{主机的目录}:/{映射到容器的目录} {镜像名称}`；另一种是数据卷容器（data volume container），不过其本质使用的还是数据卷，这种容器一般用在一组相关的容器中，用于专门处理数据存储以供其他容器挂载。

不管是数据卷还是数据卷容器，其存留时间通常超过其他容器的生命周期。由于生命周期不同步，因此实现起来非常缺乏灵活性。

为了解决这些问题，Kubernetes 在数据卷的基础上，又新增加了一套自己的存储卷（volume）抽象机制。该机制不仅允许 Pod 中的所有容器方便地共享数据，还允许存储卷与 Pod 中的其他容器保持完全一致的生命周期。

关于 Kubernetes 存储卷，后续章节还会详述。这里先用一个简单的示例说明如何对容器创建数据卷及存储卷，以实现数据共享。

首先，创建 examplepodforvolumemount.yml 文件。

```
$ vim examplepodforvolumemount.yml
```

在文件中填入以下内容。

```
apiVersion: v1
```

```yaml
kind: Pod
metadata:
  name: examplepodforvolumemount
spec:
  containers:
  - name: containerforwrite
    image: busybox
    imagePullPolicy: IfNotPresent
    command: ['sh', '-c']
    args: ['echo "test data!" > /write_dir/data; sleep 3600']
    volumeMounts:
    - name: filedata
      mountPath: /write_dir
  - name: containerforread
    image: busybox
    imagePullPolicy: IfNotPresent
    command: ['sh', '-c']
    args: ['cat /read_dir/data; sleep 3600']
    volumeMounts:
    - name: filedata
      mountPath: /read_dir
  volumes:
  - name: filedata
    emptyDir: {}
```

在本例中，我们创建了两个容器。一个是 containerforwrite，它向数据卷写入数据，会向 /write_dir/data 文件写入 "test data!" 文本。容器内的数据卷地址为/write_dir，它引用的存储卷为 filedata。

另一个容器是 containerforread，TE 会从/read_dir/data 文件中读取文本，并将其输出到控制台（后续可以通过日志查询方式读取输出到控制台的文本）。容器内的数据卷地址为 /read_dir，它引用的存储卷为 filedata。

本例中还创建了一个存储卷，其名称为 filedata，这个名称会被容器设置中的数据卷所引用。存储卷的类型是 emptyDir，它是最基础的类型，表示纯净的空目录，其生命周期和所属的 Pod 完全一致（后续章节会讲解更多的种类）。对于例子中的两个容器，虽然数据卷地址不同（一个是/write_dir，一个是/read_dir），但因为它们都是映射到同一个空目录下的，所以本质上仍在同一个文件夹内进行操作。

执行以下命令，创建 Pod。

```
$ kubectl apply -f examplepodforvolumemount.yml
```

通过以下命令，查看 Pod 的运行情况，READY 2/2 表示两个容器都已成功运行。

```
$ kubectl get pods examplepodforvolumemount
```

查询结果如图 4-12 所示。

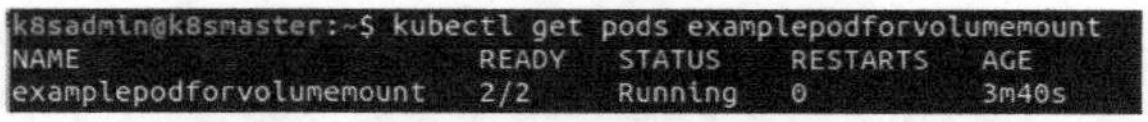

第 4 章 Pod——Kubernetes 的基本单位

```
k8sadmin@k8smaster:~$ kubectl get pods examplepodforvolumemount
NAME                        READY   STATUS    RESTARTS   AGE
examplepodforvolumemount    2/2     Running   0          3m40s
```

图 4-12 查询结果

此时可以通过 `logs` 命令，查看 Pod 中 containerforread 容器的日志。

```
$ kubectl logs examplepodforvolumemount containerforread
```

执行结果如图 4-13 所示。

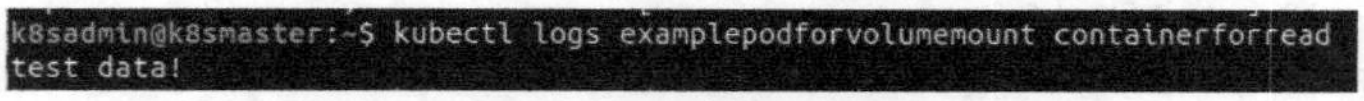

```
k8sadmin@k8smaster:~$ kubectl logs examplepodforvolumemount containerforread
test data!
```

图 4-13 `logs` 命令的执行结果

可以看到，containerforread 容器已经读取到在 containerforwrite 容器中写入的文本，并已将其输出到控制台。

2. ports 配置信息

容器运行时通常会提供一些机制以将容器端口暴露出来，并映射到主机的端口上，以便其他人能通过"主机 IP:端口"访问容器所提供的服务，例如，Docker 的命令 `$ docker run -p {宿主机端口}:{容器端口} {镜像名称}`。同样，Pod 模板中也提供了这个功能。为了通过例子进行演示，首先，创建 examplepodforport.yml 文件。

```
$ vim examplepodforport.yml
```

在文件中填入以下内容。

```yaml
apiVersion: v1
kind: Pod
metadata:
  name: examplepodforport
spec:
  containers:
  - name: containerfornginx
    image: nginx
    imagePullPolicy: IfNotPresent
    ports:
    - name: portfoxnginx
      containerPort: 80
      hostPort: 8081
      protocol: TCP
```

在本例中，Nginx 镜像中默认定义的对外提供服务的端口为 80。通过 `containerPort` 属性，我们将 80 端口暴露出来，再通过 `hostPort` 属性将其映射到宿主机的端口 8081 上，以便通过"主机 IP:端口"访问容器所提供的服务，其中 `protocol` 为端口协议，支持 TCP 和 UDP，默认为 TCP。

执行以下命令，创建 Pod。

```
$ kubectl apply -f examplepodforport.yml
```

4.3 Pod 与容器

通过以下命令，查看 Pod 的运行情况，直到状态变为 Running。

```
$ kubectl get pods examplepodforport
```

执行结果如图 4-14 所示。

Pod 创建完成后，执行以下命令，查看 Pod 具体被分配到哪台 Node 上。

```
$ kubectl describe pods examplepodforport
```

执行结果如图 4-15 所示，可以看到 Pod 被部署在 "Node：k8snode1/192.168.100.101" 上。

图 4-14　查询结果

图 4-15　describe 命令的执行结果

通过浏览器访问刚才查到的 IP 地址，加上之前设置的映射到宿主机的端口号（在本例中为 http://192.168.100.101:8081），则可以访问 Nginx 的欢迎页面，如图 4-16 所示。

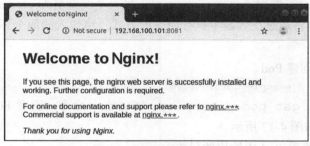

图 4-16　Nginx 的欢迎页面

注意：以上案例仅为了说明 Kubernetes 是如何创建容器的，这种类似于 Docker 直接映射到主机端口的方式，在 Kubernetes 中强烈不推荐。Pod 只是一个运行服务的实例，随时可能在一个 Node 上停止，而在另一个 Node 上以新的 IP 地址启动新的 Pod，因此它不能以稳定的 IP 地址和端口号提供服务。若要稳定地提供服务，则需要服务发现和负载均衡能力。Kubernetes 提供了 Service 抽象机制，在后续的章节中会详述。

3. env 配置信息

容器运行时通常还会提供一些机制来输入可动态配置的一些环境变量，以供容器中的应用程序使用。如在 Docker 中，配置环境变量的命令为 $ docker run --env {变量1}={值1} --env {变量2}={值2} ... {镜像名称}。同样，Pod 模板中也提供了这个功能，为了通过例子进行演示，首先，创建 examplepodforenv.yml 文件。

```
$ vim examplepodforenv.yml
```

在文件中填入以下内容。

```yaml
apiVersion: v1
kind: Pod
metadata:
  name: examplepodforenv
spec:
  containers:
  - name: containerforenv
    image: busybox
    imagePullPolicy: IfNotPresent
    env:
    - name: parameter1
      value: "good morning!"
    - name: parameter2
      value: "good night!"
    command: ['sh','-c']
    args: ['echo "${parameter1} ${parameter2}"; sleep 3600']
```

在模板中定义了一个名为 containerforenv 的容器，向它传入了两个环境变量：其中一个名为 parameter1，值为 good morning!；另一个变量名为 parameter2，值为 good night!。在本例中，将通过在容器中执行命令的方式，将传入的两个环境变量拼接到一起并输出到日志。

执行以下命令，创建 Pod。

```
$ kubectl apply -f examplepodforenv.yml
```

运行 $ kubectl get pods examplepodforenv 命令，查看 Pod 的运行情况，直到状态变为 Running，如图 4-17 所示。

通过以下命令，查看 Pod 中输出的日志。

```
$ kubectl logs examplepodforenv
```

可以看到两个环境变量的值成功拼接到一起并输出到日志中（见图 4-18）。

图 4-17　查询结果　　　　　　　　图 4-18　logs 命令的执行结果

在 Docker 中，环境变量不仅可以明文配置，还可以通过读取某个文件的方式从其他来源获取。而 Kubernetes 还支持更丰富的配置方式，这会在后续章节中详述。

4.3.2　Pod 组织容器的方式

Pod 的设计初衷在于同时运行多个共同协作的进程（作为容器来运行）。Pod 中的各个容器总是作为一个整体，同时调度到某台 Node 上。容器之间可以共享资源、网络环境和依赖，并拥有相同的生命周期。

当然，在同一个 Pod 中同时运行和管理多个容器，是一种相对高级的用法，只在容器必须要紧密配合进行协作的时候才使用此模式。

1. 容器如何组成一个 Pod

Pod 只是一种抽象，并不是一个真正的物理实体，表示一组相关容器的逻辑划分。每个 Pod 都包含一个或一组密切相关的业务容器，除此之外，每个 Pod 都还有一个称为"根容器"的特殊 Pause 容器（见图 4-19）。

Pause 容器其实属于 Kubernetes 的一部分。在一组容器作为一个单位的情况下，很难对整个容器组进行判断，如一个容器挂载了能代表整个 Pod 都挂载了吗？如果引入一个和业务无关的 Pause 容器，用它作为 Pod 的根容器，用它的状态代表整组容器的状态，便能解决该问题。另外，Pod 中的所有容器都共享 Pause 容器的 IP 地址及其挂载的存储卷，这样也简化了容器之间的通信和数据共享问题。另外，Pause 容器还在 Pod 中担任 Linux 命名空间共享的基础，为各个容器启用 pid 命名空间，开启 init 进程。

图 4-19　Pod 的组成

例如，对于本章最开始的操作示例，创建 Pod 后可以登录对应的 Node，使用以下命令查看创建的容器。

```
$ docker ps
```

执行结果如图 4-20 所示，可以看到有两个容器：其中一个镜像的名称为 64f5d945efcc，它其实就是 busybox 镜像；另一个镜像的名称为 pause:3.1。注意，这两个容器的 NAMES 属性都有 examplepod 字样，且在末尾拥有相同的随机字符序列，它们是属于同一个 Pod 的容器。

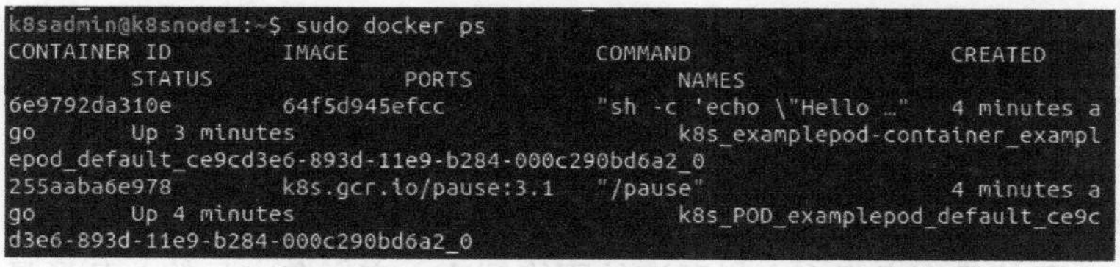

图 4-20　Pause 容器

Pod 中的容器可以使用 Pod 所提供的两种共享资源——存储和网络。

1）存储

在 Pod 中，可以指定一个或多个共享存储卷。Pod 中的所有容器都可以访问共享存储卷，从而让这些容器共享数据。存储卷也可以用来持久化 Pod 中的存储资源，以防容器重启后文件丢失（见图 4-21）。

之前已经演示了如何创建基本的存储卷，之后的章节会详细讲解各个存储卷类型。

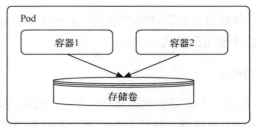

图 4-21 容器与存储卷的关系

2）网络

每个 Pod 都分配了唯一的 IP 地址。Pod 中的每个容器都共享网络命名空间，包括 IP 地址和网络端口。Pod 内部的容器可以使用 localhost 互相通信。当 Pod 中的容器与 Pod 外部进行通信时，还必须共享网络资源（如使用端口映射）。

图 4-22（a）与（b）展示了 Docker 和 Kubernetes 在网络空间上的差异。

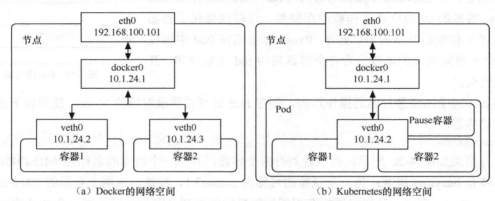

图 4-22 Docker 和 Kubernetes 在网络空间上的差异

要查看 Pod 的 IP，可以使用以下命令：

```
$ kubectl get pod my-app --template={{.status.podIP}}
```

2. Pod 之间如何通信

Docker 其实一开始没有考虑多主机互连的网络解决方案。在实际的业务场景中，组件之间的管理十分复杂，应用部署的粒度更加细小。Kubernetes 使用其独有的网络模型去解决这些问题。

Pod 之间的通信主要涉及两个方面，下面将分别介绍。

1）同一个 Node 上 Pod 之间的通信

因为同一个 Node 上的 Pod 使用的都是相同的 Docker 网桥（见图 4-23），所以它们天然支持通信。

每一个 Pod 都有一个全局 IP 地址，同一个 Node 内不同 Pod 之间可以直接采用对方 Pod 的 IP 地址通信，而且不需要使用其他发现机制。因为它们都是通过 veth 连接在同一个 docker0

网桥上的，其 IP 地址都是从 docker0 网桥上动态获取的，并关联在同一个 docker0 网桥上，地址段也相同，所以它们之间能直接通信。

2）跨 Node 的 Pod 之间的通信

要实现跨 Node 的 Pod 之间的通信，首先需要保证的是 Pod 的 IP 地址在所有 Node 上都是全局唯一的。这其实并不复杂，因为 Pod 的 IP 地址是由 Docker 网桥分配的，所以可以将不同 Node 机器上的 Docker 网桥配置成不同的 IP 网段来实现这个功能。

然后需要在容器集群中创建一个覆盖网络来连接各个机器。目前可以通过第三方网络插件来覆盖网络，比如本书中使用的 Flannel。

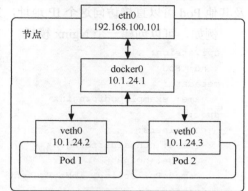

图 4-23　同一个 Node 上 Pod 之间的通信

Flannel 会配置 Docker 网桥（即 docker0），通过修改 Docker 的启动参数 `bip` 来实现这一点。通过这种方式，集群中各台机器的 Docker 网桥就得到了全局唯一的 IP 网段，它所创建的容器自然也拥有全局唯一的 IP。

Flannel 还会修改路由表，使 Flannel 虚拟网卡可以接管容器并跨主机通信。当一个节点的容器访问另一个节点的容器时，源节点上的数据会从 docker0 网桥路由到 flannel0 网卡，在目的节点处会从 flannel0 网卡路由到 docker0 网桥，然后再转发给目标容器。

Flannel 运行在所有的 Node 机器上，重新规划了容器集群的网络。这既保证了容器的 IP 地址的全局唯一性，又让不同机器上的容器能通过内网 IP 地址互相通信。当然，容器的 IP 地址并不是固定的，IP 地址的分配还由 Docker 来负责，Flannel 只分配子网段。

跨 Node 的 Pod 之间的通信如图 4-24 所示。

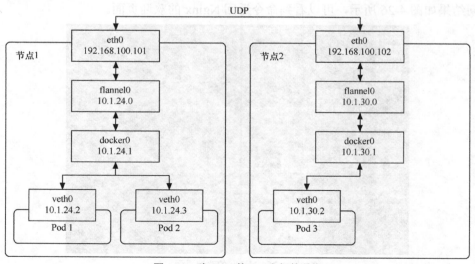

图 4-24　跨 Node 的 Pod 之间的通信

因为 Pod 的 IP 地址本身是虚拟 IP，所以只有 Kubernetes 集群内部的机器（Master 和 Node）及其他 Pod 可以直接访问这个 IP 地址，集群之外的机器无法直接访问 Pod 的 IP 地址。

例如，可以创建一个 Nginx 模板。

```
apiVersion: v1
kind: Pod
metadata:
  name: examplepodfornginx
spec:
  containers:
  - name: containerfornginx
    image: nginx
    imagePullPolicy: IfNotPresent
    ports:
    - name: portfoxnginx
      containerPort: 80
      protocol: TCP
```

该模板在执行之后，可以通过 `kubectl get pod -o wide` 命令查看 Pod 的虚拟 IP 地址，如图 4-25 所示，其地址为 10.244.1.13。

```
k8sadmin@k8smaster:~$ kubectl get pod -o wide
NAME                 READY   STATUS    RESTARTS   AGE   IP            NODE
examplepodfornginx   1/1     Running   0          77s   10.244.1.13   k8snode1
```

图 4-25　查看 Pod 的 IP 地址

集群内部的任何机器都可以直接访问 Pod 的 IP 地址及 containerPort 中暴露的端口，可以执行以下命令访问 Pod 提供的服务（也可以使用浏览器来访问，但前提是浏览器所在主机必须是集群内的 Master 或 Node）。

```
$ curl http://10.244.1.13:80
```

访问结果如图 4-26 所示，可以看到命令返回 Nginx 的欢迎页面。

```
k8sadmin@k8smaster:~$ curl http://10.244.1.13:80
<!DOCTYPE html>
<html>
<head>
<title>Welcome to nginx!</title>
<style>
    body {
        width: 35em;
        margin: 0 auto;
        font-family: Tahoma, Verdana, Arial, sans-serif;
    }
</style>
</head>
<body>
<h1>Welcome to nginx!</h1>
<p>If you see this page, the nginx web server is successfully installed and
working. Further configuration is required.</p>

<p>For online documentation and support please refer to
<a href="http://nginx.org/">nginx.org</a>.<br/>
Commercial support is available at
<a href="http://nginx.***/">nginx ***</a>.</p>

<p><em>Thank you for using nginx.</em></p>
</body>
</html>
```

图 4-26　Nginx 的欢迎页面

要使集群外的机器访问 Pod 提供的服务，之前介绍过可以使用 `hostPort` 属性将它映射到 Node 宿主机的端口上，然后通过 `http://{Node 主机 IP}:{主机端口}` 的方式来访问。前面已经提到，这并不是推荐方式。在 Kubernetes 中可使用 Service 和 Ingress 来发布服务，这在后续章节中会详细介绍。

4.4 Pod 的生命周期

4.4.1 Pod 的相位

Pod 的 status 字段是 PodStatus 对象，它拥有一个名为 phase 的字段。

Pod 的相位（phase）是对 Pod 在生命周期中所属位置的一种简单、宏观的概述。相位不是对 Pod 状态或容器状态的汇总，也不是为了当作综合状态机来使用的。

Pod 相位值的数量和含义是严格指定的。除了这些已定义的值之外，不会再有其他任何值出现。表 4-1 所示为可能出现的相位值。

表 4-1 可能出现的相位值

相位值	说明
Pending	Pod 已被 Kubernetes 系统接受，但尚有一个或多个容器镜像未能创建。比如，调度前消耗的运算时间，以及通过网络下载镜像所消耗的时间，这些准备时间都会导致容器镜像未创建
Running	Pod 已绑定到 Node，所有的容器均已创建。至少有一个容器还在运行，或者正在启动或重新启动
Succeeded	Pod 中的所有容器都已成功终止，并且不会重新启动
Failed	Pod 中的所有容器都已终止，并且至少有一个容器表现出失败的终止状态。也就是说，容器要么以非零状态退出，要么被系统终止
Unknown	由于某种原因，无法获得 Pod 的状态，这通常是 Pod 所在的宿主机通信出错而导致的

图 4-27 展示了 Pod 相位的变更，从图中可以看到 Pod 状态的变化。

图 4-27 Pod 相位的变更

一旦开始在集群节点中创建 Pod，首先就会进入 Pending 状态。只要 Pod 中的所有容器都已启动并正常运行，则 Pod 接下来会进入 Running 状态。如果 Pod 被要求终止，且所有容器终止退出时的状态码都为 0，Pod 就会进入 Succeeded 状态。

如果进入了 Failed 状态，通常有以下 3 种原因。

- Pod 启动时，只要有一个容器运行失败，Pod 将会从 Pending 状态进入 Failed 状态。
- Pod 正处于 Running 状态，若 Pod 中的一个容器突然损坏或在退出时状态码不为 0，Pod 将会从 Running 进入 Failed 状态。
- 在要求 Pod 正常关闭的时候，只要有一个容器退出的状态码不为 0，Pod 就会进入 Failed 状态。

4.4.2 Pod 的重启策略

PodSpec 中有一个名为 restartPolicy 的字段，字段值为 Always、OnFailure 和 Never 中的一个。restartPolicy 对 Pod 中的所有容器有效，由 Pod 所在 Node 上的 kubelet 执行判断和重启操作。由 kubelet 重新启动的已退出容器将会以递增延迟的方式（10s，20s，40s，…）尝试重新启动，上限时间为 5min，延时的累加值会在成功运行 10min 后重置。一旦 Pod 绑定到某个节点上，就绝对不会重新绑定到另一个节点上。

restartPolicy 字段的值如表 4-2 所示。

表 4-2 restartPolicy 字段的值

restartPolicy 字段的值	描述
Always	在容器失效时，立即重启
OnFailure	在容器终止运行且退出码不为 0 时重启
Never	不重启

重启策略对 Pod 状态的影响如下。

- 假设有 1 个运行中的 Pod，它拥有 1 个容器。容器退出成功后，restartPolicy 的不同设置的影响如下。
  - Always：重启容器，Pod 相位仍为 Running。
  - OnFailure：Pod 相位变为 Succeeded。
  - Never：Pod 相位变为 Succeeded。
- 假设有 1 个运行中的 Pod，它拥有 1 个容器。容器退出失败后，restartPolicy 的不同设置的影响如下。
  - Always：重启容器，Pod 相位仍为 Running。
  - OnFailure：重启容器，Pod 相位仍为 Running。
  - Never：Pod 相位变为 Failed。
- 假设有 1 个运行中的 Pod，它拥有两个容器。第 1 个容器退出失败后，restartPolicy 的不同设置的影响如下。
  - Always：重启容器，Pod 相位仍为 Running。

- OnFailure：重启容器，Pod 相位仍为 Running。
- Never：不会重启容器，Pod 相位仍为 Succeeded。
❏ 假设第 1 个容器没有运行起来，而第 2 个容器也退出了，此时 restartPolicy 的不同设置的影响如下。
  - Always：重启容器，Pod 相位仍为 Running。
  - OnFailure：重启容器，Pod 相位仍为 Running。
  - Never：Pod 相位变为 Failed。
❏ 假设有 1 个运行中的 Pod，它拥有 1 个容器。容器发生内存溢出后，restartPolicy 的不同设置的影响如下。
  - Always：重启容器，Pod 相位仍为 Running。
  - OnFailure：重启容器，Pod 相位仍为 Running。
  - Never：记录失败事件，Pod 相位变为 Failed。

4.4.3 Pod 的创建与销毁过程

Pod 的其创建过程参见 2.1.3 节。

因为 Pod 表示在集群节点上运行的进程，所以当不再需要它们时，能正常终止这些进程是非常重要的（与只使用 KILL 信号简单粗暴地终止进程不同，终止时连清理工作都没做）。当用户请求删除 Pod 时，系统会记录一个预期的宽限时间，在宽限时间前不会强制终止 Pod，然后将 TERM 信号发送到每个容器的主进程中。宽限时间过期后，才会向这些进程发送 KILL 信号，然后从 API Server 中删除 Pod。在等待进程中止时，若 kubelet 或容器管理器发生重启，则宽限时间将重新计时。

当用户终止 Pod 时，终止过程如图 4-28 所示。

具体发生的事件如下。

（1）用户发送删除 Pod 的命令。

（2）将会更新 API Server 中的 Pod 对象，设定 Pod 被"销毁"完成的大致时间（默认 30s），超出这个宽限时间 Pod 将被强制终止。

（3）同时触发以下操作。
❏ Pod 被标记为 Terminating。
❏ kubelet 发现 Pod 已标记为 Terminating 后，将会执行 Pod 关闭过程。
❏ Endpoint 控制器监控到 Pod 即将删除，将移除所有 Service 对象中与该 Pod 相关的 Endpoint。

（4）如果 Pod 定义了 preStop 回调，则这会在 Pod 中执行。如果宽限时间到了 preStop 还在运行，则步骤（2）会再次执行，增加少量宽限时间（2s）。

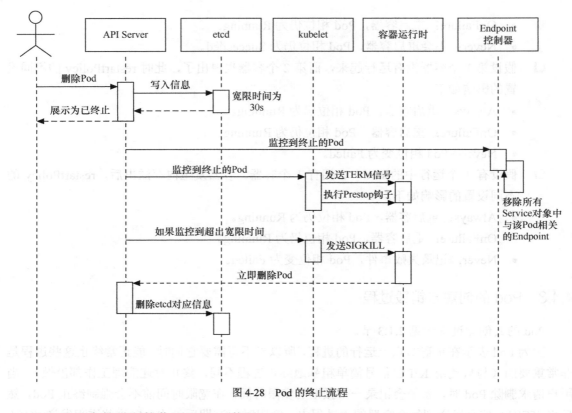

图 4-28 Pod 的终止流程

（5）Pod 中的进程接收到 TERM 信号。

（6）如果宽限时间过期，Pod 中的进行仍在运行，则会被 SIGKILL 信号终止。

（7）kubelet 通过 API Server 设置宽限时间为 0（立即删除），完成 Pod 的删除操作，Pod 从 API 中移除。

删除操作的宽限时间默认为 30s。kubectl delete 命令支持--grace-period={秒}选项，用户可以自定义宽限时间。如果这个值设置为 0，则表示强制删除 Pod，但是在使用--grace-period=0 时需要同时添加选项--force 才能执行强制删除。

4.4.4 Pod 的生命周期事件

在 Pod 的整个生命周期里，会经历两个大的阶段。第一个阶段是初始化容器运行阶段，第二个阶段是正式容器运行阶段。每个大的阶段中都会有不同的生命周期事件（见图 4-29）。

1. 初始化容器运行阶段

Pod 中可以包含一个或多个初始化容器，它们是在应用程序容器正式运行之前而运行的专用容器（其中可以包含一些设定脚本或基础工具，它们主要负责初始化工作）。初始化容器不能是长期运行的容器,而是在执行完一定操作后就必须结束的。初始化容器不是同时运行的,而是按照既定顺序一个接一个地运行的。在正式容器运行前,所有的初始化容器必须正常结束。

初始化容器的目的是将初始化逻辑与主体业务逻辑分离并放置在不同的镜像中。

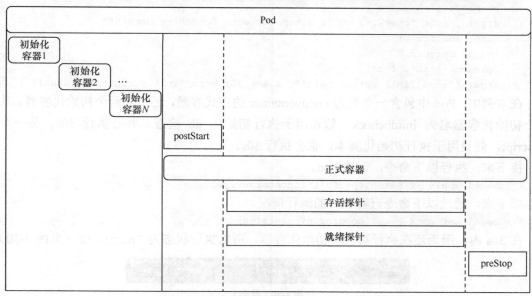

图 4-29　Pod 的生命周期事件

初始化容器执行失败时,如果 restartPolicy 是 OnFailure 或者 Always,那么会重复执行失败的初始化容器一直到成功;如果 restartPolicy 是 Never,则不会重启失败的初始化容器。如果初始化容器执行成功,那么无论 restartPolicy 是什么,都不会再次重启。

初始化容器和正式容器能够定义的属性完全一样,但正式容器放在 spec 属性的 containers 下面,而初始化容器放在 initContainers 下面。

下面将用一个示例来说明初始化容器的使用方法。假设要部署一个应用程序,但在部署前需要检查 db 是否就绪,并执行一些初始化脚本。

首先,创建 examplepodforinitcontainer.yml 文件。

```
$ vim examplepodforinitcontainer.yml
```

然后,在文件中填入以下内容。

```
apiVersion: v1
kind: Pod
metadata:
  name: examplepodforinitcontainer
spec:
  containers:
  - name: maincontainer
    image: busybox
    command: ['sh', '-c']
```

```
    args: ['echo "maincontainer is running!"; sleep 3600']
  initContainers:
  - name: initdbcheck
    image: busybox
    command: ['sh', '-c']
    args: ['echo "checking db!"; sleep 30; echo "checking done!"']
  - name: initscript
    image: busybox
    command: ['sh', '-c']
    args: ['echo "init script exec!"; sleep 30; echo "init script exec done!"']
```

在本例中，Pod 中包含一个名为 maincontainer 的正式容器，还包含两个初始化容器。其中一个初始化容器名为 initdbcheck，假设用于执行初始化 db 检查，并会执行 30s；另一个叫 initscript，假设用于执行初始化脚本，也会执行 30s。

接下来，执行以下命令，创建 Pod。

```
$ kubectl apply -f examplepodforinitcontainer.yml
```

接下来，通过以下命令查看 Pod 的运行情况。

```
$ kubectl get pods examplepodforinitcontainer
```

在 30s 内，因为还在执行第一个初始化容器，所以执行状态为 Init:0/2（见图 4-30）。

图 4-30　状态 1

在 30~60s 时，执行第二个初始化容器，执行状态为 Init:1/2（见图 4-31）。

图 4-31　状态 2

当所有初始化容器执行完时，容器就会先变为 Pending，然后变为 Running（见图 4-32）。

图 4-32　状态 3

同样，在不同的时间段执行 logs 命令，会得到不同的日志，如图 4-33 所示。

图 4-33　日志

4.4 Pod 的生命周期

此时可使用如下命令查看容器的详细信息。

```
$ kubectl describe pods examplepodforinitcontainer
```

最后，查看底部的执行结果（见图 4-34），可以看到结果中包含初始化容器的执行情况。按照之前设定的顺序，先执行 initdbcheck，再执行 initscript，初始化容器执行完之后，才运行 maincontainer。

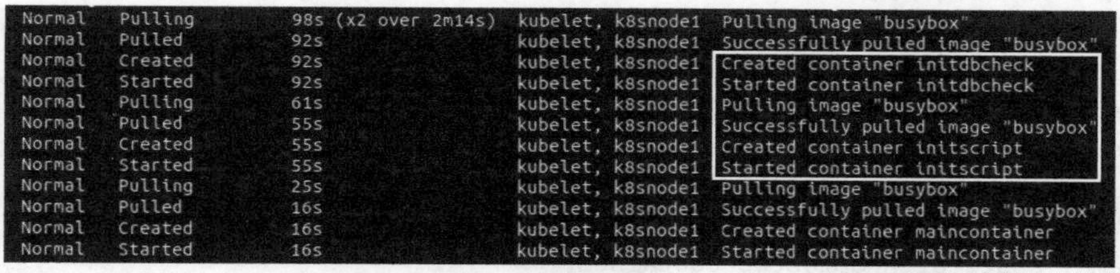

图 4-34　容器的详细信息

2. 正式容器运行阶段

初始化容器运行完成后，就会开始启动正式容器。在正式容器运行期间，都会有与之对应的生命周期事件。

在正式容器刚刚创建成功之后，就会触发 PostStart 事件。而在整个容器持续运行的过程中，可以设置存活探针（liveness probe）和就绪探针（readiness probe）来持续检查容器的健康状况。而在容器结束前，会触发 PreStop 事件。

探针会在下一节中详述，本节将主要讲述正式运行阶段中的 PostStart 事件和 PreStop 事件。

如果要在容器创建后或停止前执行某些操作，则可以注册以下两个事件的回调。

- ❏ PostStart：容器刚刚创建成功后，触发事件，执行回调。如果回调中的操作执行失败，则该容器会被终止，并根据该容器的重启策略决定是否要重启该容器。
- ❏ PreStop：容器开始和结束前，触发事件，执行回调。无论回调执行结果如何，都会结束容器。

回调的实现方式有两种（一种是 Exec，一种是 HttpGet），下面将分别详述。

Exec 回调会执行特定的命令或操作。如果 Exec 执行的命令最后在 stdout 的结果中为 OK，则代表执行成功；否则，就被认为执行异常，并且 kubelet 将强制重新启动该容器，其配置方式如下。

```
postStart 或 preStop:
  exec:
    command: [String]      #命令列表
```

HttpGet 回调会执行特定的 HttpGet 请求，它通过返回的 HTTP 状态码来判断该请求执行是否成功，其配置方式如下。

```
postStart 或 preStop:
  httpGet:
    host: String    #请求的 IP 地址或域名
    port: Number    #请求的端口号
    path: String    #请求的路径（例如，www.baidu.com/tieba，"/tieba"就是路径）
```

```
      scheme: String #请求的协议，默认是为HTTP
```
为了用一个示例来说明如何使用 PostStart 事件和 PreStop 事件，首先，创建 examplepodforpoststartandprestop.yml 文件。

```
$ vim examplepodforpoststartandprestop.yml
```

在文件中填入以下内容。

```
apiVersion: v1
kind: Pod
metadata:
  name: examplepodforpoststartandprestop
spec:
  containers:
  - name: poststartandprestop-container
    image: busybox
    imagePullPolicy: IfNotPresent
    command: ['sh', '-c']
    args: ['echo "Hello Kubernetes!"; sleep 3600']
    lifecycle:
      postStart:
        httpGet:
          host: www.baidu.com
          path: /
          port: 80
          scheme: HTTP
      preStop:
        exec:
          command: ['sh', '-c', 'echo "preStop callback done!"; sleep 60']
```

在这个例子中，我们用 postStart 事件执行 HttpGet 回调，回调请求 baidu 页面，preStop 则执行命令并输出一段文本，之后停留 60s。

如果执行上面的 Pod 模板，Pod 会创建成功。但现在我们先来做一些实验，修改 Pod 模板，将 postStart 事件的 baidu 网址故意改错，如下所示。

```
host: www.baiduxxxxxxxxx1.com
```

再执行以下命令，创建 Pod。

```
$ kubectl apply -f examplepodforpoststartandprestop.yml
```

执行后等待一段时间，再执行 `$ kubectl get pod examplepodforpoststartandprestop`。可以看到，Pod 并没有创建成功（见图 4-35）。

图 4-35　查询结果

执行 `$ kubectl describe pods examplepodforpoststartandprestop`，查看最下面的运行结果可以发现，容器成功创建后执行了 postStart 回调，因为我们给出的网址是错误的，发出请求后无法顺利获取响应，所以回调执行失败，失败后容器被终止（见图 4-36）。

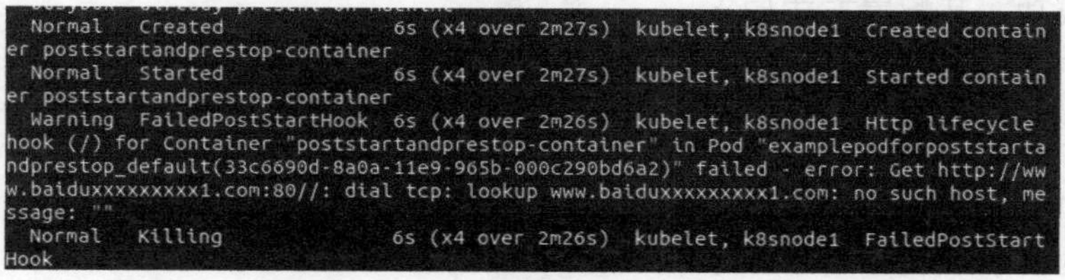

图 4-36 describe 命令的执行结果

删除刚才创建的 Pod（$ kubectl delete pod examplepodforpoststartandprestop），将 postStart 事件的网址改回正确网址，如下所示。
```
host: www.baidu.com
```
再次执行以下命令，创建 Pod。
```
$ kubectl apply -f examplepodforpoststartandprestop.yml
```
Pod 将会正常创建。此时可以测试 preStop 回调，在这个回调中，我们设置了 60s 的等待时间。也就是在执行删除命令（$ kubectl delete pod examplepodforpoststartandprestop）时，由于要回调，因此会等待 60s 才正式开始删除 Pod。在这段时间内，Pod 仍然处于可访问的运行状态，有兴趣的读者可以自己尝试体验。

4.5 Pod 的健康检查

在容器运行期间，可以设置两种探针来持续检查容器的健康状况。
- 存活探针（liveness probe）：测定容器是否正在运行。如果存活探针返回 Failure，kubelet 会终止容器，然后容器会遵循其重启策略。如果没有给容器提供存活探针，默认状态就是 Success。
- 就绪探针（readiness probe）：测定容器是否已准备好为请求提供服务。如果就绪探针返回 Failure，Endpoint 控制器会从所有 Service 的 Endpoint 中移除此 Pod 的 IP 地址。在初始等待探测时间（即容器启动之后并在第一次探测之前的时间间隔）之内，默认的就绪状态是 Failure。如果没有给容器提供就绪探针，默认状态为 Success。

每个探针都会返回以下 3 种结果之一。
- Success：容器通过诊断。
- Failure：容器没有通过诊断。
- Unknown：诊断失败，不会采取任何措施。

诊断是如何执行的呢？kubelet 会调用容器配置中定义的测定方案来执行诊断，一共有 3 种测定方案。

- ExecAction:在容器内部执行指定的命令。如果命令以状态码"0"退出,则测定为诊断成功。其配置方式如下。

```
livenessProbe 或 readinessProbe:
  exec:
    command: [String]      #命令列表
```

- TCPSocketAction:对容器 IP 地址的指定端口执行 TCP 检测。如果端口是打开的,则测定为诊断成功。其配置方式如下。

```
livenessProbe 或 readinessProbe:
  tcpSocket:
    port: Number      #指定的端口号
```

- HTTPGetAction:对容器 IP 地址的指定端口和路径执行 HttpGet 请求。如果响应的状态码范围为 200~400,则测定为诊断成功。其配置方式如下。

```
livenessProbe 或 readinessProbe:
  httpGet:
    port: Number   #指定的端口号
    path: String   #指定的路径(例如,www.baidu.com/tieba,"/tieba"就是路径)
```

接下来用几个示例来说明探针的使用情况。

1. 存活探针的使用

示例 1:使用存活探针,方案为 ExecAction。

首先,创建 examplepodforliveness.yml 文件。

```
$ vim examplepodforliveness.yml
```

然后,在文件中填入以下内容。

```
apiVersion: v1
kind: Pod
metadata:
  name: examplepodforliveness
spec:
  containers:
  - name: livenesscontainer
    image: busybox
    imagePullPolicy: IfNotPresent
    command: ['sh','-c']
    args: ['mkdir /files_dir; echo "important data" > /files_dir/importantfile; sleep 3600']
    livenessProbe:
      exec:
        command: ['cat','/files_dir/importantfile']
```

在本例中,创建容器时会先创建/files_dir 文件夹,然后新建一个名为/files_dir/importantfile 的"重要"文件,写入的文件内容为"important data"。接着,为该容器设置一个存活探针,定期检测/files_dir/importantfile 文件是否存在。

4.5 Pod 的健康检查

接下来，执行以下命令，创建 Pod。

```
$ kubectl apply -f examplepodforliveness.yml
```

接下来，通过 `$ kubectl get pods` 命令查看 Pod 的运行情况，直到状态变为 Running（见图 4-37）。

目前来说一切正常，现在我们来做一些破坏性操作。执行以下命令直接进入 Pod 内部，这相当于进入 Pod 容器里面的 CMD 界面。

图 4-37　查询结果

```
$ kubectl exec -ti examplepodforliveness -- /bin/sh
```

若命令执行后出现图 4-38 所示的界面，表示已经进入容器内部。

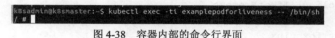

图 4-38　容器内部的命令行界面

接下来，执行以下命令，删除 /files_dir/importantfile 文件。

```
$ rm -f /files_dir/importantfile
```

最后，执行 exit 命令退出（见图 4-39）。

图 4-39　退出容器内部的命令行界面

由于探针定期检测 /files_dir/importantfile 文件是否存在，因此存活探针会返回 Failure，可以使用以下命令查看 Pod 描述。

```
$ kubectl describe pods examplepodforliveness
```

滑动到最下面的执行结果，可以看到 /files_dir/importantfile 文件无法打开，cat 执行失败，若存活探针返回 Failure，将会重启 Pod（见图 4-40）。

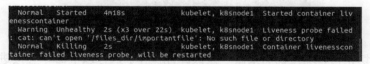

图 4-40　describe 命令的执行结果

稍等一会儿，通过 `$ kubectl get pods` 命令查看 Pod 的运行情况，可以看到 Pod 已经重启过一次（见图 4-41）。

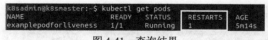

图 4-41　查询结果

2. 就绪探针的使用

示例 2：使用就绪探针，方案为 HTTPGetAction。

首先，创建 examplepodforreadiness.yml 文件。

```
$ vim examplepodforreadiness.yml
```

然后，在文件中填入以下内容。

```
apiVersion: v1
kind: Pod
metadata:
  name: examplepodforreadiness
spec:
  containers:
  - name: readinesscontainer
    image: nginx
    imagePullPolicy: IfNotPresent
    ports:
    - name: portfoxnginx
      containerPort: 80
    livenessProbe:
      httpGet:
        port: 80
        path: /
```

在本例中，我们创建了一个 Nginx 容器，Nginx 镜像中默认定义的对外提供服务的端口为 80，通过 containerPort 属性，我们将 80 端口暴露出来。然后，为该容器设置的一个就绪探测会定期向"容器 IP:80"发送 HttpGet 请求，检测响应范围是否为 200~400。

接下来，执行以下命令，创建 Pod。

```
$ kubectl apply -f examplepodforreadiness.yml
```

接下来，通过 `$ kubectl get pods` 命令，查看 Pod 的运行情况，直到状态变为 Running（见图 4-42）。

图 4-42　查询结果

目前来说一切正常，现在我们来做一些破坏性操作。执行以下命令直接进入 Pod 内部，这相当于进入 Pod 容器里面的命令行界面。

```
$ kubectl exec -ti examplepodforreadiness -- /bin/sh
```

接下来，执行以下命令，直接将 Nginx 服务强制停止。

```
$ nginx -s stop
```

执行后退出 Pod 容器里面的命令行界面（见图 4-43）。

```
k8sadmin@k8smaster:~$ kubectl exec -ti examplepodforreadiness -- /bin/sh
# nginx -s stop
2019/06/09 14:03:03 [notice] 13#13: signal process started
# command terminated with exit code 137
```

图 4-43　退出容器内部的命令行界面

退出后，使用以下命令查看 Pod 的描述。

```
$ kubectl describe pods examplepodforreadiness
```

由于设置了就绪探针，因此当 Nginx 服务不可用时，无法通过 HttpGet 访问"容器 IP:80"，若就绪探针返回 Failure，将会重启 Pod（见图 4-44）。

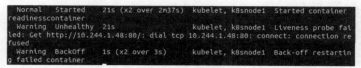

图 4-44　Pod 的描述

稍等一会儿，通过 `$ kubectl get pods` 命令，查看 Pod 的运行情况，可以看到 Pod 已经重启过一次（见图 4-45）。

通过以上两个示例，相信读者已经对探针的作用有了直观的了解。

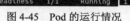

图 4-45　Pod 的运行情况

存活探针和就绪探针在使用上有什么区别呢？哪种情况下该使用存活探针，哪种情况下该使用就绪探针呢？这里给出的建议如下。

- 如果容器中的进程能够在遇到问题或不健康的情况下自行崩溃，则不一定需要存活探针，kubelet 会根据 Pod 的重启策略自动执行正确的操作。
- 如果想在探针测试失败时终止并重启容器，则可以指定存活探针，并将重启策略设置为 Always 或 OnFailure。
- 如果只想在探针成功时才对 Pod 发送网络流量，则可以指定就绪探针。在这种情况下，就绪探针和存活探针看似相差不大，但就绪探针的存在意味着 Pod 将在不会接收到任何网络流量的情况下启动。只有在探针开始成功时，才会开始接收流量。
- 如果容器需要在启动期间处理大型数据、配置文件或迁移，请指定就绪探针。
- 如果希望容器能够自己停机进行维护，则可以指定就绪探针，用它去检查与存活探针不同的端点。
- 如果只希望在删除 Pod 时排除请求，则不必使用就绪探针。无论有没有就绪探针，Pod 在删除时都会自动将自己设置成未就绪状态。在等待 Pod 中的容器完全停止的时候，Pod 已处于未就绪状态。

对于每种探针，还可以设置 5 个参数，它们分别如下。

- `initialDelaySeconds`：启动容器后首次监控检查的等待时间，单位为秒。
- `timeoutSeconds`：发送健康检查请求后等待响应的超时时间，单位为秒。当发生超时就认为探测失败。`timeoutSeconds` 的默认值为 10s，最小值为 1s。
- `periodSeconds`：探针的执行周期。默认 10s 执行一次，最小值为 1s。
- `successThreshold`：如果出现失败，则需要连续探测成功多次才能测定为诊断成功。`successThreshold` 的默认值和最小值都是 1。

- failureThreshold：如果出现测定失败，则要连续失败多次才重启 Pod（对于存活探针）或标记为 Unready（对于就绪探针）。failureThreshold 的默认值为 3，最小值为 1。

具体设置方法如下。

```
livenessProbe 或 readinessProbe:
  exec 或 tcpSocket 或 httpGet:
    initialDelaySeconds: Number
    initialDelaySeconds: Number
    periodSeconds: Number
    successThreshold: Number
    failureThreshold: Number
```

4.6 本章小结

本章首先讲解了 Pod 的增删改查基本操作，描述了 Pod 与容器的关系，Pod 如何将模板转换为容器命令，以及如何组织容器，然后讲解了 Pod 的生命周期及对应事件，最后介绍了 Pod 的健康检查机制。本章的要点如下。

- Pod 是 Kubernetes 中的基本单位。容器本身并不会直接分配到主机上，而是封装到名为 Pod 的对象中。
- 可通过创建 yaml 文件创建一个 Pod，然后填写 Pod 模板，其中 Pod 模板至少需要包含以下内容。

```
apiVersion: v1         #版本，必填，v1 代表稳定版本
kind: pod              #类型，必填，Pod
spec:                  #Pod 中容器的详细定义，必填
  name: String         #元数据，必填，Pod 的名字
  containers:          #Pod 中的容器列表，必填，可以有多个容器
  - name: String       #容器的名称，必填
    image: String      #容器中的镜像地址，必填
```

- yaml 文件编写好后，可通过 $ kubectl apply -f {文件名} 的方式创建 Pod。
- 常用的 Pod 查询命令有以下几种。

```
$ kubectl get pod {Pod 名称}
$ kubectl describe pods {Pod 名称}
$ kubectl logs {Pod 名称}
```

- 可以使用 $ kubectl delete pod {Pod 名称} 命令删除 Pod。
- Pod 模板中的 containers 部分指明了容器如何部署。在部署过程中，会转换成对应的容器运行时（如 Docker）命令，如 name、image、imagePullPolicy、command、args 等基础信息，以及 3 组配置信息 volumeMounts、ports、env。
- Pod 中的容器可以使用 Pod 提供的两种共享资源——网络和存储。Pod 中的所有容器

都共享IP地址及其挂载的存储卷（volume）。
- Pod重启策略有Always、OnFailure和Never。
- Pod的生命周期包括初始化容器运行阶段和正式容器运行阶段。
  - 初始化容器运行阶段：在Pod模板中，正式容器是放在spec属性的containers下面的，而初始化容器是放在initContainers下面的。初始化容器主要做一些初始准备工作，它们会按照既定顺序一个接一个地运行，然后才运行正式容器。
  - 正式容器运行阶段：在正式容器刚刚创建成功之后就会触发PostStart事件。而在整个容器持续运行的过程中，可以设置两种探针来持续检查容器的健康状况，这两种探针分别是存活探针（liveness probe）和就绪探针（readiness probe）。而在容器结束前，会触发PreStop事件。

第 5 章 控制器——Pod 的管理

一般来说，用户不会直接创建 Pod，而是创建控制器，让控制器来管理 Pod。在控制器中定义 Pod 的部署方式，如有多少个副本、需要在哪种 Node 上运行等。根据不同的业务场景，Kubernetes 提供了多种控制器，接下来将分别介绍。

5.1 Deployment 控制器

Deployment 控制器可能是最常用的工作负载对象之一。在使用 Kubernetes 时，通常要管理的是由多个相同 Pod 所组成的 Pod 集合，而不是单个 Pod。通过 Deployment 控制器，可以定义 Pod 模板，并设置相应控制参数以实现水平伸缩，以调节正在运行的相同 Pod 数。Deployment 控制器保证在集群中部署的 Pod 数量与配置中的 Pod 数量一致。如果 Pod 或主机出现故障，则会自动启用新的 Pod 进行补充。

Deployment 控制器以 ReplicaSet 控制器为基础，是更高级的概念，增加了更灵活的生命周期管理功能，例如，滚动更新和回滚（如图 5-1 所示）。

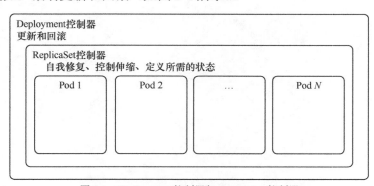

图 5-1　Deployment 控制器与 ReplicaSet 控制器

Deployment 控制器旨在简化 Pod 的生命周期管理。只需要简单更改 Deployment 控制器的配置文件，Kubernetes 就会自动调节 ReplicaSet 控制器，管理应用程序不同版本之间的切换，还可以实现自动维护事件历史记录及自动回滚等功能。

ReplicaSet 控制器基本上已不会直接使用，目前常规的 Pod 管理则直接使用更高一层的 Deployment 控制器。

5.1.1 Deployment 控制器的基本操作

Deployment 控制器的创建并不复杂。首先，定义模板文件，创建一个名为 exampleDeploymentv1.yml 的模板文件。命令如下。

```
$ vim exampleDeploymentv1.yml
```

然后，在文件中填入如下内容并保存。

```
apiVersion: apps/v1
kind: Deployment
metadata:
  name: exampledeployment
spec:
  replicas: 3
  selector:
    matchLabels:
      example: deploymentfornginx
  template:
    metadata:
      labels:
        example: deploymentfornginx
    spec:
      containers:
      - name: nginx
        image: nginx:1.7.9
        ports:
        - containerPort: 80
```

该模板的含义如下。

- ❑ `apiVersion` 表示使用的 API 版本，`apps/v1` 表示使用 Kubernetes API 的稳定版本。
- ❑ `kind` 表示要创建的资源对象，这里使用关键字 Deployment。
- ❑ `metadata` 表示该资源对象的元数据。一个资源对象可拥有多个元数据，其中一项是 `name`，它表示当前资源的命名。
- ❑ `spec` 表示该资源对象的具体设置。
  - `replicas`：表示在控制器下托管的 Pod 需要保持的副本数量。
  - `selector/matchLabels`：用于定义一个或多个自定义标签（label），其形式为键值对。它对 Pod 起筛选作用，会选择与标签定义相匹配的 Pod。这在后续章节会详细解说，因为它是必填字段，所以这里填写了一个示例值。
- template：Pod 模板，具体的模板定义详见第 4 章。

运行以下命令，通过模板创建 Deployment 控制器。

```
$ kubectl apply -f exampleDeploymentv1.yml --record
```

注意：这里一定要带参数 `--record`，这样会把每次修改 Deployment 控制器时所使用的命令记录到备注字段中，以便在查看 Deployment 控制器变更历史或进行回滚时可以辨别每次修改的内容。

创建成功后，可通过以下命令查询当前运行的所有 Deployment 控制器。

```
$ kubectl get deployments
```

由于这里设置了该 Deployment 控制器的副本数量为 3，因此 Pod 会均匀地分配到各个 Node 上。因为各个 Pod 都有对应的启动时间，所以在启动初期的不同时间执行 get 命令时，得到的结果也不一样，如图 5-2 所示。

可以看到，最开始的时候只创建了 Deployment 控制器。因为 Deployment 控制器管理的 Pod 还未创建完，所以 READY 字段最开始为 0/3，AVAILABLE 字段表示已经可用的 Pod 数，最开始为 0。随着时间的推移，3 个 Pod 均创建完，READY 字段变成 3/3，AVAILABLE 字段变成 3。

在本例中，Deployment 控制器会创建 3 个 Pod，可通过命令 `$ kubectl get pods` 查看它们的状态，如图 5-3 所示。各个 Pod 后面都有两个随机生成的字符串，用于标识各自的身份（例如，前面的 78f7fcc57c 是 ReplicaSet 控制器的随机标识字符串，后面的 dtmrq 是 Pod 的随机标识字符串）。

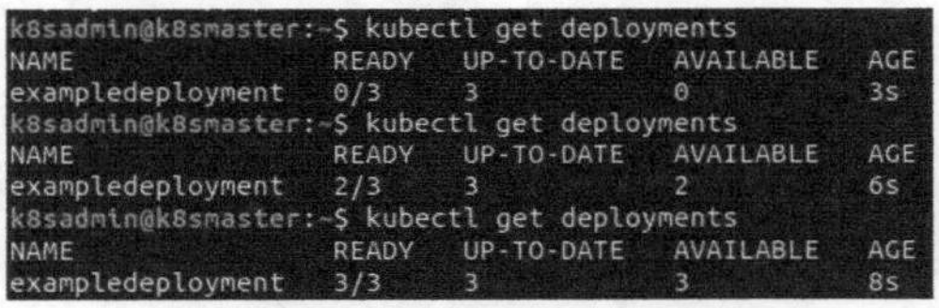

图 5-2　查看 Deployment 控制器的状态

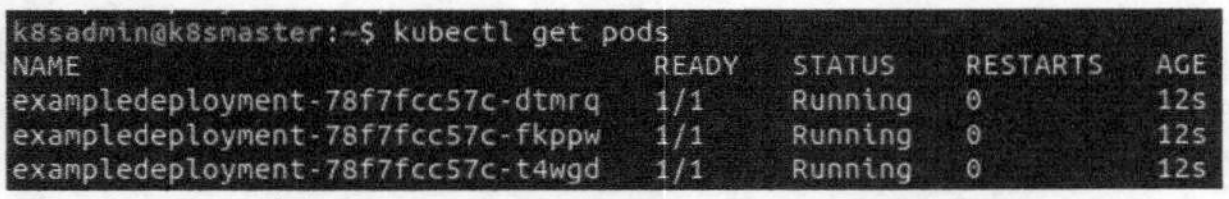

图 5-3　Deployment 控制器下的各个 Pod

可通过 `$ kubectl get pods -o wide` 命令，查看各个 Pod 更详细的字段信息，如图 5-4 所示。

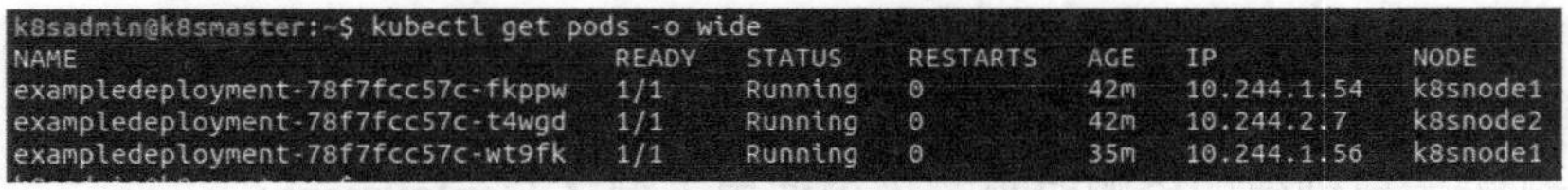

图 5-4　Pod 的详细信息

要查询更详细的信息（包括状态、生命周期和执行情况等），可以用 `$ kubectl describe` 命令，格式如下。

```
$ kubectl describe deployments {Deployment 名称}
```

在本例中，查询结果如图 5-5 所示。

在本书最开始介绍 Deployment 控制器时，提到 Deployment 控制器以 ReplicaSet 控制器为基础，是更高级的概念，增加了更灵活的生命周期管理功能，如滚动更新和回滚。一般来说我们是根本不需要关注 ReplicaSet 控制器的，可以用以下命令查看 Deployment 控制器对应的 ReplicaSet 控制器。执行结果如图 5-6 所示。

```
$ kubectl get replicasets
```

```
k8sadmin@k8smaster:~$ kubectl describe deployments exampledeployment
Name:                   exampledeployment
Namespace:              default
CreationTimestamp:      Tue, 11 Jun 2019 07:24:22 -0700
Labels:                 <none>
Annotations:            deployment.kubernetes.io/revision: 1
                        kubectl.kubernetes.io/last-applied-configuration:
                          {"apiVersion":"apps/v1","kind":"Deployment","metadata"
:{"annotations":{},"name":"exampledeployment","namespace":"default"},"spec":{"re
plic...
Selector:               example=deploymentfornginx
Replicas:               3 desired | 3 updated | 3 total | 3 available | 0 unavai
lable
StrategyType:           RollingUpdate
MinReadySeconds:        0
RollingUpdateStrategy:  25% max unavailable, 25% max surge
Pod Template:
  Labels:  example=deploymentfornginx
  Containers:
   nginx:
    Image:        nginx:1.7.9
    Port:         80/TCP
    Host Port:    0/TCP
    Environment:  <none>
    Mounts:       <none>
  Volumes:        <none>
Conditions:
  Type           Status  Reason
  ----           ------  ------
  Available      True    MinimumReplicasAvailable
  Progressing    True    NewReplicaSetAvailable
OldReplicaSets:  <none>
NewReplicaSet:   exampledeployment-78f7fcc57c (3/3 replicas created)
Events:
  Type    Reason             Age   From                   Message
  ----    ------             ----  ----                   -------
  Normal  ScalingReplicaSet  31s   deployment-controller  Scaled up replica set
exampledeployment-78f7fcc57c to 3
```

图 5-5　describe 命令的查询结果

```
k8sadmin@k8smaster:~$ kubectl get replicasets
NAME                          DESIRED   CURRENT   READY   AGE
exampledeployment-78f7fcc57c  3         3         3       3m5s
```

图 5-6　replicasets 命令的查询结果

现在来做一些破坏性操作，用于验证 Deployment 控制器的稳定性。现有的 Pod 如图 5-7 所示。

```
k8sadmin@k8smaster:~$ kubectl get pods
NAME                                READY   STATUS    RESTARTS   AGE
exampledeployment-78f7fcc57c-dtmrq  1/1     Running   0          12s
exampledeployment-78f7fcc57c-fkppw  1/1     Running   0          12s
exampledeployment-78f7fcc57c-t4wgd  1/1     Running   0          12s
```

图 5-7　现有的 Pod

假设有人执行了错误操作，将其中一个 Pod 直接删除了，如图 5-8 所示。

```
k8sadmin@k8smaster:~$ kubectl delete pods exampledeployment-78f7fcc57c-dtmrq
pod "exampledeployment-78f7fcc57c-dtmrq" deleted
```

图 5-8　删除 Pod

此时再用`$ kubectl get deployments`命令查看 Pod，会发现 READY 变成 2/3，AVAILABLE 变成 2。但过一会儿再执行命令，会发现数量再次恢复，READY 变成 3/3，AVAILABLE 变成 3。

Deployment 控制器启用了新的 Pod 来维持 replicas 属性中设置的数量，如图 5-9 所示。

图 5-9 查询结果

此时用 `$ kubectl get pods` 命令查看，会发现已经启用了一个名为 wt9fk 的 Pod 来代替原先被删除的 Pod，如图 5-10 所示。

图 5-10 查询结果中启用的 Pod

刚才只假定 Pod 被错误删除，现在假设某台 Node 机器出现异常死机，那么会发生什么呢？接下来进行试验。目前各个 Pod 对应的机器如图 5-11 所示。

图 5-11 各个 Pod 对应的机器

现在我们首先直接把 k8snode1 关机，然后再执行 `$ kubectl get pods -o wide` 命令，可以发现 k8snode1 上的两个 Pod 直接变成 Terminating 状态，表示它们已经终止。另外，还有两个新的 Pod 正在创建，其状态为 ContainerCreating，如图 5-12 所示。

图 5-12 Pod 的终止与启动

如果此时查看 Deployment 控制器的状态，会发现目前 READY 还是 1/3，AVAILABLE 还是 1，如图 5-13 所示。

稍等一段时间，再执行 `$ kubectl get deployments` 命令，就可以发现所有的 Pod 均已启动完毕，如图 5-14 所示。

图 5-13 Deployment 控制器的状态

图 5-14 Deployment 控制器的状态变化

此时再执行 `$ kubectl get pods -o wide` 命令，可以发现所有的 Pod 都已经在 k8snode2 上建立，如图 5-15 所示。

图 5-15 各个 Pod 的状态

Deployment 控制器保证在集群中部署的 Pod 数量与配置中的 Pod 数量一致。如果 Pod 或主机出现故障，会自动启用新的 Pod 进行补充。

5.1.2 Deployment 控制器的模板

在之前创建 Deployment 控制器的示例中，我们使用了基本的 Deployment 控制器模板来定义资源，但 Deployment 控制器模板中包含的内容不仅有示例中的那些，还具有非常丰富的内容。

以下是 Deployment 控制器模板的主要内容及对应说明。只需要大致了解这些属性就足够了，不必现在把每个都完全理解清楚。

```
apiVersion: apps/v1
kind: Deployment
metadata:
  name: String              #元数据，必填，Deployment 控制器的名字
  namespace: String         #元数据，Deployment 控制器的命名空间
  labels:                   #元数据，标签列表
    key: value              #元数据，可定义多个标签的键/值对
  annotations:              #元数据，自定义注解列表
    key: value              #元数据，可定义多个注解的键/值对
spec:
  selector:#必填，用于指定此 Deployment 控制器针对的 Pod 的标签选择器，需要与 template 中的标签匹配
    matchLabels:            #定义需要匹配的标签集合
      key: value            #需要匹配的标签，可定义多个标签的键/值对
  template: [PodTemplate]   #必填，Pod 模板，它与 Pod 具有完全相同的结构，不过它是嵌套的，
  #而且不需要带 apiVersion 或 kind 字段
  replicas: int             #指定所需 Pod 的数量，默认为 1
  strategy:                 #更新时替换旧 Pod 的策略
    type: Recreate/RollingUpdate     #Recreate 表示所有现有的 Pod 都会在创建新的 Pod 之前被
    #终止，RollingUpdate 表示以滚动更新方式更新 Pod
    rollingUpdate:
      maxSurge: int/int%             #在滚动更新时，在所需数量的 Pod 上允许创建的最大 Pod 数，
      #这个数字也可以为百分比形式
      maxUnavailable: int/int%       #在滚动更新时，同时存在最大不可用 Pod 数，
      #这个数字也可以为百分比形式
  progressDeadlineSeconds: int   #Deployment 控制器处于进行状态时的等待秒数，超过这个时间将会变为失败
  minReadySeconds: int       #指定新创建的 Pod 应该在没有任何容器崩溃的情况下准备好的最短秒数
  revisionHistoryLimit: int  #指定要保留的允许回滚的旧 ReplicaSet 的数量
  paused: boolean            #默认为 false，用于暂停和恢复部署。当暂停部署时，
  #Pod 模板中 spec 属性的任何更改都不会触发新的部署
```

还可以使用$ kubectl explain deployment 命令详细查看 Deployment 控制器中资源支持的所有字段的详细说明。

如果想了解一个正在运行的 Pod 的配置，可以通过以下命令获取。

```
$ kubectl get deployment {deployment 名称} -o yaml
```

5.1.3　Deployment 控制器的伸缩

在之前的示例中，设置的 Pod 副本数为 3，如图 5-16 所示。

```
k8sadmin@k8smaster:~$ sudo kubectl get pods -o wide
NAME                                 READY   STATUS    RESTARTS   AGE   IP            NODE
exampledeployment-78f7fcc57c-7kjbt   1/1     Running   0          42m   10.244.2.3    k8snode2
exampledeployment-78f7fcc57c-9ztvn   1/1     Running   0          42m   10.244.1.17   k8snode1
exampledeployment-78f7fcc57c-rghq5   1/1     Running   0          42m   10.244.1.16   k8snode1
```

图 5-16　现有 Pod 副本数

假设现在有业务变更，需要将 Pod 副本数设置为 5。我们先打开 exampleDeploymentv1.yml 模板文件，命令如下。

```
$ vim exampleDeploymentv1.yml
```

然后，修改文件中的副本数量为 5。

```
apiVersion: apps/v1
kind: Deployment
metadata:
  name: exampledeployment
spec:
  replicas: 5
  ......
```

运行以下命令，应用模板文件。执行成功后的结果如图 5-17 所示。

```
$ kubectl apply -f exampleDeploymentv1.yml --record
```

```
k8sadmin@k8smaster:~$ sudo kubectl apply -f exampleDeployment.yml
deployment.apps/exampledeployment configured
```

图 5-17　配置修改完成后的结果

接下来，会进入 Pod 创建过程。待 Pod 创建完成，通过$ kubectl get deployments 命令查看状态。可以看到 READY 变成 5/5，AVAILABLE 变成 5，如图 5-18 所示。

```
k8sadmin@k8smaster:~$ sudo kubectl get deployments
NAME                READY   UP-TO-DATE   AVAILABLE   AGE
exampledeployment   5/5     5            5           46m
```

图 5-18　Deployment 控制器配置完成

再通过$ kubectl get pods -o wide 命令查看，可以看到已经成功部署了另外两个 Pod，它们均匀分布到 k8snode1 和 k8snode2 两台机器上，如图 5-19 所示。

通过同样的办法，也可以将 Deployment 控制器的 Pod 副本数量减少，比如从现在的 5 个恢复到之前设置的 3 个。

```
k8sadmin@k8smaster:~$ sudo kubectl get pods -o wide
NAME                               READY   STATUS    RESTARTS   AGE    IP            NODE
exampledeployment-78f7fcc57c-7kjbt  1/1    Running   0          47m    10.244.2.3    k8snode2
exampledeployment-78f7fcc57c-9ztvn  1/1    Running   0          47m    10.244.1.17   k8snode1
exampledeployment-78f7fcc57c-g6tx9  1/1    Running   0          3m6s   10.244.2.4    k8snode2
exampledeployment-78f7fcc57c-hmt8t  1/1    Running   0          3m6s   10.244.1.18   k8snode1
exampledeployment-78f7fcc57c-rghq5  1/1    Running   0          47m    10.244.1.16   k8snode1
```

图 5-19 Deployment 控制器的 Pod 状态

提示：默认情况下，Pod 不会调度到 Master 节点上。如果希望将 Master 节点也当作 Node 来使用，可以执行以下命令。

```
$ kubectl taint node master node-role.Kubernetes.io/master-
```

如果要恢复成只作为 Master 节点来使用，则可以执行以下命令。

```
$ kubectl taint node master node-role.Kubernetes.io/master="":NoSchedule
```

一般情况下，不应将 Master 节点当作 Node 来使用。

5.1.4 Deployment 控制器的更新

Deployment 控制器有两种更新方式。
- Recreate：所有现有的 Pod 都会在创建新的 Pod 之前被终止。
- RollingUpdate：表示以滚动更新方式更新 Pod，并可以通过 `maxUnavailable` 和 `maxSurge` 参数来控制滚动更新过程。

接下来我们分别看看这两种更新方式。

1. Recreate 方式

在之前的示例中，我们指定 Nginx 镜像的版本号是 1.7.9。假设现在有业务需要，计划将所有副本的 Nginx 镜像版本升级到 1.8.1。我们先新建 exampleDeploymentv2.yml 模板文件。命令如下。

```
$ vim exampleDeploymentv2.yml
```

然后，修改 Nginx 镜像版本，以及更新方式。

```
apiVersion: apps/v1
kind: Deployment
metadata:
  name: exampledeployment
spec:
  replicas: 3
  selector:
    matchLabels:
      example: deploymentfornginx
  template:
    metadata:
      labels:
        example: deploymentfornginx
```

```
    spec:
      containers:
      - name: nginx
        image: nginx:1.8.1
        ports:
        - containerPort: 80
  strategy:
    type: Recreate
```

运行以下命令，应用模板文件。

```
$ kubectl apply -f exampleDeploymentv2.yml --record
```

此时再执行`$ kubectl get deployments`命令，可以看到READY为0/3，AVAILABLE为0，这表示此Deployment控制器下面的所有Pod都暂时不可用。而UP-TO-DATE为0，表示没有任何一个Pod完成更新，如图5-20所示。

图5-20　更新情况

此时再通过`$ kubectl get pods -o wide`命令进行查看，可以看到原先的3个Pod正在终止，如图5-21所示。

图5-21　Pod正在终止

稍后再等一段时间，直到所有Pod都处于可用状态，如图5-22所示。

图5-22　等待Pod可用

此时再通过`$ kubectl get pods -o wide`命令进行查看，可以看到创建了3个全新的Pod，如图5-23所示。

图5-23　Pod已启用

通过`$ kubectl describe pods {Pod名称}`命令（在本例中为`kubectl describe pods exampledeployment-7b978cf998-ctdt5`）查看Pod的详细信息，可以发现镜像

版本已更新为 1.8.1，如图 5-24 所示。

```
k8sadmin@k8smaster:~$ sudo kubectl describe pods exampledeployment-7b978cf998-ctdt5
Name:               exampledeployment-7b978cf998-ctdt5
Namespace:          default
Priority:           0
PriorityClassName:  <none>
Node:               k8snode2/192.168.100.102
Start Time:         Wed, 03 Jul 2019 06:25:01 -0700
Labels:             example=deploymentfornginx
                    pod-template-hash=7b978cf998
Annotations:        <none>
Status:             Running
IP:                 10.244.2.6
Controlled By:      ReplicaSet/exampledeployment-7b978cf998
Containers:
  nginx:
    Container ID:   docker://40e08ef0247f4786780ef0e995ac11412a804876a637c0d96e8e386682538939
    Image:          nginx:1.8.1
    Image ID:       docker-pullable://nginx@sha256:9b3e9f189890ef9d6713c3384da3809731bdb0bff84e
    Port:           80/TCP
    Host Port:      0/TCP
```

图 5-24　Pod 更新情况

通过命令 `$ kubectl get rs -o wide` 查看 ReplicaSet 控制器的变化情况。可以看到 1.7.9 的那个版本已停止使用，如图 5-25 所示。

```
k8sadmin@k8smaster:~$ sudo kubectl get rs -o wide
NAME                         DESIRED   CURRENT   READY   AGE    CONTAINERS   IMAGES        SELECTOR
exampledeployment-78f7fcc57c  0         0         0       165m   nginx        nginx:1.7.9   example=deploymentfornginx,pod-template-hash=78f7fcc57c
exampledeployment-7b978cf998  3         3         3       52m    nginx        nginx:1.8.1   example=deploymentfornginx,pod-template-hash=7b978cf998
```

图 5-25　ReplicaSet 控制器的变化

可以看到这种更新方式相当直接，会直接删除当前 Deployment 控制器下所有的 Pod，即删除旧的 ReplicaSet 控制器下的所有 Pod，只保留旧的 ReplicaSet 控制器的定义，但不再投入使用，之后新建更新后的 ReplicaSet 控制器及 Pod。其过程如图 5-26 所示。

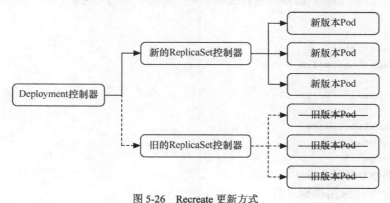

图 5-26　Recreate 更新方式

但在实际使用过程中，一般我们会用这些 Pod 来提供长期稳定且不间断的服务，很少有终止所有 Pod 再等候全部重新创建来提供服务的情况。

如果要让 Pod 能提供不间断的服务，平滑升级，则需要使用 RollingUpdate 更新方式。

2. RollingUpdate 方式

Deployment 控制器的另一种更新方式就是 RollingUpdate（滚动更新）。这种更新方式更实用，是一种比较平滑的升级方式，不会中断整个 Pod 集群提供的服务。在具体介绍滚动更新之前，需要先了解滚动更新策略使用的两个参数。

- ❑ maxUnavailable：表示在更新过程中能够进入不可用状态的 Pod 的最大值或相对于总副本数的最大百分比。
- ❑ maxSurge：表示能够额外创建的 Pod 数或相对于总副本数的百分比。

假设现在有业务需要，计划将所有副本的 Nginx 镜像版本升级到 1.9.0，但这一次要求平滑过渡，服务不能中断。我们先新建 exampleDeploymentv3.yml 模板文件。命令如下。

```
$ vim exampleDeploymentv3.yml
```

然后，修改 Nginx 镜像版本，以及更新方式。

```
apiVersion: apps/v1
kind: Deployment
metadata:
  name: exampledeployment
spec:
  replicas: 3
  selector:
    matchLabels:
      example: deploymentfornginx
  template:
    metadata:
      labels:
        example: deploymentfornginx
    spec:
      containers:
      - name: nginx
        image: nginx:1.9.0
        ports:
        - containerPort: 80
  strategy:
    type: RollingUpdate
    rollingUpdate:
      maxSurge: 0
      maxUnavailable: 1
```

运行以下命令，应用模板文件。

```
$ kubectl apply -f exampleDeploymentv3.yml --record
```

在不同时间点执行 `$ kubectl get deployments` 命令，会得到不同的结果，如图 5-27 所示。

5.1 Deployment 控制器

```
k8sadmin@k8smaster:~$ sudo kubectl get deployments
NAME                READY   UP-TO-DATE   AVAILABLE   AGE
exampledeployment   2/3     1            2           115m
k8sadmin@k8smaster:~$ sudo kubectl get deployments
NAME                READY   UP-TO-DATE   AVAILABLE   AGE
exampledeployment   2/3     2            2           115m
k8sadmin@k8smaster:~$ sudo kubectl get deployments
NAME                READY   UP-TO-DATE   AVAILABLE   AGE
exampledeployment   2/3     3            2           115m
k8sadmin@k8smaster:~$ sudo kubectl get deployments
NAME                READY   UP-TO-DATE   AVAILABLE   AGE
exampledeployment   3/3     3            3           115m
```

图 5-27 Deployment 控制器不同时段的查询结果

在不同时间点执行 `$ kubectl get pods -o wide` 命令，会得到不同的结果，如图 5-28 所示。

```
k8sadmin@k8smaster:~$ sudo kubectl get pods -o wide
NAME                                 READY   STATUS             RESTARTS   AGE   IP            NODE
 GATES
exampledeployment-5c6dd5cb74-hjdkj   0/1     ContainerCreating  0          1s    <none>        k8snode1
exampledeployment-7b978cf998-nb84r   1/1     Running            0          70s   10.244.1.30   k8snode1
exampledeployment-7b978cf998-v854h   1/1     Running            0          70s   10.244.2.17   k8snode2
exampledeployment-7b978cf998-vwxwk   1/1     Terminating        0          70s   10.244.2.16   k8snode2
k8sadmin@k8smaster:~$ sudo kubectl get pods -o wide
NAME                                 READY   STATUS             RESTARTS   AGE   IP            NODE
 GATES
exampledeployment-5c6dd5cb74-4xzmf   0/1     ContainerCreating  0          2s    <none>        k8snode2
exampledeployment-5c6dd5cb74-hjdkj   1/1     Running            0          8s    10.244.1.31   k8snode1
exampledeployment-7b978cf998-nb84r   1/1     Running            0          77s   10.244.1.30   k8snode1
exampledeployment-7b978cf998-v854h   0/1     Terminating        0          77s   10.244.2.17   k8snode2
k8sadmin@k8smaster:~$ sudo kubectl get pods -o wide
NAME                                 READY   STATUS             RESTARTS   AGE   IP            NODE
 GATES
exampledeployment-5c6dd5cb74-4xzmf   1/1     Running            0          5s    10.244.2.18   k8snode2
exampledeployment-5c6dd5cb74-hjdkj   1/1     Running            0          11s   10.244.1.31   k8snode1
exampledeployment-5c6dd5cb74-q2f8p   0/1     ContainerCreating  0          1s    <none>        k8snode1
exampledeployment-7b978cf998-nb84r   1/1     Terminating        0          80s   10.244.1.30   k8snode1
k8sadmin@k8smaster:~$ sudo kubectl get pods -o wide
NAME                                 READY   STATUS    RESTARTS   AGE   IP            NODE       NOMINA
exampledeployment-5c6dd5cb74-4xzmf   1/1     Running   0          8s    10.244.2.18   k8snode2   <none
exampledeployment-5c6dd5cb74-hjdkj   1/1     Running   0          14s   10.244.1.31   k8snode1   <none
exampledeployment-5c6dd5cb74-q2f8p   1/1     Running   0          4s    10.244.1.32   k8snode1   <none
```

图 5-28 Pod 不同时段的查询结果

可以看到，在执行滚动更新时，因为设置了 `maxUnavailable=1`，表示最多只允许 1 个 Pod 不可用，所以会先终止 1 个 Pod，使另外两个 Pod 处于运行状态。由于设置了 `maxSurge=0`，表示最多创建 0 个额外的 Pod 副本，更新过程中有 1 个正在创建的 Pod 以及两个正在运行的 Pod（正好为 3 个），因此符合 3 个副本与 0 个额外副本的设置。此时 READY 为 2/3，AVAILABLE 为 2，表示有两个旧 Pod 可用；UP-TO-DATE 为 1，表示有 1 个更新的 Pod。

然后，第 1 个新 Pod 创建成功，而 1 个旧 Pod 被删除。这时开始创建第 2 个新 Pod，然后终止第 2 个旧 Pod。此时 READY 为 2/3，AVAILABLE 为 2，表示有两个 Pod 可用（其中有 1 个是新 Pod）；UP-TO-DATE 为 2，表示有两个更新的 Pod。

接着，最后 1 个旧 Pod 开始终止，并创建最后 1 个新 Pod。此时 READY 为 2/3，AVAILABLE 为 2，表示有两个 Pod 可用（都是新 Pod）；UP-TO-DATE 为 3，表示有 3 个更新的 Pod。

最后，全部新 Pod 创建成功，代替旧 Pod 提供服务。整个升级过程如图 5-29 所示，它保持平滑过渡，逐步替代，持续让 Pod 提供稳定服务。

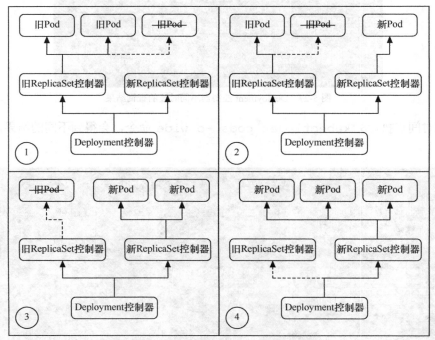

图 5-29　RollingUpdate 方式

3. 更新的暂停与恢复

目前无论是直接更新还是滚动更新，都会一直持续更新，直到结束，但如果更新后的版本有问题怎么办？是否可以只尝试发布一个最新的 Pod，待这个 Pod 验证无误后，再更新剩余的 Pod？

答案是肯定的，Kubernetes 提供的暂停与恢复更新功能可以实现上述功能。

假设现在有业务需要，计划将所有副本的 Nginx 镜像版本升级到 1.9.1，这一次不仅要求平滑过渡，还要求进行金丝雀发布，即确认其中一个 Pod 没有问题后再进行剩余的更新。

暂停与恢复也可以用 yml 文件来实现，但相对比较复杂，这里用比较简单的命令进行说明。暂停与恢复的命令如下所示。

```
$ kubectl rollout pause deploy {Deployment名称}
$ kubectl rollout resume deploy {Deployment名称}
```

以之前示例中创建的 Deployment 控制器为例，连续执行以下命令。

```
$ kubectl set image deploy exampledeployment nginx=nginx:1.9.1 --record
$ kubectl rollout pause deploy exampledeployment
```

执行结果如图 5-30 所示。

```
k8sadmin@k8smaster:~$ sudo kubectl set image deploy exampledeployment nginx=nginx:1
.9.1 --record
deployment.extensions/exampledeployment image updated
k8sadmin@k8smaster:~$ sudo kubectl rollout pause deploy exampledeployment
deployment.extensions/exampledeployment paused
```

图 5-30　暂停更新

该命令会升级 exampledeployment 中的 Nginx 版本，但紧接着执行的暂停命令会使更新第 1 个 Pod 的时候就停止后续操作。通过 `$ kubectl get pods -o wide` 命令，可以看到如下结果，原先的 3 个版本为 1.9.0 的 Pod 被终止了 1 个，然后启动了 1 个新的版本为 1.9.1 的 Pod。更新完 1 个 Pod 后就停止后续更新了，如图 5-31 所示。

```
k8sadmin@k8smaster:~$ sudo kubectl get pods -o wide
NAME                                  READY   STATUS              RESTARTS   AGE     IP             NODE
SS GATES
exampledeployment-5c6dd5cb74-k5j6z    1/1     Running             0          5m41s   10.244.2.30    k8snode2
exampledeployment-5c6dd5cb74-ll24l    1/1     Running             0          9m43s   10.244.1.43    k8snode1
exampledeployment-5c6dd5cb74-wk2zw    1/1     Terminating         0          3m8s    10.244.1.44    k8snode1
exampledeployment-6dc5ccd6ff-6x7vm    0/1     ContainerCreating   0          2s      <none>         k8snode2
k8sadmin@k8smaster:~$ sudo kubectl get pods -o wide
NAME                                  READY   STATUS     RESTARTS   AGE     IP             NODE       NOMINATED
exampledeployment-5c6dd5cb74-k5j6z    1/1     Running    0          6m26s   10.244.2.30    k8snode2   <none>
exampledeployment-5c6dd5cb74-ll24l    1/1     Running    0          10m     10.244.1.43    k8snode1   <none>
exampledeployment-6dc5ccd6ff-6x7vm    1/1     Running    0          47s     10.244.2.31    k8snode2   <none>
```

图 5-31　暂停更新的 Pod

通过 `$ kubectl get deployments` 命令进行查看，可以发现 READY 和 AVAILABLE 都是 3，但是最新版本的 UP-TO-DATE 只有 1，如图 5-32 所示。

```
k8sadmin@k8smaster:~$ sudo kubectl get deployments
NAME                READY   UP-TO-DATE   AVAILABLE   AGE
exampledeployment   2/3     1            2           22h
k8sadmin@k8smaster:~$ sudo kubectl get deployments
NAME                READY   UP-TO-DATE   AVAILABLE   AGE
exampledeployment   3/3     1            3           21h
```

图 5-32　Deployment 控制器的更新状态

此时可以验证刚才创建的新版本 Pod，直到验证没有问题后，就可以结束暂停了，让剩余的 Pod 继续更新为最新版，使用的命令如下。

```
$ kubectl rollout resume deploy exampledeployment
```

恢复更新后的执行结果如图 5-33 所示。

```
k8sadmin@k8smaster:~$ sudo kubectl rollout resume deploy exampledeployment
deployment.extensions/exampledeployment resumed
```

图 5-33　恢复更新后的执行结果

此时会继续更新剩余两个 Pod。因为配置的是滚动更新，所以不同时段的结果和上一节一致，可以看到所有的 Pod 都更新为最新版，如图 5-34 所示。

```
k8sadmin@k8smaster:~$ sudo kubectl get deployments -o wide
NAME                READY   UP-TO-DATE   AVAILABLE   AGE   CONTAINERS   IMAGES
exampledeployment   3/3     3            3           22h   nginx        nginx:1.9.1
```

图 5-34　更新完成

5.1.5 Deployment 控制器的回滚

如果更新之后，发现新版本的 Pod 有严重问题，需要回滚到之前版本，则可以先使用以下命令查看历史变更记录。

```
$ kubectl rollout history deployment {Deployment 名称}
```

本例中的命令如下。

```
$ kubectl rollout history deployment exampledeployment
```

列出的历史记录如图 5-35 所示。

```
k8sadmin@k8smaster:~$ sudo kubectl rollout history deployment exampledeployment
deployment.extensions/exampledeployment
REVISION  CHANGE-CAUSE
1         kubectl apply --filename=exampleDeploymentv1.yml --record=true
2         kubectl apply --filename=exampleDeploymentv2.yml --record=true
3         kubectl apply --filename=exampleDeploymentv3.yml --record=true
4         kubectl set image deploy exampledeployment nginx=nginx:1.9.1 --record=true
```

图 5-35 历史记录

提示：前面提示过一定要带参数 --record，只有这样才会记录每次修改 Deployment 控制器时所使用的命令，记录的位置就是现在我们看到的 CHANGE-CAUSE 字段。如果没有带 --record，CHANGE-CAUSE 记录将为 <none>。

保存历史记录的本质是保留每次修改所创建的 ReplicaSet 控制器，而回滚的本质其实是切换到对应版本的 ReplicaSet 控制器。Deployment 控制器是通过 ReplicaSet 控制器来管理 Pod 的，如图 5-36 所示。

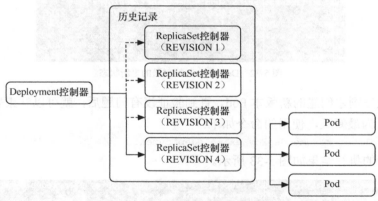

图 5-36 保存历史记录的本质

可以通过以下命令查看这个 Deployment 控制器下所有的 ReplicaSet 控制器。

```
$ kubectl get rs -o wide
```

ReplicaSet 控制器的启用情况如图 5-37 所示。

可以看到目前使用的是 1.9.1 版本的 ReplicaSet 控制器。

回滚命令如下。

```
$ kubectl rollout undo deployment {Deployment 名称} --to-revision={REVISION 编号}
```

```
k8sadmin@k8smaster:~$ sudo kubectl get rs -o wide
NAME                              DESIRED   CURRENT   READY   AGE     CONTAINERS   IMAGES        SELECTOR
exampledeployment-5c6dd5cb74      0         0         0       3m15s   nginx        nginx:1.9.0   example=deploymentfornginx,pod-template
-hash=5c6dd5cb74
exampledeployment-6dc5ccd6ff      3         3         3       2m30s   nginx        nginx:1.9.1   example=deploymentfornginx,pod-template
-hash=6dc5ccd6ff
exampledeployment-78f7fcc57c      0         0         0       4m52s   nginx        nginx:1.7.9   example=deploymentfornginx,pod-template
-hash=78f7fcc57c
exampledeployment-7b978cf998      0         0         0       3m45s   nginx        nginx:1.8.1   example=deploymentfornginx,pod-template
-hash=7b978cf998
```

图 5-37 ReplicaSet 控制器的启用情况

假设现在我们想退回到 CHANGE-CAUSE "kubectl apply --filename=exampleDeploymentv2.yml --record=true" 这个版本,由于其版本编号为 2,因此可以使用以下命令进行回滚。

```
$ kubectl rollout undo deployment exampledeployment --to-revision=2
```

回滚后的结果如图 5-38 所示。

```
k8sadmin@k8smaster:~$ sudo kubectl rollout undo deployment exampledeployment --to-revision=2
deployment.extensions/exampledeployment rolled back
```

图 5-38 回滚后的结果

回滚过程和更新过程几乎一致,这里就不再详述了。回滚结束后,使用 `$ kubectl rollout history deployment exampledeployment` 命令再次查看历史记录,可以发现 REVISION 2 已经消失,取而代之的是新加的 REVISION 5,如图 5-39 所示。

```
k8sadmin@k8smaster:~$ sudo kubectl rollout history deployment exampledeployment
deployment.extensions/exampledeployment
REVISION    CHANGE-CAUSE
1           kubectl apply --filename=exampleDeploymentv1.yml --record=true
3           kubectl apply --filename=exampleDeploymentv3.yml --record=true
4           kubectl set image deploy exampleDeployment nginx=nginx:1.9.1 --record=true
5           kubectl apply --filename=exampleDeploymentv2.yml --record=true
```

图 5-39 回滚后的历史记录

之前提到回滚的本质其实是切换到对应版本的 ReplicaSet 控制器,可以通过 `kubectl get rs -o wide` 命令来再次查看 ReplicaSet 控制器的启用情况,如图 5-40 所示。

```
k8sadmin@k8smaster:~$ sudo kubectl get rs -o wide
NAME                              DESIRED   CURRENT   READY   AGE   CONTAINERS   IMAGES        SELECTOR
exampledeployment-5c6dd5cb74      0         0         0       12m   nginx        nginx:1.9.0   example=deploymentfornginx,pod-template-h
ash=5c6dd5cb74
exampledeployment-6dc5ccd6ff      0         0         0       11m   nginx        nginx:1.9.1   example=deploymentfornginx,pod-template-h
ash=6dc5ccd6ff
exampledeployment-78f7fcc57c      0         0         0       14m   nginx        nginx:1.7.9   example=deploymentfornginx,pod-template-h
ash=78f7fcc57c
exampledeployment-7b978cf998      3         3         3       13m   nginx        nginx:1.8.1   example=deploymentfornginx,pod-template-h
ash=7b978cf998
```

图 5-40 ReplicaSet 控制器的启用情况

可以发现,1.9.1 版本的 ReplicaSet 控制器目前已没有 Pod 副本,之前 1.8.1 版本的 ReplicaSet 控制器再度启用并且拥有 3 个 Pod 副本。

5.2 DaemonSet 控制器

DaemonSet 控制器是一种特殊的 Pod 控制器,会在集群中的各个节点上运行单一的 Pod

副本。它非常适合部署那些为节点本身提供服务或执行维护的 Pod。

例如，对于日志收集和转发、监控以及运行以增加节点本身功能为目的的服务，这些都使用 DaemonSet 控制器。因为 DaemonSet 控制器通常用于提供基本服务，并且每个节点都需要它，所以它可以绕过调度限制而直接部署到主机上。比如，原本 Master 服务器会不可用于常规的 Pod 调度，但因为 DaemonSet 控制器独特的职责，它可以越过基于 Pod 的限制，以确保基础服务的运行。

DaemonSet 控制器的一些典型用法包括但不限于以下几种。

- ❏ 运行集群存储 Daemon 控制器，如在每个 Node 上运行 glusterd、ceph。
- ❏ 在每个 Node 上运行日志收集 Daemon 控制器，如 Fluentd、logstash。
- ❏ 在每个 Node 上运行监控 Daemon 控制器，如 Prometheus Node Exporter、collectd、Datadog 代理、New Relic 代理或 Ganglia gmond。

当把 Node 加入集群时，也会自动为它新增一个 Pod。当从集群中移除 Node 时，对应的 Pod 也会被回收。删除 DaemonSet 控制器将会删除它创建的所有 Pod。

5.2.1　DaemonSet 控制器的基本操作

这里举一个简单的例子，在每台机器上都启用 httpd 服务，并将它作为 DaemonSet 控制器进行部署。

首先，运行如下命令。

```
$ vim exampleDaemonset.yml
```

然后，在文件中填入如下内容并保存。

```
apiVersion: apps/v1
kind: DaemonSet
metadata:
  name: exampledaemonset
spec:
  selector:
    matchLabels:
      example: deploymentforhttpd
  template:
    metadata:
      labels:
        example: deploymentforhttpd
    spec:
      containers:
      - name: httpd
        image: httpd:2.2
        ports:
        - containerPort: 80
          hostPort: 8082
          protocol: TCP
```

该模板的含义如下。
- `apiVersion` 表示使用的 API 版本，`apps/v1` 表示使用 Kubernetes API 的稳定版本。
- `kind` 表示要创建的资源对象，这里使用关键字 DaemonSet。
- `metadata` 表示该资源对象的元数据。一个资源对象可拥有多个元数据，其中一项是 `name`，这表示当前资源的命名。
- `spec` 表示该资源对象的具体设置。
  - `selector/matchLabels`：用于定义一个或多个自定义标签（label），其形式为键值对，这对 Pod 起筛选作用，会选择与标签定义相匹配的 Pod。这在后续章节会详细解说，因为它是必填字段，所以这里填写了一个示例值。
  - `template`：Pod 模板，具体的模板定义详见第 4 章。httpd 镜像中默认定义的对外提供服务的端口为 80。通过 `containerPort` 属性，我们将 80 端口暴露出来，再通过 `hostPort` 属性映射到宿主机的端口 8082 上，以便通过"主机 IP:端口"形式访问容器所提供的服务。

运行以下命令，通过模板创建 DaemonSet 控制器。

```
$ kubectl apply -f exampleDaemonset.yml
```

部署完成后，可以通过以下命令查看当前 DaemonSet 控制器的状态。执行结果如图 5-41 所示。

```
$ kubectl get daemonset
```

图 5-41　查看 DaemonSet 控制器的状态得到的执行结果

DESIRED 表示预期的 Pod 数（因为有两个 Node，所以为 2），CURRENT 表示当前的 Pod 数。

同样，也可以通过 `$ kubectl get pods -o wide` 命令查看 Pod 的状态。可以看到我们并没有指定需要多少个 Pod 副本，DaemonSet 控制器会为每台 Node 分配一个 Pod，如图 5-42 所示。

图 5-42　Pod 分配情况

通过浏览器进入"NodeIP:8082"，就可以访问对应节点的 Daemon 进程。例如，可以访问 http://192.168.100.102:8082，进入 httpd 欢迎页面，如图 5-43 所示。

如果此时有新的 Node 加入集群中，Kubernetes 也会自动为新节点增加一个 exampleDaemonset Pod。

图 5-43 httpd 欢迎页面

除了我们自己创建的 DeamonSet 控制器以外，Kubernetes 本身的一些组件也是使用 DeamonSet 控制器来管理的。使用以下命令，可以查看 Kubernetes 系统的 DaemonSet 控制器。

```
$ kubectl get daemonset --namespace=kube-system
```

结果如图 5-44 所示。

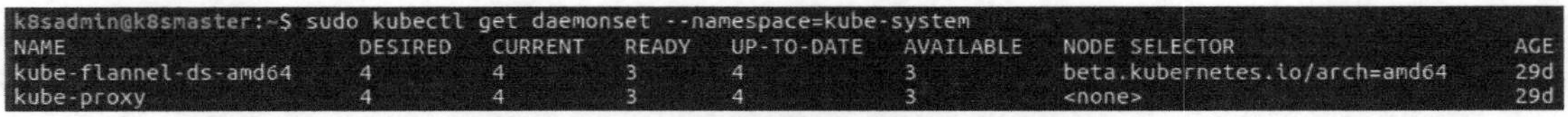

图 5-44 Kubernetes 系统的 DaemonSet 控制器

要了解一个正在运行的 Pod 的配置，可以通过以下命令来获取。

```
$ kubectl get daemonset {daemonset 名称} -o yaml
```

如果是 Kubernetes 系统级的 DaemonSet 控制器，则还需要在命令中加上 --namespace= kube-system，例如，下面的命令。

```
$ kubectl get daemonset kube-proxy --namespace=kube-system -o yaml
```

执行结果如图 5-45 所示。

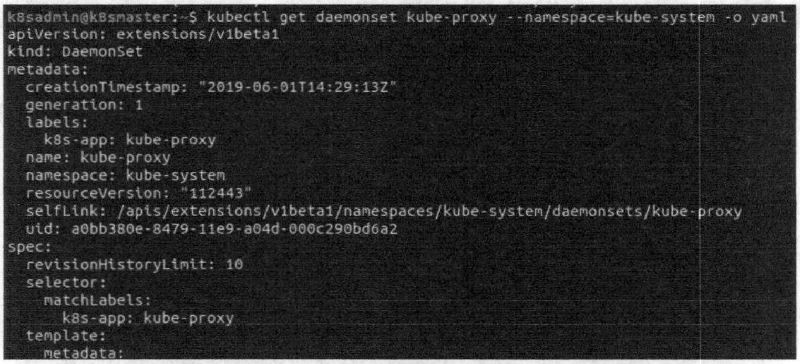

图 5-45 查看 DaemonSet 控制器配置得到的执行结果

5.2.2 DaemonSet 控制器的更新

DaemonSet 控制器有两种更新方式。

- ❑ RollingUpdate：当使用 RollingUpdate 方式时，在更新 DaemonSet 控制器模板后，旧的 DaemonSet Pod 将被终止，并且将以受控方式自动创建新的 DaemonSet Pod。

5.2 DaemonSet 控制器

❑ OnDelete：这是向后兼容的默认更新方式。当使用 OnDelete 更新方式时，在更新 DaemonSet 控制器模板后，只有手动删除旧的 DaemonSet 控制器 Pod 后，才会创建新的 DaemonSet 控制器 Pod。这与 Kubernetes 1.5 或更早版本中 DaemonSet 控制器的行为相同。

对于 RollingUpdate，与之前 Deployment 控制器不一样的地方在于，DaemonSet 控制器中的 RollingUpdate 只支持 `maxUnavailable` 属性。因为 DaemonSet 控制器是在每个 Node 主机上启动的唯一 Pod，不能启动多余的节点，所以无法使用 `maxSurge` 属性。

在介绍 Deployment 控制器时，已经详细介绍了 RollingUpdate 方式，这里不再赘述，有兴趣的读者可以自己操作尝试。这里主要介绍 OnDelete 更新方式。

为了修改之前的 yml 文件，将其从 httpd 2.2 版本升级到 2.4 版本，首先，运行如下命令。

```
$ vim exampleDaemonset.yml
```

然后，在文件中填入如下内容并保存。

```
apiVersion: apps/v1
kind: DaemonSet
metadata:
  name: exampledaemonset
spec:
  selector:
    matchLabels:
      example: deploymentforhttpd
  template:
    metadata:
      labels:
        example: deploymentforhttpd
    spec:
      containers:
      - name: httpd
        image: httpd:2.4
        ports:
        - containerPort: 80
          hostPort: 8082
          protocol: TCP
  updateStrategy:
    type: OnDelete
```

接下来，运行以下命令，通过模板创建 DaemonSet 控制器。

```
$ kubectl apply -f exampleDaemonset.yml
```

此时通过 `$ kubectl get daemonset` 命令查看状态，可以发现 UP-TO-DATE 变为 0，表示 DaemonSet 控制器现在都是旧版本，如图 5-46 所示。

图 5-46 更新状态 1

接下来，执行 $ kubectl get pods -o wide 命令，现在所有的 Pod 都是旧版本，如图 5-47 所示。

图 5-47　更新状态 2

接下来，删除第一个 Pod 以触发更新，在本例中为 exampledaemonset-97q65，这个 Pod 所在的机器为 k8snode2。执行如下命令。

```
$ kubectl delete pod exampledaemonset-97q65
```

接下来，执行 $ kubectl get pods -o wide 命令，可以看到原来旧版本的 exampledaemonset-97q65 已经被删除，取而代之的是一个新版本 Pod exampledaemonset-c9n2q（正在 k8snode2 上创建），如图 5-48 所示。

图 5-48　更新状态 3

最后，通过 $ kubectl get daemonset 命令查看状态，可以发现 UP-TO-DATE 变为 1，这表示已经有 1 台机器上的 DaemonSet 控制器是新版本了，如图 5-49 所示。

图 5-49　更新状态 4

5.3　Job 与 CronJob 控制器

Kubernetes 中还有一种叫作 Job 的工作负载对象，它基于某一特定任务而运行。当运行任务的容器完成工作后，就会成功退出。如果需要执行一次性任务，而非提供连续的服务，Job 就非常适合。

CronJob 控制器其实就是在 Job 的基础上加上了时间调度，可以在给定的时间点运行一个任务，也可以定期地运行。这个控制器实际上和 Linux 系统中的 crontab 命令非常类似。

5.3.1　Job 控制器的基本操作

Job 控制器可以执行 3 种类型的任务。

- 一次性任务：通常只会启动一个 Pod（除非 Pod 失败）。一旦 Pod 成功终止，Job 就算完成了。
- 串行式任务：连续、多次地执行某一任务。当上一个任务完成时，接着执行下一个任务,直到全部任务执行完,可以通过 `spec.completions` 属性指定执行次数。
- 并行式任务:同一时间并发多次执行任务。可以通过 `spec.parallelism` 指定并发数,也可以配合 `spec.completions` 属性指定总任务的执行次数。

接下来分别进行介绍。

1. 一次性任务

这里从部署一次性任务开始,Job 的创建并不复杂。

首先,定义模板文件,创建一个名为 examplejobv1.yml 的模板文件。命令如下。

```
$ vim examplejobv1.yml
```

然后,在文件中填入如下内容并保存。

```
apiVersion: batch/v1
kind: Job
metadata:
  name: examplejobv1
spec:
  template:
    spec:
      restartPolicy: Never
      containers:
      - name: examplejobcontainer
        image: busybox
        imagePullPolicy: IfNotPresent
        command: ['sh', '-c']
        args: ['echo "Start Job!"; sleep 30; echo "Job Done!"']
```

该模板的含义如下。
- `apiVersion` 表示使用的 API 版本,Job 位于 `batch/v1` 中,v1 表示使用 Kubernetes API 的稳定版本。
- `kind` 表示要创建的资源对象,这里使用关键字 Job。
- `metadata` 表示该资源对象的元数据。一个资源对象可拥有多个元数据,其中一项是 name,它表示当前资源的名称。
- `spec` 表示该资源对象的具体设置。
  - `template`:Pod 模板,具体的模板定义见第 4 章。这里创建了一个 Pod,Pod 启动后会执行一连串命令,刚开始会输出 "Start Job!",然后休眠 30s(假设在处理任务),任务完成后输出 "Job Done!"。

接下来,运行以下命令,通过模板创建 Job。

```
$ kubectl apply -f examplejobv1.yml
```

现在,Job 开始运行。可以通过以下命令查看 Job 的运行状态,COMPLETIONS 表示执行进度,DURATION 表示当前 Job 的执行时间。

```
$ kubectl get job
```

执行结果如图 5-50 所示。

此时通过$ kubectl get pod -o wide 命令可以看到已经创建了一个对应于 Job 的 Pod，且它处于运行状态，如图 5-51 所示。

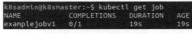

```
k8sadmin@k8smaster:~$ kubectl get job
NAME          COMPLETIONS   DURATION   AGE
examplejobv1  0/1           19s        19s
```

图 5-50 Job 的运行状态

```
k8sadmin@k8smaster:~$ kubectl get pod -o wide
NAME                 READY   STATUS    RESTARTS   AGE   IP            NODE
examplejobv1-rph5b   1/1     Running   0          3s    10.244.2.43   k8snode2
```

图 5-51 Pod 的运行状态

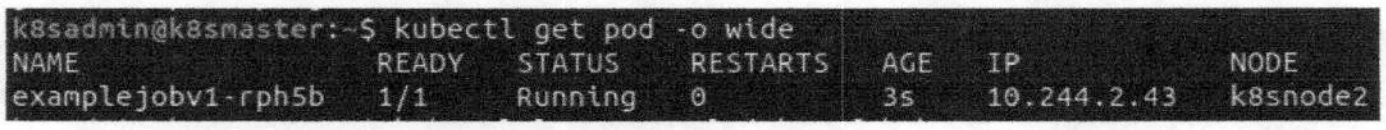

通过$ kubectl logs {Pod 名称}命令，可以输出对应的日志，在本例中命令为$ kubectl logs examplejobv1-rph5b，执行结果如图 5-52 所示。

```
k8sadmin@k8smaster:~$ kubectl logs examplejobv1-rph5b
Start Job!
```

图 5-52 Pod 的日志

这个 Job 会执行 30s，待 Job 执行完毕后再通过各个命令查看其状态。可以发现已经发生了变化。Job 状态中的 COMPLETIONS 变为 1/1，表示全部执行完成；DURATION 表示 Job 总共执行了 33s；而 Pod 状态变为 Completed；因为不再运行；所以 READY 变为 0/1。最后查看日志，发现结束日志“Job Done!”已输出到控制台，如图 5-53 所示。

```
k8sadmin@k8smaster:~$ kubectl get job
NAME          COMPLETIONS   DURATION   AGE
examplejobv1  1/1           33s        7m5s
k8sadmin@k8smaster:~$ kubectl get pod -o wide
NAME                 READY   STATUS      RESTARTS   AGE     IP            NODE
examplejobv1-rph5b   0/1     Completed   0          7m18s   10.244.2.43   k8snode2
k8sadmin@k8smaster:~$ kubectl logs examplejobv1-rph5b
Start Job!
Job Done!
```

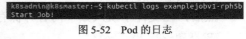

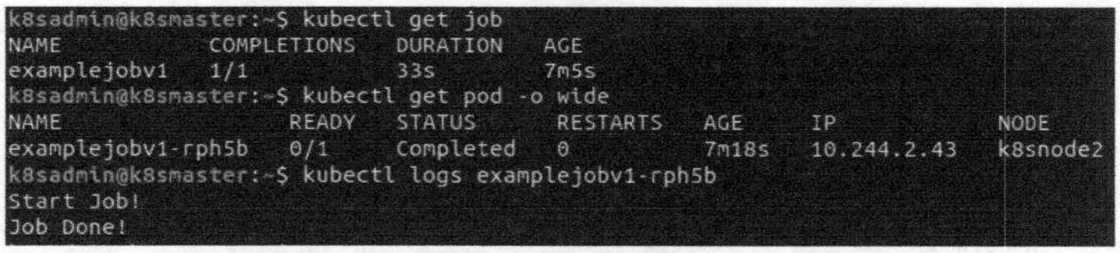

图 5-53 任务执行结果

执行完毕后，可以通过$ kubectl delete job examplejobv1 命令将 Job 删除。

注意：Job 执行完成后是不会自动删除的。执行后保留它有一定好处，如用于查看执行日志，或者在出现问题时了解 Pod 所处的状态。但坏处在于，如果执行次数越多，并且不删除，则这种垃圾式的残留 Job 也会越多，人工删除会略显麻烦。有没有自动删除的办法呢？答案是肯定的。只需要修改 yml 文件，加上一个 spec.ttlSecondsAfterFinished 属性，该属性用于确定在所有任务执行完成后，需要等待多少秒才可删除 Job。

```
apiVersion: batch/v1
kind: Job
metadata:
  name: examplejobv1
spec:
  ttlSecondsAfterFinished: 30
  template:
    spec:
      restartPolicy: Never
      containers:
      - name: examplejobcontainer
        image: busybox
        imagePullPolicy: IfNotPresent
```

```
        command: ['sh', '-c']
        args: ['echo "Start Job!"; sleep 30; echo "Job Done!"']
```

这个功能默认是关闭的，需要手动开启，修改的组件包括 apiserver、controller 和 scheduler。直接修改/etc/Kubernetes/manifests 下面对应的 3 个同名的.yaml 静态文件，加入---feature-gates=TTLAfterFinished=true 命令，然后令对应的 Pod 重新运行即可。

例如，修改后 kube-scheduler.yaml 的 spec 部分如下，对于 kube-apiserver.yaml 和 kube-controller-manager.yaml，也在 spec 部分加入- --feature-gates=TTLAfterFinished=true 即可。

```
apiVersion: v1
...
spec:
  containers:
  - command:
    - kube-scheduler
    - --address=127.0.0.1
    - --kubeconfig=/etc/Kubernetes/scheduler.conf
    - --leader-elect=true
    - --feature-gates=TTLAfterFinished=true
...
```

2. 串行式任务

串行式任务可以连续、多次地执行某一任务。当上一个任务完成时，接着执行下一个任务，直到全部任务执行完。可以通过 spec.completions 属性来指定执行次数。

首先，定义模板文件，创建一个名为 examplejobv2.yml 的模板文件。命令如下。

```
$ vim examplejobv2.yml
```

然后，在文件中填入如下内容并保存。

```
apiVersion: batch/v1
kind: Job
metadata:
  name: examplejobv2
spec:
  completions: 5
  template:
    spec:
      restartPolicy: Never
      containers:
      - name: examplejobcontainer
        image: busybox
        imagePullPolicy: IfNotPresent
        command: ['sh', '-c']
        args: ['echo "Start Job!"; sleep 30; echo "Job Done!"']
```

这里，通过定义 spec.completions，我们将这个任务的执行次数设置为 5。

接下来，运行以下命令，通过模板创建 Job。

```
$ kubectl apply -f examplejobv2.yml
```

这 5 个 Pod 会依次创建，执行完上一个 Pod，才会创建并执行下一个 Pod，同时只能有一个处于 Running（或 ContainerCreating）状态的 Pod，如图 5-54 所示。

```
k8sadmin@k8smaster:~$ kubectl get pods -o wide
NAME                 READY   STATUS              RESTARTS   AGE   IP            NODE
examplejobv2-2z5vc   0/1     Completed           0          33s   10.244.2.45   k8snode2
examplejobv2-4d6xj   0/1     Completed           0          66s   10.244.1.82   k8snode1
examplejobv2-hg9mf   0/1     ContainerCreating   0          0s    <none>        k8snode1
```

图 5-54 Pod 的创建顺序

Job 的进度也会跟随 Pod 的执行情况动态变化，如图 5-55 所示。

当所有 Job 执行完毕后，结果如图 5-56 所示。

```
k8sadmin@k8smaster:~$ kubectl get job
NAME           COMPLETIONS   DURATION   AGE
examplejobv2   2/5           68s        68s
```

图 5-55 Job 的进度

```
k8sadmin@k8smaster:~$ kubectl get pods -o wide
NAME                 READY   STATUS      RESTARTS   AGE     IP            NODE
examplejobv2-2z5vc   0/1     Completed   0          3m28s   10.244.2.45   k8snode2
examplejobv2-4d6xj   0/1     Completed   0          4m1s    10.244.1.82   k8snode1
examplejobv2-hg9mf   0/1     Completed   0          2m55s   10.244.1.83   k8snode1
examplejobv2-lqr6m   0/1     Completed   0          110s    10.244.2.47   k8snode2
examplejobv2-p7wff   0/1     Completed   0          2m22s   10.244.2.46   k8snode2
k8sadmin@k8smaster:~$ kubectl get job
NAME           COMPLETIONS   DURATION   AGE
examplejobv2   5/5           2m43s      4m3s
```

图 5-56 任务执行结果

这里也可以看出，Job 的执行是不会区分机器的。与 Deployment 控制器一样，Job 会根据调度规则动态分配到各个 Node 上并执行。

3. 并行式任务

当任务比较多时（比如执行几十甚至上百次），串行式任务就不太合适了。此时可以将其设定为并行式任务，同一时间并发多次执行任务。可以通过 spec.parallelism 指定并发数，也可以配合 spec.completions 属性来指定总任务的执行次数。

首先，定义模板文件，创建一个名为 examplejobv3.yml 的模板文件。命令如下。

```
$ vim examplejobv3.yml
```

然后，在文件中填入如下内容并保存。

```
apiVersion: batch/v1
kind: Job
metadata:
  name: examplejobv3
spec:
  completions: 11
  parallelism: 4
  template:
    spec:
      restartPolicy: Never
      containers:
      - name: examplejobcontainer
        image: busybox
        imagePullPolicy: IfNotPresent
```

```
        command: ['sh', '-c']
        args: ['echo "Start Job!"; sleep 30; echo "Job Done!"']
```

通过定义 spec.completions，我们将这个任务设置为执行 11 次，并行数为 4。

运行以下命令，通过模板创建 Pod。

```
$ kubectl apply -f examplejobv3.yml
```

一开始会创建 4 个 Pod 并同时运行，然后待某一 Pod 运行结束后，继续创建后续的 Pod，保持 4 个 Pod 同时处于 Running（或 ContainerCreating）状态，直到达到设置的执行总数（11 个），如图 5-57 所示。

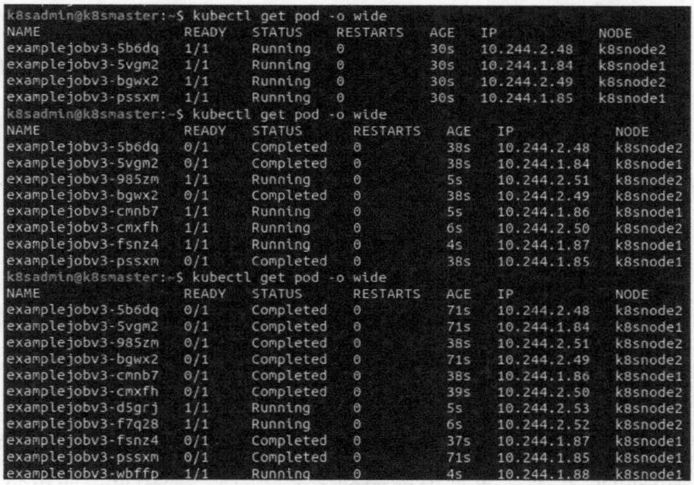

图 5-57 不同时段的 Pod 执行情况

5.3.2 Job 的异常处理

因为不同于需要持续提供服务的 Pod，Job 中的 Pod 在正常完成任务后，需要及时退出，所以 Pod 模板中 restartPolicy 字段的值可以为 Always、OnFailure 和 Never。但在 Job 中，该字段的值只能是 OnFailure 和 Never 中的一个。

这里，我们将故意产生错误，看看 restartPolicy 字段分别设置为 OnFailure 和 Never 会有什么区别。

首先，定义模板文件，创建一个名为 examplejobforonfailure.yml 的模板文件。命令如下。

```
$ vim examplejobforonfailure.yml
```

然后，在文件中填入如下内容并保存。

```
apiVersion: batch/v1
kind: Job
metadata:
  name: examplejobforonfailure
spec:
  backoffLimit: 6
```

```yaml
    template:
      spec:
        restartPolicy: OnFailure
        containers:
        - name: examplejobcontainer
          image: busybox
          imagePullPolicy: IfNotPresent
          command: ['sh', '-c']
          args: ['this is error command!!']
```

backoffLimit 属性表示重试次数的上限，默认为 6 次。这里的设置和默认值一样，不写也可以，之所以写出来是为了让读者明确地知道这个属性正在起作用。在这个例子里，我们输入一条错误的命令"args: ['this is error command!!']"，以便让执行失败。

运行以下命令，通过模板创建 Job。

```
$ kubectl apply -f examplejobforonfailure.yml
```

通过 `$ kubectl get pod` 命令可以看到这个 Pod 一直处于失败状态（CrashLoop BackOff），然后不断重启，RESTARTS 的值不断累加，如图 5-58 所示。

```
k8sadmin@k8smaster:~$ kubectl get pod
NAME                            READY   STATUS             RESTARTS   AGE
examplejobforonfailure-8cv29    0/1     CrashLoopBackOff   3          61s
k8sadmin@k8smaster:~$ kubectl get job
NAME                     COMPLETIONS   DURATION   AGE
examplejobforonfailure   0/1           63s        63s
```

图 5-58　Job 执行情况

之前已经提到过 Pod 失败时的递增延迟重启策略，它将会以递增延迟方式尝试重新启动（10s，20s，40s，…），上限时间为 6min。当延迟增加到了 6min 后，就相当于要再等 6min 才会重启。

Job 模板中的属性 spec.backoffLimit 表示重试次数的上限，默认为 6 次。如果 6 次以内没有出现失败，则会重置计数。但如果达到重试次数的上限，则这个 Job 对应的容器将会被终止并删除，如图 5-59 所示。

```
k8sadmin@k8smaster:~$ kubectl get pod
NAME                            READY   STATUS             RESTARTS   AGE
examplejobforonfailure-8cv29    0/1     CrashLoopBackOff   5          5m32s
k8sadmin@k8smaster:~$ kubectl get pod
No resources found.
```

图 5-59　Pod 被删除

然后，再来看看 restartPolicy 字段设置为 Never 会发生什么事情。

首先，定义模板文件，创建一个名为 examplejobfornever.yml 的模板文件。命令如下。

```
$ vim examplejobfornever.yml
```

然后，在文件中填入如下内容并保存。

```yaml
apiVersion: batch/v1
kind: Job
metadata:
  name: examplejobfornever
spec:
```

```
    backoffLimit: 6
    template:
      spec:
        restartPolicy: Never
        containers:
        - name: examplejobcontainer
          image: busybox
          imagePullPolicy: IfNotPresent
          command: ['sh', '-c']
          args: ['this is error command!!']
```

运行以下命令，通过模板创建 Pod。

```
$ kubectl apply -f examplejobfornever.yml
```

可以看到，因为 Pod 不会重新启动（restartPolicy 字段设置为 Never），且 Job 的任务并没有成功执行，所以 Job 会不停地创建新 Pod，直到 Pod 成功执行，如图 5-60 所示。

图 5-60　重新创建的 Pod

和 OnFailure 相同的是，Never 也会递增启动的延迟时间。这里也由 `spec.backoffLimit` 来控制重启上限的次数（默认为 6 次）。在经过初次启动及 6 次重启（共 7 次启动，如图 5-61 所示）后，如果还是失败，就不会再开启新的 Pod 了。

相对于 OnFailure，推荐使用 Never，因为 OnFailure 在重试一定次数后会删除 Pod，导致

图 5-61　失败时创建的 7 个 Pod

日志或 Pod 中记录的其他信息丢失，不利于排查问题。而 Never 会保留每次 Pod 启动后的现场，使排查问题更加容易。

除了上述明显的异常处理（如执行失败、执行中断等）之外，Job 的执行过程中还有一类很难以察觉的异常。比如，任务中出现死循环，表现为一直卡在那里一动不动，看起来一直处于 Running 状态，但怎么执行都不会有结果。

对于这类异常，Job 模板提供了 `spec.activeDeadlineSeconds` 属性，指定执行任务的上限时间（单位为秒）。如果超过这个时间上限，任务将强制终止并删除。

首先，定义模板文件，创建一个名为 examplejobfordeadline.yml 的模板文件。命令如下。

```
$ vim examplejobfordeadline.yml
```

然后，在文件中填入如下内容并保存。

```
apiVersion: batch/v1
kind: Job
metadata:
```

```yaml
  name: examplejobfordeadline
spec:
  activeDeadlineSeconds: 10
  template:
    spec:
      restartPolicy: Never
      containers:
      - name: examplejobcontainer
        image: busybox
        imagePullPolicy: IfNotPresent
        command: ['sh', '-c']
        args: ['echo "Hello Kubernetes!"; sleep 3600']
```

这里将上限时间设置为 10s，但在命令里面设置了长时间休眠，让这个任务持续执行 3600s。运行以下命令，通过模板创建 Pod。

```
$ kubectl apply -f examplejobfordeadline.yml
```

可以看到，因为有运行时间限制，所以在最开始的 10s 内，Pod 处于运行状态，10s 后 Pod 就被终止，直到最后被删除（不管 restartPolicy 字段设置为 Never 还是 OnFailure），如图 5-62 所示。

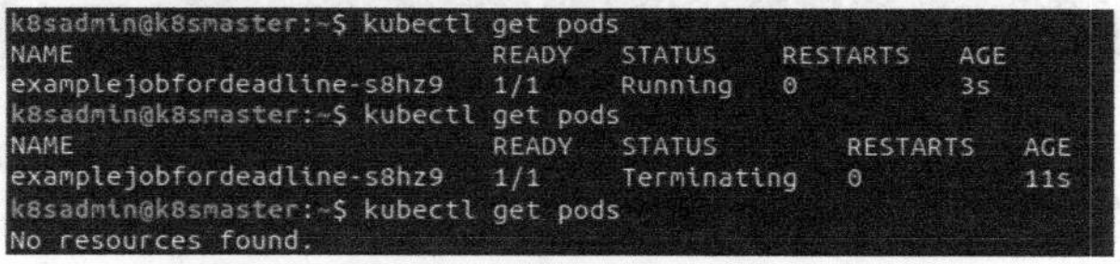

图 5-62　Pod 终止后被删除

5.3.3　CronJob 控制器的基本操作

CronJob 控制器是比 Job 更高级的资源对象。CronJob 控制器基于 Job，并且添加了时间管理功能。通过 CronJob 控制器，可以实现以下类型的 Job。

❑ 在未来的某个指定时间运行一次 Job，例如，某项临时任务。

❑ 周期性地运行 Job，例如，定期备份、发送邮件等。

CronJob 控制器的模板如下所示。

```yaml
apiVersion: batch/v1beta1    #CronJob 控制器目前只存在于 beta1 版本中
kind: CronJob
metadata:
  name: String               #元数据，必填，CronJob 控制器的名字
  namespace: String          #元数据，CronJob 控制器的命名空间
  labels:                    #元数据，标签列表
    key: value               #元数据，可定义多个标签的键/值对
  annotations:               #元数据，自定义注解列表
    key: value               #元数据，可定义多个注解的键/值对
spec:
  schedule: String                     #必填，指定任务运行周期，格式同 Cron
  jobTemplate: [JobTemplate]           #必填，Job 模板
```

5.3 Job 与 CronJob 控制器

```
  startingDeadlineSeconds: int           #启动 Job 的期限（秒）。若执行时间超出期限，Job 将
#被认为是失败的。如果没有指定，则没有期限
  concurrencyPolicy: Allow/Forbid/Replace #如果上一个周期的 Job 未执行完，而下一个周期已开始，
#在这种并发场景下采用的策略。默认为 Allow，允许并发运行 Job；Forbid 表示禁止并发运行，若前一个 Job
#还没有完成则下一个周期会被忽略并不再执行；Replace 表示取消当前正在运行的 Job，用一个新的来替换
  suspend: boolean  #如果设置为 true，而上一个周期的 Job 未执行完成，下一个周期已开始，则后续所有
#执行都会被挂起
  successfulJobsHistoryLimit: int #保留多少条执行成功的 Job 记录。默认为 3
  failedJobsHistoryLimit: int #保留多少条执行失败的 Job 记录。默认为 1
```

首先，定义模板文件，创建一个名为 exampleCronJob.yml 的模板文件。命令如下。

```
$ vim exampleCronJob.yml
```

然后，在文件中填入如下内容并保存。

```
apiVersion: batch/v1beta1
kind: CronJob
metadata:
  name: exampleCronJob
spec:
  schedule: "*/1 * * * *"
  jobTemplate:
    spec:
      template:
        spec:
          restartPolicy: Never
          containers:
          - name: examplejobcontainer
            image: busybox
            imagePullPolicy: IfNotPresent
            command: ['sh', '-c']
            args: ['echo "Start Job!"; sleep 30; echo "Job Done!"']
```

CronJob 控制器目前只存在于 beta1 版本中。CronJob 控制器模板中的 jobTemplate 必须填入 Job 模板，这里引用了之前示例中的 Job 模板。CronJob 控制器的 schedule 设置为"*/1 * * * *"，表示每隔 1min 执行一次。schedule 的设置规则类似于 crontable 的用法，在百度中查询关键字"crontable"，可以了解具体用法。

注意：schedule 给定的间隔一般不应少于该 Job 的执行时间。如果当前 Job 尚未结束，且达到触发时间，则会根据 concurrencyPolicy 中的设置决定并发策略，而它的默认值是 Allow（允许并发运行 Job）。一般情况下问题不大，但如果这种情况大量出现，就会有大量 Job 叠加启动，并发访问系统资源，可能导致系统响应变慢甚至崩溃。

运行以下命令，通过模板创建 CronJob 控制器。

```
$ kubectl apply -f exampleCronJob.yml
```

通过以下命令，可以查看当前正在运行的 CronJob 控制器。

```
$ kubectl get CronJob
```

可以看到，CronJob 控制器已创建。接着对应的 Job 和 Job 下的 Pod 也开始进行创建，任

务开始执行，如图 5-63 所示。

```
k8sadmin@k8smaster:~$ sudo kubectl get cronjob
NAME             SCHEDULE      SUSPEND   ACTIVE   LAST SCHEDULE   AGE
examplecronjob   */1 * * * *   False     1        11s             30s
k8sadmin@k8smaster:~$ sudo kubectl get job
NAME                        COMPLETIONS   DURATION   AGE
examplecronjob-1562410980   0/1           13s        13s
k8sadmin@k8smaster:~$ sudo kubectl get pods
NAME                              READY   STATUS    RESTARTS   AGE
examplecronjob-1562410980-2thlh   1/1     Running   0          14s
```

图 5-63　CronJob、Job 和 Pod 的创建

因为之前设置的是每分钟执行一次，所以在接下来的一分钟，CronJob 控制器会创建一个新的 Job，并执行这个新任务，如图 5-64 所示。

```
k8sadmin@k8smaster:~$ sudo kubectl get cronjob
NAME             SCHEDULE      SUSPEND   ACTIVE   LAST SCHEDULE   AGE
examplecronjob   */1 * * * *   False     1        61s             80s
k8sadmin@k8smaster:~$ sudo kubectl get job
NAME                        COMPLETIONS   DURATION   AGE
examplecronjob-1562410980   1/1           33s        63s
examplecronjob-1562411040   0/1           3s         3s
k8sadmin@k8smaster:~$ sudo kubectl get pods
NAME                              READY   STATUS      RESTARTS   AGE
examplecronjob-1562410980-2thlh   0/1     Completed   0          66s
examplecronjob-1562411040-s75rw   1/1     Running     0          6s
```

图 5-64　新 Job 和 Pod 的创建

由于 `spec.successfulJobsHistoryLimit` 属性默认为 3，因此这个 CronJob 控制器最多只保留最近 3 条执行成功的 Job 历史记录，如图 5-65 所示。其他的 Job 将会被删除。

```
k8sadmin@k8smaster:~$ sudo kubectl get job
NAME                        COMPLETIONS   DURATION   AGE
examplecronjob-1562411160   1/1           32s        3m32s
examplecronjob-1562411220   1/1           32s        2m32s
examplecronjob-1562411280   1/1           32s        92s
examplecronjob-1562411340   0/1           32s        32s
```

图 5-65　最近 3 条执行成功的 Job 历史记录

可以通过以下命令删除 CronJob 控制器。

```
$ kubectl delete CronJob {CronJob 名称}
```

执行删除命令之后，CronJob 控制器下的所有 Job 和 Pod 都会被删除，正在运行的 Pod 会被强制终止，如图 5-66 所示。

```
k8sadmin@k8smaster:~$ sudo kubectl delete cronjob examplecronjob
cronjob.batch "examplecronjob" deleted
k8sadmin@k8smaster:~$ sudo kubectl get pods
NAME                              READY   STATUS        RESTARTS   AGE
examplecronjob-1562411520-95qpl   1/1     Terminating   0          23s
k8sadmin@k8smaster:~$ sudo kubectl get cronjob
No resources found.
k8sadmin@k8smaster:~$ sudo kubectl get job
No resources found.
k8sadmin@k8smaster:~$ sudo kubectl get pods
No resources found.
```

图 5-66　删除 CronJob 控制器后的结果

5.4 其他控制器

ReplicationController 和 ReplicaSet 控制器

在早先版本的 Kubernetes 中，ReplicationController 是最早提供的控制器，后来 ReplicaSet 控制器出现并替代了 ReplicationController，ReplicaSet 控制器跟 ReplicationController 没有本质的不同，只是名字不一样，但 ReplicaSet 控制器支持复合式的选择器（selector）。在 Deployment 控制器出现后，ReplicationController 和 ReplicaSet 控制器都很少再直接使用了。虽然 ReplicationController 和 ReplicaSet 控制器都是基于 Pod 而设计的，增加了水平伸缩功能，提高了可靠性，但它们缺少在其他复杂对象中具有更细粒度的生命周期管理功能。

在当前版本的 Kubernetes 中一般直接创建 Deployment 控制器，且由 Deployment 控制器自动托管 ReplicaSet 控制器，用户无须操心 ReplicaSet 控制器，完全可以当它不存在。

虽然现在一般不再直接使用 ReplicaSet 控制器，但如果要直接使用 ReplicaSet 控制器也可以，其模板定义和 Deployment 控制器的类似，如下所示。

```
apiVersion: apps/v1
kind: ReplicaSet
metadata:
  name: examplereplicaset
spec:
  replicas: 3
  selector:
    matchLabels:
      example: replicasetfornginx
  template:
    metadata:
      labels:
        example: replicasetfornginx
    spec:
      containers:
      - name: nginx
        image: nginx:1.7.9
        ports:
        - containerPort: 80
```

因为直接创建的 ReplicaSet 控制器不能由 Deployment 控制器托管，所以 ReplicaSet 控制器也不具有滚动更新、版本查看和回滚等功能。

StatefulSet 控制器是一种提供排序和唯一性保证的特殊 Pod 控制器。相关内容请参见 7.4 节。

5.5 本章小结

本章讲解了 Kubernetes 中的各个控制器——Deployment 控制器、DaemonSet 控制器、Job 控制器及 CronJob 控制器。本章要点如下。

- Deployment 控制器以 ReplicaSet 控制器为基础，是更高一级的概念，增加了更灵活的生命周期管理功能，如滚动更新和回滚。
- Deployment 控制器会维持指定数量的 Pod 副本，多退少补，时刻保持数量恒定。还可以对副本数量进行动态伸缩。
- Deployment 控制器有两种更新方式，分别为 Recreate 和 RollingUpdate，而 RollingUpdate 更平滑，可以不中断提供的服务。更新过程可以随时暂停或恢复。
- Deployment 控制器的历史记录与回滚其实是基于 ReplicaSet 控制器的，一个版本对应一个 ReplicaSet 控制器。
- DaemonSet 控制器是一种特殊的 Pod 控制器，会在集群的各个节点上运行单一的 Pod 副本。它非常适合部署为节点本身提供服务或执行维护的 Pod。当把 Node 加入集群时，也会自动 Node 它新增一个 Pod。
- Job 控制器可以执行一次性任务、串行式任务和并行式任务。
- 在配置 Job 控制器中 Pod 的 restartPolicy 时，推荐使用 Never 而不是 OnFailure，在出错时使用前者会保留 Pod 现场。
- CronJob 控制器是比 Job 控制器更高级的资源对象。CronJob 控制器基于 Job 控制器，并添加了时间管理功能。

第 6 章　Service 和 Ingress——发布 Pod 提供的服务

Kubernetes 中 Pod 的生命周期是不确定的，它可以创建也可以销毁，一旦销毁，则不复存在。当通过 Deployment 等控制器来运行程序时，所创建的 Pod 会动态创建和销毁。每个 Pod 都有 IP 地址，而这个 IP 地址也是动态生成的。之后在销毁旧 Pod、产生新 Pod 或重启 Pod 时，并不会沿用之前的 IP 地址。这就导致一个问题：如果某些偏向后端应用的 Pod 要为其他偏向前端应用的 Pod 提供服务，前端 Pod 如何找出哪些是正确的后端 Pod 地址并进行引用呢？尤其是当后端提供服务的 IP 地址都不固定时，IP 地址会随着 Pod 的销毁和创建而动态变化。

Kubernetes 中定义了一种名为 Service 的抽象，用于对 Pod 进行逻辑分组，并定义了分组访问策略。这一组 Pod 能够被 Service 访问，通常通过标签选择器（label selector）来确定是哪些 Pod 的。

虽然后端 Pod 可能会发生变化，但前端客户端不需要知道这一点，也不必跟踪后端的变化。通过 Service 可以解耦这种关联。

除此之外，还可以使用 Ingress 来发布服务。Ingress 并不是某种服务类型，可以充当集群的入口。Ingress 支持将路由规则合并到单个资源中，在同一 IP 地址下发布多个服务。

6.1　Service

在 Kubernetes 中，Service 是充当基础内部负载均衡器的一种组件。Service 会将相同功能的 Pod 在逻辑上组合到一起，一般会采用标签选择器进行组合，让它们表现得如同单个实体，如图 6-1 所示。

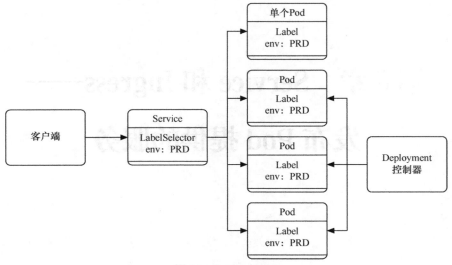

图 6-1　Service 与 Pod

Service 可以发布服务，可以跟踪并路由到所有指定类型的后端容器。内部使用者只需要知道 Service 提供的稳定端点即可进行访问。另外，Service 抽象可以根据需要来伸缩或替换后端的工作单位，无论 Service 具体路由到哪个 Pod，其 IP 地址都保持稳定。通过 Service，我们可以轻松获得服务发现的能力。

Service 可以定义一组 Pod 的访问策略，供 Kubernetes 集群内部使用，或供集群外的机器使用。Service 还可以将集群外所提供的服务抽象化，有组织地给内部 Pod 使用。

和 Pod 一样，在 Kubernetes 中 Service 也属于虚拟网络，只有 Master 节点和 Node 属于实体网络，如图 6-2 所示。Pod 和 Service 的 IP 地址只在 Kubernetes 集群（即 Master 和 Node）内能访问，集群外部的机器是无法访问的。如果要想让外部机器能访问，对于 Pod，可通过之前讲过的将 Pod 映射到 HostPort 上的方法来实现；而对于 Service，通常的办法是配置 NodePort 或 LoadBalancer 的 Service，或者给 Service 配置 ExternalIP，以便将 Service 映射到 Master 或 Node 上，供外部机器访问。

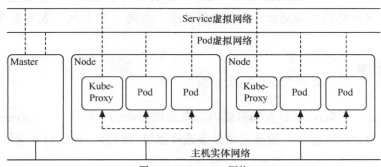

图 6-2　Kubernetes 网络

Service 的模板如下。

```
apiVersion: v1
kind: Service
metadata:         #元数据
  name: string    #Service 的名称
  namespace: string #Service 所属的命名空间
  labels:         #Service 的标签
    - name: string
  annotations:    #Service 的注解
    - name: string
spec:
  selector: []    #标签选择器，将选择具有指定标签的 Pod 作为管理范围
type: string      #Service 的类型，分为 clusterIP、NodePort、LoadBalancer、ExternalName
  clusterIP: string #虚拟服务的地址
  sessionAffinity: string #指定是否支持 session，[ClientIP|None] 表示将同一个客户端的访问请
  #求都转发到同一个后端
  ports:          #Service 需要暴露的端口
  - name: string  #端口名称，区分不同应用的端口
    protocol: string #使用的协议
    port: int     #Service 监听的端口
    targetPort: int #发送到后端应用的端口
    nodePort: int #当 spec.type=NodePort 时，指定映射到物理机的端口
  status:         #当 spec.type=LoadBalancer 时，设置外部负载均衡器的地址
    loadBalancer:
      ingress:
        ip: string    #外部负载的 IP 地址
        hostname: string #外部负载均衡的主机名
```

Service 目前可定义为 5 个大类。通过 spec.type 属性可定义 ClusterIP、NodePort、LoadBalancer、ExternalName 这 4 类 Service，而 ClusterIP 类服务还可以分为普通 Service 和无头 Service 两类，所以总共分为 5 类。它们分别适用于各种向外发布的场景和向内发布的场景。

3 种向外发布的方式分别如下。

- ClusterIP-普通 Service：这是默认方式，使用时可以不填写 spec.type。在 Kubernetes 集群内部发布服务时，会为 Service 分配一个集群内部可以访问的固定虚拟 IP（即 ClusterIP）地址。集群中的机器（即 Master 和 Node）以及集群中的 Pod 都可以访问这个 IP 地址。
- NodePort：这种方式基于 ClusterIP 方式，先生成一个 ClusterIP 地址，然后将这个 IP 地址及端口映射到各个集群机器（即 Master 和 Node）的指定端口上。这样，Kubernetes 集群外部的机器就可以通过"NodeIP:Node 端口"方式访问 Service。
- LoadBalancer：这种方式基于 ClusterIP 方式和 NodePort 方式，除此以外，还会申请使用外部负载均衡器，由负载均衡器映射到各个"NodeIP:端口"上。这样，Kubernetes 集群外部的机器就可以通过负载均衡器访问 Service。

两种向内发布的方式分别如下。

- ❑ ClusterIP-无头 Service（headless service）：这种方式不会分配 ClusterIP 地址，也不通过 kube-proxy 进行反向代理和负载均衡，而是通过 DNS 提供稳定的网络 ID 来进行访问。DNS 会将无头 Service 的后端直接解析为 Pod 的 IP 地址列表。这种类型的 Service 只能在集群内的 Pod 中访问，集群中的机器无法直接访问。这种方式主要供 StatefulSet 使用。
- ❑ ExternalName：和上面提到的 3 种向外发布的方式不太一样，在那 3 种方式中都将 Kubernetes 集群内部的服务发布出去，而 ExternalName 则将外部服务引入进来，通过一定格式映射到 Kubernetes 集群，从而为集群内部提供服务。

在正式开始介绍 Service 之前，我们先创建一个基本的 Deployment 控制器，然后分别用不同的方式创建 Service，将 Deployment 控制器中 Pod 所提供的服务发布出去。

首先，定义模板文件，创建一个名为 exampledeployforservice.yml 的模板文件。命令如下。

```
$ vim exampledeployforservice.yml
```

然后，在文件中填入如下内容并保存。

```
apiVersion: apps/v1
kind: Deployment
metadata:
  name: exampledeployforservice
spec:
  replicas: 3
  selector:
    matchLabels:
      example: exampleforservice
  template:
    metadata:
      labels:
        example: exampleforservice
    spec:
      containers:
      - name: pythonservice
        image: python:3.7
        imagePullPolicy: IfNotPresent
        command: ['sh', '-c']
        args: ['echo "<p>The host is $(hostname)</p>" > index.html; python -m http.server 80']
        ports:
        - name: http
          containerPort: 80
```

该模板会下载"python:3.7"镜像，下载它的目的是搭建服务。在启动容器时，执行 `echo "<p>The host is $(hostname)</p>" > index.html` 命令，将一段 HTML 代码插入 index.html 文件中。这段代码使用 `$(hostname)` 环境变量获取主机名称。对于 Pod 中的容器，获取到的是 Pod 名称，这样在访问 index.html 时就可以知道访问的是哪个 Pod。接下来，通过

python -m http.server 80 命令，搭建一个简单的 Web 服务，并将服务对应的端口改为 80。

各个 Pod 的标签为 "example: exampleforservice"，后续建立 Service 时会用到这个标签。

运行以下命令，通过模板创建 Deployment。

```
$ kubectl apply -f exampledeployforservice.yml
```

Deployment 控制器创建完毕后，先通过 `kubectl get pod -o wide` 命令查看部署情况。可以看到各个 Pod 都已经创建，它们都有自己独立的虚拟 IP 地址，如图 6-3 所示。

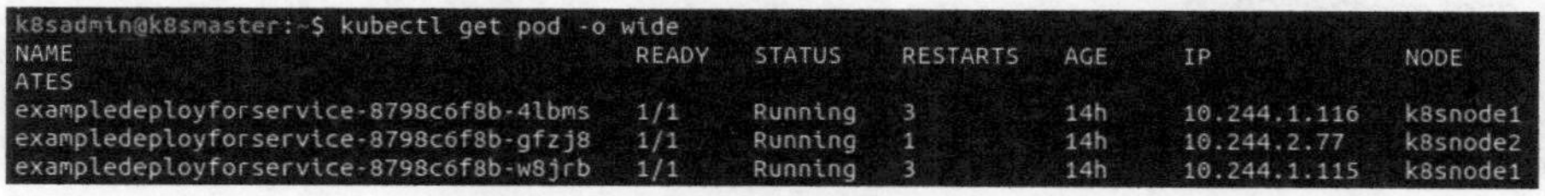

图 6-3　Deployment 控制器下的各个 Pod

我们创建了 3 个 Pod，分别对应于 3 个 IP 地址。以第一个 Pod 为例，因为在这个 Pod 中已经搭建了一个 Web 服务（端口为 80，虚拟 IP 地址为 10.244.1.116），所以通过访问这个地址就可以访问这个 Pod 中的服务，如执行以下命令（由于 80 端口是默认端口，因此端口号可有可无）。

```
$ curl 10.244.1.116
```

执行结果如图 6-4 所示。可以看到服务成功访问，并显示出访问的具体 Pod 名称。

其余两个 Pod 也基于同样的道理，就不一一介绍了。前面已经提过，因为 Pod 的 IP 地址不是固定的，而且直接访问 Pod 的 IP 地址也无法实现负

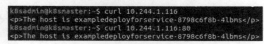

图 6-4　curl 命令的执行结果

载均衡，所以会以 Service 作为入口，提供稳定的 IP 地址及负载均衡功能，供集群内外使用。

基于 Deployment 控制器，接下来会分别介绍这几种发布方式。

6.1.1　向外发布——通过 ClusterIP 发布

通过 ClusterIP 发布是默认发布方式，也是最常见的发布方式。根据是否生成 ClusterIP，又可分为普通 Service 和无头 Service 两类。无头 Service 将在后面介绍，这里先介绍普通 Service。

1. 普通 Service

通过普通 Service，在 Kubernetes 集群内部发布服务，并且会为 Service 分配一个在集群内部可以访问的固定虚拟 IP（即 ClusterIP）地址。可以在集群内部的机器（即 Master 和 Node）上通过 ClusterIP 地址访问服务，也可以在 Pod 中通过 ClusterIP 地址访问服务，但集群外部的机器无法访问服务。

我们创建一个简单的 Service。首先，定义模板文件，创建一个名为 exampleclusteripservice.yml 的模板文件。命令如下。

```
$ vim exampleclusteripservice.yml
```

然后，在文件中填入如下内容并保存。

```yaml
kind: Service
apiVersion: v1
metadata:
  name: exampleclusteripservice
spec:
  selector:
    example: exampleforservice
  ports:
    - protocol: TCP
      port: 8080
      targetPort: 80
  type: ClusterIP
```

这里介绍一下它的主要属性。

- `type` 表示 Service 的类型。该 Service 的类型为 ClusterIP，可以通过 `spec.clusterIP` 属性自定义 ClusterIP 虚拟地址，但在本例中没有设置这个属性，Kubernetes 会随机分配一个 ClusterIP 虚拟地址。
- `selector` 表示标签选择器。Service 会寻找匹配 "example: exampleforservice" 的所有 Pod，并将它们组织到一个 Service 中。之前我们已经创建了 3 个这样的 Pod。
- `ports` 表示 Service 发布端口的设置。
  - `protocol` 表示使用的协议。
  - `port` 表示 Service 对外提供的端口，可以通过 "ClusterIP:端口" 访问服务。
  - `targetPort` 表示对应的后端应用（即 Pod）的端口。

运行以下命令，通过模板创建 Service。

```
$ kubectl apply -f exampleclusteripservice.yml
```

Service 创建成功后，可以通过以下命令查看 Service。

```
$ kubectl get service
```

查询结果如图 6-5 所示。可以看到，Service 已成功创建，自动生成的 ClusterIP 虚拟地址为 10.103.64.219，端口为 8080。可以通过 10.103.64.219:8080 访问各个 Pod 所提供的服务。

图 6-5 查询结果

接下来进行试验，多次执行 `curl 10.103.64.219:8080` 命令，查看访问结果，如图 6-6 所示。

可以看到，通过 "ClusterIP:端口" 可以成功访问各个 Pod 上的 Web 服务，无须关注具体的 Pod 地址。另外，Service 已经实现了负载均衡功能，访问时会按比例随机分配到 3 个 Pod 中的 1 个。

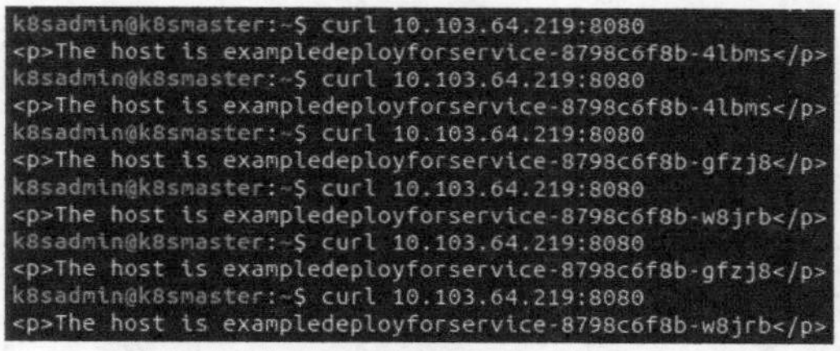

6.1 Service

```
k8sadmin@k8smaster:~$ curl 10.103.64.219:8080
<p>The host is exampledeployforservice-8798c6f8b-4lbms</p>
k8sadmin@k8smaster:~$ curl 10.103.64.219:8080
<p>The host is exampledeployforservice-8798c6f8b-4lbms</p>
k8sadmin@k8smaster:~$ curl 10.103.64.219:8080
<p>The host is exampledeployforservice-8798c6f8b-gfzj8</p>
k8sadmin@k8smaster:~$ curl 10.103.64.219:8080
<p>The host is exampledeployforservice-8798c6f8b-w8jrb</p>
k8sadmin@k8smaster:~$ curl 10.103.64.219:8080
<p>The host is exampledeployforservice-8798c6f8b-gfzj8</p>
k8sadmin@k8smaster:~$ curl 10.103.64.219:8080
<p>The host is exampledeployforservice-8798c6f8b-w8jrb</p>
```

图 6-6 多次执行 curl 命令的结果

通过以下命令可以查看 Service 的具体信息。

```
$ kubectl describe service {Service 名称}
```

在本例中使用了 kubectl describe service exampleclusteripservice 命令，可以看到这个 Service 的各个信息，如图 6-7 所示。其中最重要的信息是 Endpoints 属性，可以看到这里列出了所有 Pod 的 IP 地址与公布的端口。当调用 Service 时，会按比例随机转发到 Endpoints 后面列出的一个地址上面。

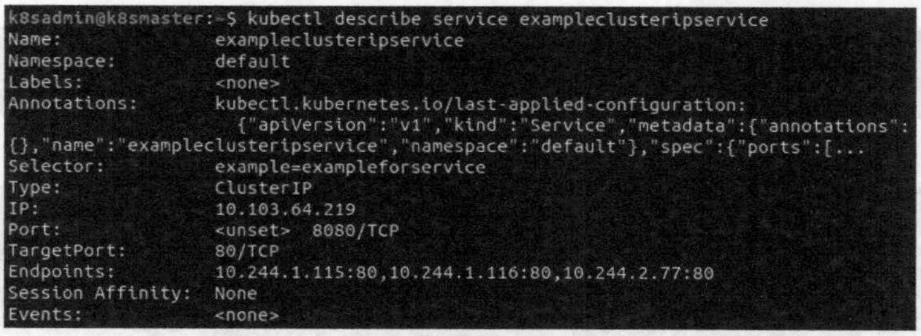

```
k8sadmin@k8smaster:~$ kubectl describe service exampleclusteripservice
Name:              exampleclusteripservice
Namespace:         default
Labels:            <none>
Annotations:       kubectl.kubernetes.io/last-applied-configuration:
                     {"apiVersion":"v1","kind":"Service","metadata":{"annotations":
{},"name":"exampleclusteripservice","namespace":"default"},"spec":{"ports":[...
Selector:          example=exampleforservice
Type:              ClusterIP
IP:                10.103.64.219
Port:              <unset>  8080/TCP
TargetPort:        80/TCP
Endpoints:         10.244.1.115:80,10.244.1.116:80,10.244.2.77:80
Session Affinity:  None
Events:            <none>
```

图 6-7 Service 的详情

2. Service 访问及负载均衡原理

为什么在给这 3 个 Pod 设置了 Service 以后，就可以实现负载均衡了呢？在每个节点中都有一个叫作 kube-proxy 的组件，这个组件识别 Service 和 Pod 的动态变化，并将变化的地址信息写入本地的 IPTables 中。而 IPTables 使用 NAT 等技术将 virtualIP 的流量转至 Endpoint。默认情况下，Kubernetes 使用的是 IPTables 模式，如图 6-8 所示。

我们可以进入任意一台 Kubernetes 机器（Master 或者 Node），运行以下命令查看 IPTables 的配置。

```
$ sudo iptables -L -v -n -t nat
```

执行结果非常长，先找到刚刚配置的 exampleclusteripservice（10.103.64.219）的条目，然后可以找到名为 KUBE-SVC-UCMG6W5CGJ5DCJCD 的链（chain），如图 6-9 所示。

接着继续追踪，找到 KUBE-SCV-UCMG6W5CGJ5DCJCD 的详细信息。可以发现，它由 3 条链组成，如图 6-10 所示。这 3 条链分别代表这个 Service 对应的 3 个 Pod。可以看到每条链都有对应的数字，表示被转发的概率。第一个 Pod 对应的数字为 0.33332999982，表示有 1/3 的概率被访问。第二个 Pod 对应的数字为 0.50000000000，表示在剩下的 2/3 的概率中，有一半的概率被访问，即有 1/3 的概率被访问。最后一个 Pod 没有数字，表示剩下的概率，即有 1/3 的概率被访问。通过这样的方式，流量就会均分到 3 个 Pod。

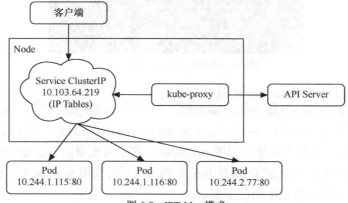

图 6-8　IPTables 模式

图 6-9　名为 KUBE-SVC-UCMG6W5CGJ5DCJCD 的链

图 6-10　Pod 相关的链设置

在上面的信息中，我们并没有找到与 Pod 的 IP 地址相关的信息。接着往下挖掘，第一个 Pod 的链名称为 KUBE-SEP-M2YTIOBKAJNUGWB7，在输出的信息中查找这个链。找到后可以发现，其 source 为 10.244.1.116，正是对应 Pod 的 IP 地址，如图 6-11 所示。其余两个 Pod 同理。

图 6-11　其中一个 Pod 的链设置详情

6.1.2　向外发布——通过 NodePort 发布

通过 NodePort 发布的方式基于通过 ClusterIP 发布的方式，先生成一个 ClusterIP，然后将这个虚拟 IP 地址及端口映射到各个集群机器（即 Master 和 Node）的指定端口上，这样，Kubernetes 集群外部的机器就可以通过"NodeIP:端口"方式访问 Service。

之前已经提到过，ClusterIP 本身已经提供了负载均衡功能，所以在 NodePort 模式下，不管访问的是集群中的哪台机器，效果都是一模一样的。也就是说，都先由某台机器通过映射关系转发到 ClusterIP，然后由 ClusterIP 通过比例随机算法转发到对应 Pod。

为了创建一个简单的 NodePort Service，首先，定义模板文件，创建一个名为 examplenodeportservice.yml 的模板文件。命令如下。

```
$ vim examplenodeportservice.yml
```

然后，在文件中填入如下内容并保存。

```
kind: Service
apiVersion: v1
metadata:
  name: examplenodeportservice
spec:
  selector:
    example: exampleforservice
  ports:
    - protocol: TCP
      port: 8080
      targetPort: 80
      nodePort: 30001
  type: NodePort
```

和之前示例不太一样的是，除了更改 type 属性之外，这里还添加了 nodePort: 30001 属性，它表示将 ClusterIP 及 port 属性（本例中为 port:8080）映射到集群中各个机器的 30001 端口上，这样可以通过“NodeIP:端口”访问 Service。

提示：nodeport 的取值范围为 30000～32767。

运行以下命令，通过模板创建 Service。

```
$ kubectl apply -f examplenodeportservice.yml
```

Service 创建成功后，可以通过以下命令查看 Service。

```
$ kubectl get service
```

查询结果如图 6-12 所示。可以看到，相对于之前示例中创建的 Service，NodePort Service 会自动设置 CLUSTER-IP 属性（取决于是否自定义了 spec.clusterIP），而 PORT(S) 属性也和其他 Service 有所区别，这里为 8080:30001/TCP，类似于之前提到的映射关系。

```
k8sadmin@k8smaster:~$ kubectl get service
NAME                         TYPE        CLUSTER-IP      EXTERNAL-IP   PORT(S)          AGE
exampleclusteripservice      ClusterIP   10.103.64.219   <none>        8080/TCP         14h
exampleheadlessservice       ClusterIP   None            <none>        8080/TCP         135m
examplenodeportservice       NodePort    10.110.114.52   <none>        8080:30001/TCP   8s
```

图 6-12　查询结果

当然，由于 NodePort 方式会基于 ClusterIP 方式，因此在集群内部还是可以通过 ClusterIP 进行端口访问的，如图 6-13 所示。

```
k8sadmin@k8smaster:~$ curl 10.110.114.52:8080
<p>The host is exampledeployforservice-8798c6f8b-w8jrb</p>
```

图 6-13　使用 ClusterIP 进行访问

现在已经可以通过集群外部的机器使用“NodeIP:端口”方式访问 Service 了。我们进行测试，通过集群外的机器打开浏览器，分别访问 Master（本例中为 192.168.100.100:30001），以及各个 Node（本例中为 192.168.100.101～

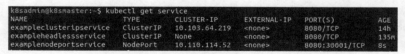

102:30001），访问结果如图 6-14 所示。

图 6-14　外部机器的访问结果

可以看到外部机器已经能成功访问 Service。

6.1.3　向外发布——通过 LoadBalancer 发布

LoadBalancer 方式基于 ClusterIP 方式和 NodePort 方式来创建服务，除此以外，还会申请使用外部负载均衡器，由负载均衡器映射到各个"NodeIP:端口"上。这样，Kubernetes 集群外部的机器就可以通过负载均衡器访问 Service。

以下的 yaml 示例中，通过设置 LoadBalancer 映射到云服务商提供的 LoadBalancer 地址，以请求底层云平台创建一个负载均衡器，并将每个 Node 作为后端进行服务分发。该模式需要底层云平台（如 GCE）的支持。

```
apiVersion: v1
kind: Service
metadata:
  name: my-service
spec:
  selector:
    app: MyApp
  ports:
  - protocol: TCP
    port: 80
    targetPort: 9376
    nodePort: 30061
  clusterIP: 10.0.171.12
  loadBalancerIP: 78.11.42.19
  type: loadBalancer
status:
  loadBalancer:
    ingress:
    - ip: 146.147.12.155    #这个是云服务商提供的负载 IP
```

然而，Kubernetes 没有为私有集群提供网络负载均衡器（类型为 LoadBalancer 的 Service）的实现。如果你的 Kubernetes 集群没有在公有云的 IaaS 平台（GCP、AWS、Azure 等）上运行，则 LoadBalancer 将在创建时无限期地处于“Pending”状态。也就是说，只有公有云厂商的 Kubernetes 支持 LoadBalancer。

我们只能寻求其他方式。在本书中使用的是 MetalLB，它为不在公有云平台上运行的私有 Kubernetes 集群提供网络负载均衡器实现，从而有效地在任何集群中使用 LoadBalancer Service。

目前 MetalLB 还处于测试阶段，有兴趣的读者可以访问其官网来了解详情。

MetalLB 会在 Kubernetes 内运行，监控服务对象的变化。一旦察觉有新的 LoadBalancer Service 在运行，并且没有可申请的负载均衡器之后，就会完成以下两部分工作。

- ❑ 地址分配：MetalLB 将会把在用户配置的地址池中选取的地址分配给 Service。
- ❑ 地址广播：根据不同配置，MetalLB 会以二层（ARP/NDP）或者 BGP 方式进行地址广播。

MetalLB 的原理如图 6-15 所示。

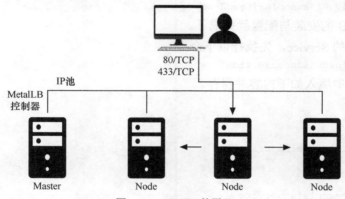

图 6-15　MetalLB 的原理

首先，为了安装 MetalLB，直接执行以下命令即可。

```
$  kubectl apply -f
https://raw.githubusercontent.com/google/metallb/v0.7.3/manifests/metallb.yaml
```

MetalLB 的相关资源都会安装到 metallb-system 这个命名空间（namespace）下。配置生效后，可以通过`$ kubectl get pods -n metallb-system`命令进行查看。查询结果如图 6-16 所示，其中包含一个名为“controller”的 Deployment 控制器和一个名为“speaker”的 DaemonSet 控制器。

```
k8sadmin@k8smaster:~$ kubectl get pods -n metallb-system
NAME                         READY   STATUS    RESTARTS   AGE
controller-cd8657667-sz6cq   1/1     Running   2          23h
speaker-9h8dn                1/1     Running   2          23h
speaker-rcd4m                1/1     Running   1          23h
```

图 6-16　metallb-system 下的 Pod

然后，还需要创建一个配置文件发送给 MetalLB，以提供对应的集群 IP 地址及相关协议配置。

接下来，可以通过以下命令获取一个 Config 示例文件。

```
wget $ https://raw.githubusercontent.com/google/metallb/v0.7.3/manifests/example-layer2-
config.yaml
```

接下来，编辑地址池，以把自己的集群地址配置进去。

```
apiVersion: v1
kind: ConfigMap
metadata:
  namespace: metallb-system
  name: config
data:
  config: |
    address-pools:
    - name: my-ip-space
      protocol: layer2
      addresses:
      - 192.168.100.100-192.168.100.102
```

接下来，执行以下命令，让配置生效。

```
$ kubectl apply -f example-layer2-config.yaml
```

此时，MetalLB 的安装与配置就完成了。

为了创建对应的 Service，先执行以下命令。

```
$ vim exampleloadbalancerservice
```

然后，在文件中填入如下内容并保存。

```
kind: Service
apiVersion: v1
metadata:
  name: exampleloadbalancerservice
spec:
  selector:
    example: exampleforservice
  ports:
    - protocol: TCP
      port: 8080
      targetPort: 80
  type: LoadBalancer
```

运行以下命令，通过模板创建 Service。

```
$ kubectl apply -f exampleloadbalancerservice.yml
```

Service 创建成功后，可以通过以下命令查看 Service。

```
$ kubectl get service
```

查询结果如图 6-17 所示。因为 LoadBalancer 类型的 Service 也基于 ClusterIP（10.99.85.203:8080）和 NodePort（NodeIP:32053），所以也可以通过这两种形式来访问。除此之外，Service 还有一个 EXTERNAL-IP 地址，这个 IP 地址就是 LoadBalancer 对外的 IP 地址，可以由外部机器访问。

因为在 Service 创建时 `spec.ports.port` 属性为 8080，所以 LoadBalancer 的端口为 8080。

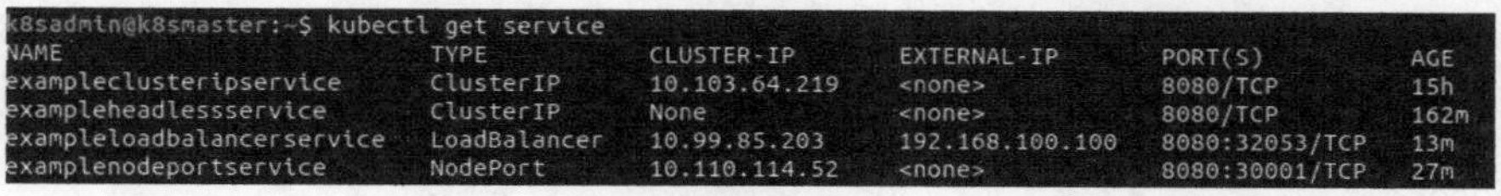

图 6-17　查询结果

对于这个 Service，可以通过 ClusterIP 方式进行访问，也可以通过 NodePort 方式进行访问。通过 NodePort 方式访问的结果如图 6-18 所示。

在本例中，因为 LoadBalancer 的对外 IP 为 192.168.100.100，端口为 8080，所以外部机器也可以通过 LoadBalancer 地址进行访问。打开浏览器访问 192.168.100.100:8080，结果如图 6-19 所示。

图 6-18　通过 NodePort 方式访问的结果

图 6-19　通过 LoadBalancer 方式访问的结果

6.1.4　向内发布——通过无头 Service

无头 Service（headless service）是一种特殊的 Service 类型。通过无头 Service 发布，不会分配任何 ClusterIP 地址，也不通过 kube-proxy 进行反向代理和负载均衡。无头 Service 是通过 DNS 提供稳定的网络 ID 来进行访问的，DNS 会将无头 Service 的后端直接解析为 Pod 的 IP 地址列表，通过标签选择器将后端的 Pod 列表返回给调用的客户端。

这种类型的 Service 只能在集群内的 Pod 中访问，集群内的机器（即 Master 和 Node）无法直接访问，集群外的机器也无法访问。无头 Service 主要供 StatefulSet 使用。

因为无头 Service 不提供负载均衡功能，也没有单独的 Service IP 地址，所以开发人员可以自己控制负载均衡策略，降低与 Kubernetes 系统的耦合性。

为了创建一个简单的 Service，首先，定义模板文件，创建一个名为 exampleheadlessservice.yml 的模板文件。命令如下。

```
$ vim exampleheadlessservice.yml
```

然后，在文件中填入如下内容并保存。

```
kind: Service
apiVersion: v1
metadata:
  name: exampleheadlessservice
spec:
  selector:
    example: exampleforservice
  clusterIP: None
  ports:
    - protocol: TCP
      port: 8080
      targetPort: 80
  type: ClusterIP
```

和上一个示例不同的是，这里指定了一个属性 clusterIP: None，它表示不分配任何虚拟 IP 地址。

接下来，运行以下命令，通过模板创建 Service。

```
$ kubectl apply -f exampleheadlessservice.yml
```

Service 创建成功后，可以通过以下命令查看 Service。

```
$ kubectl get service
```

查询结果如图 6-20 所示。可以看到，相对于上一个示例中创建的 Service，无头 Service 的 CLUSTER-IP 属性为 None，即无法通过 IP 地址访问。

图 6-20　查询结果

由于这个 Service 无法由集群内外的机器直接访问，因此只能由 Pod 访问，而且需要通过 DNS 形式进行访问。具体访问形式为{ServiceName}.{Namespace}.svc.{ClusterDomain}，其中 svc 是 Service 的缩写（固定格式）；ClusterDomain 表示集群域，本例中默认的集群域为 cluster.local；前面两段文字则是根据 Service 定义决定的，这个例子中 ServiceName 为 exampleheadlessservice，而 Namespace 没有在 yml 文件中指定，默认值为 Default。

为了访问这个地址，先创建一个测试用的 Pod，用它来尝试访问 Service。命令如下。

```
$ vim examplepodforheadlessservice.yml
```

然后，在文件中填入如下内容并保存。

```
apiVersion: v1
kind: Pod
metadata:
  name: examplepodforheadlessservice
spec:
  containers:
  - name: testcontainer
    image: docker.io/appropriate/curl
```

```
imagePullPolicy: IfNotPresent
command: ['sh', '-c']
args: ['echo "test pod for headless service!"; sleep 3600']
```

这个 Pod 并没有什么特别之处，其镜像为 `appropriate/curl`。该 Pod 是一种工具箱，里面存放了一些测试网络和 DNS 使用的工具（例如，curl 和 nslookup 等），正好用于测试现在的 Service。执行 `sleep 3600` 命令，可让该容器长期处于运行状态。

接下来，运行以下命令，通过模板创建 Pod。

```
$ kubectl apply -f examplepodforheadlessservice.yml
```

Pod 创建完成后，通过以下命令进入 Pod 内部，就可以在 Pod 内部执行命令行了。

```
$ kubectl exec -ti examplepodforheadlessservice -- /bin/sh
```

进入容器内部后，可以执行 `nslookup` 命令查询 DNS 信息，获得 DNS 下面的 IP 列表。之前已经提到，Kubernetes 中的 DNS 资源访问方式为 `{ServiceName}.{Namespace}.svc.{ClusterDomain}`，所以本例中的具体命令如下。

```
$ nslookup exampleheadlessservice.default.svc.cluster.local
```

查询结果如图 6-21 所示。可以看到，一共返回 3 个 IP 地址，这些 IP 地址正是之前创建的各个 Pod 的 IP 地址。每个 IP 地址还有对应的独有域名（如 `10-244-1-116.exampleheadlessservice.default.svc.cluster.local`），因为 IP 地址不是固定的，所以这些独有域名没有任何作用。

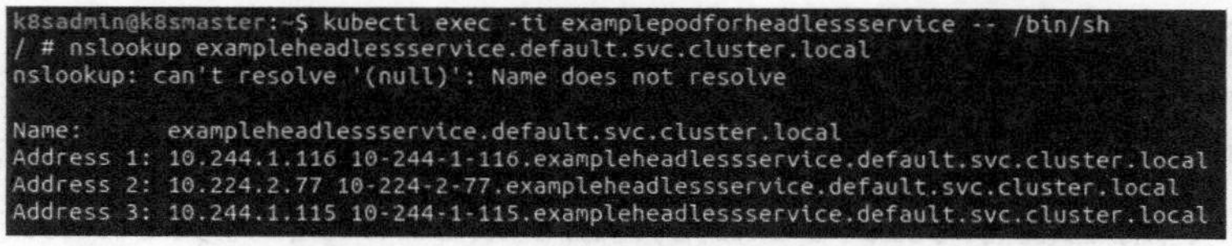

图 6-21　nslookup 命令的查询结果

可以通过 `crul` 命令来测试可访问性。执行以下命令测试是否可以访问 Pod 上的 Web 服务。

```
$ crul exampleheadlessservice.default.svc.cluster.local
```

执行结果如图 6-22 所示。可以看到，Pod 上的 Web 服务可以成功访问。

图 6-22　crul 命令的执行结果

除了直接调用该域名访问服务之外，还可以通过解析域名并根据自定义需求来决定具体要访问哪个 Pod 的 ID 地址。这种方式更适用于由 StatefulSet 产生的有状态 Pod。

6.1.5　向内发布——通过 ExternalName

最后一种发布方式是通过 ExternalName。向外发布方式都将 Kubernetes 集群内部的服务发布出去，而 ExternalName 恰恰相反，将外部服务引入进来，通过一定格式映射到 Kubernetes 集群，从而为集群内部提供服务。

也就是说，ExternalName 类型的 Service 没有选择器，也没有定义任何的端口和端点。相反，对于运行在集群外部的服务，通过返回外部服务别名这种方式来提供服务。

为了创建一个这样的 Service 示例，首先定义模板文件，创建一个名为 exampleexternalnameservice.yml 的模板文件。命令如下。

```
$ vim exampleexternalnameservice.yml
```

然后，在文件中填入如下内容并保存。

```
apiVersion: v1
kind: Service
metadata:
  name: exampleexternalnameservice
spec:
  type: ExternalName
  externalName: www.baidu.com
```

ExternalName 类型的 Service 所需要的属性很简单，只需要指定 type，并通过 ExternalName 引入外部服务的地址即可，这里直接将百度的网址引入进来。

运行以下命令，通过模板创建 Service。

```
$ kubectl apply -f exampleexternalnameservice.yml
```

Service 创建成功后，可以通过以下命令查看 Service。

```
$ kubectl get service
```

查询结果如图 6-23 所示。可以看到，这个 Service 非常特殊，没有 CLUSTER-IP，就像无头 Service 一样，同时也没有对应的 PORT(S)。由于该 Service 和无头 Service 类似，因此如果需要访问，需要在 Pod 内通过 DNS 解析方式进行访问。

```
k8sadmin@k8smaster:~$ kubectl get service
NAME                         TYPE           CLUSTER-IP      EXTERNAL-IP     PORT(S)     AGE
exampleclusteripservice      ClusterIP      10.103.64.219   <none>          8080/TCP    15h
exampleexternalnameservice   ExternalName   <none>          www.baidu.com   <none>      2s
exampleheadlessservice       ClusterIP      None            <none>          8080/TCP    179m
```

图 6-23　查询结果

在之前的示例中，我们已经创建了一个专门用于测试 Service 的 Pod，现在继续使用它，通过以下命令进入 Pod 内部，在 Pod 内部执行命令行。

```
$ kubectl exec -ti examplepodforheadlessservice -- /bin/sh
```

进入容器内部后，可以执行 nslookup 命令，查询 DNS 信息，获得这个 DNS 下面的 IP 地址列表。之前已经提到，Kubernetes 中的 DNS 资源访问方式为{ServiceName}.{Namespace}.svc.{ClusterDomain}，所以本例中的具体命令如下。

```
$ nslookup exampleexternalnameservice.default.svc.cluster.local
```

执行结果如图 6-24 所示，一共解析出两个 IP 地址。其具体访问方式和无头 Service 几乎一致，这里不再赘述。

```
k8sadmin@k8smaster:~$ kubectl exec -ti examplepodforheadlessservice -- /bin/sh
/ # nslookup exampleexternlnameservice.default.svc.cluster.local
nslookup: can't resolve '(null)': Name does not resolve

Name:      exampleexternalnameservice.default.svc.cluster.local
Address 1: 180.97.33.108
Address 2: 180.97.33.107
```

图 6-24　执行结果

这两个 IP 地址其实就是百度的访问地址，也可以直接执行 `nslookup www.baidu.com` 命令查看。可以发现解析出的 IP 地址和上面是一样的，如图 6-25 所示。

```
/ # nslookup www.baidu.com
nslookup: can't resolve '(null)': Name does not resolve

Name:      www.baidu.com
Address 1: 180.97.33.107
Address 2: 180.97.33.108
```

图 6-25　百度网址的解析结果

在本例中，一共有两个 IP 地址。因为二者是百度的网址，所以这两个地址也是可以直接用浏览器访问的，如图 6-26 所示。

图 6-26　通过 IP 地址访问的结果

6.1.6　服务发现

Kubernetes 支持两种基本的服务发现模式——通过环境变量和通过 DNS。通过这两种方式，可以在 Pod 中发现这些服务。

1．环境变量

如果配置了 Kubernetes Service，对于之后在 Node 上运行的任何 Pod，kubelet 都会把与这些 Service 相关的环境变量配置到各个 Pod 中。

在配置的这些环境变量中，`{ServiceName}_SERVICE_HOST` 和 `{ServiceName}_SERVICE_PORT` 格式的变量表示 Kubernetes Service 的环境变量（`{ServiceName}` 全转换为大写，横线转换为下划线），而其他类型格式则是 Docker Link 形式的环境变量。

之前我们已经创建了专用于测试 Service 的 Pod，可以通过以下命令进入 Pod 内部，以便在 Pod 内执行命令行。

```
$ kubectl exec -ti examplepodforheadlessservice -- /bin/sh
```

进入 Pod 后，执行以下命令。

```
$ printenv | grep EXAMPLE
```

该命令的作用是查询所带"EXAMPLE"关键字的环境变量，之前我们所创建的所有 Service 都有这个前缀。命令执行结果如图 6-27 所示，可以看到与各个 Service 相关的环境变量已经注入 Pod 当中。

```
k8sadmin@k8smaster:~$ kubectl exec -ti examplepodforheadlessservice -- /bin/sh
/ # printenv | grep EXAMPLE
EXAMPLECLUSTERIPSERVICE_PORT=tcp://10.103.64.219:8080
EXAMPLECLUSTERIPSERVICE_SERVICE_PORT=8080
EXAMPLELOADBALANCERSERVICE_PORT=tcp://10.99.85.203:8080
EXAMPLELOADBALANCERSERVICE_SERVICE_PORT=8080
EXAMPLENODEPORTSERVICE_PORT_8080_TCP=tcp://10.110.114.52:8080
EXAMPLECLUSTERIPSERVICE_PORT_8080_TCP=tcp://10.103.64.219:8080
EXAMPLELOADBALANCERSERVICE_PORT_8080_TCP=tcp://10.99.85.203:8080
EXAMPLENODEPORTSERVICE_PORT_8080_TCP_ADDR=10.110.114.52
EXAMPLENODEPORTSERVICE_SERVICE_HOST=10.110.114.52
EXAMPLECLUSTERIPSERVICE_PORT_8080_TCP_ADDR=10.103.64.219
EXAMPLECLUSTERIPSERVICE_SERVICE_HOST=10.103.64.219
EXAMPLENODEPORTSERVICE_PORT_8080_TCP_PORT=8080
EXAMPLELOADBALANCERSERVICE_SERVICE_HOST=10.99.85.203
EXAMPLELOADBALANCERSERVICE_PORT_8080_TCP_ADDR=10.99.85.203
EXAMPLENODEPORTSERVICE_PORT_8080_TCP_PROTO=tcp
EXAMPLECLUSTERIPSERVICE_PORT_8080_TCP_PORT=8080
EXAMPLELOADBALANCERSERVICE_PORT_8080_TCP_PORT=8080
EXAMPLECLUSTERIPSERVICE_PORT_8080_TCP_PROTO=tcp
EXAMPLENODEPORTSERVICE_PORT=tcp://10.110.114.52:8080
EXAMPLELOADBALANCERSERVICE_PORT_8080_TCP_PROTO=tcp
EXAMPLENODEPORTSERVICE_SERVICE_PORT=8080
/ #
```

图 6-27 Pod 中设置的环境变量

这种方式存在一定的局限性。它要求按一定的顺序执行，即先创建 Service，之后创建的 Pod 才会有这些环境变量，否则环境变量不会有值（除非重启）。除此以外，还要求 Service 和 Pod 在同一命名空间中，其他命名空间中的变量不会配置到 Pod 中。

2. DNS

另外一种方式是推荐的方式，即通过 Kubernetes 集群内部的 DNS 配置来发现这些服务。在创建 Service 时，会生成与之相关的 DNS 配置。这些都是由 kube-dns 组件来完成的。

之前在介绍无头 Service 时已经用这种方式进行访问过，其具体格式如下。

```
{ServiceName}.{Namespace}svc.{ClusterDomain}
```

各个动态字段的配置说明如下。

- ❑ `ServiceName`：创建 Service 时的 `Name` 属性。
- ❑ `Namespace`：创建 Service 时的 `Namespace` 属性，如果没有设置，默认值为 Default。
- ❑ `ClusterDomain`：集群的域名，默认的集群域为 cluster.local。

对于普通 Service 和无头 Service，DNS 的解析会略有区别。

先以无头 Service 为例。在解析 DNS 时，会直接将其解析为相关 Pod 的 IP 地址及 Pod 域名列表，以便客户端通过自己的规则动态地使用这些地址，如图 6-28 所示。

图 6-28　无头 Service 解析 DNS 的结果

而对于普通 Service，在解析 DNS 时会将其解析为 Service 的 ClusterIP 地址，不会直接获取 Pod 的各个地址，如图 6-29 所示。

图 6-29　对于普通 Service，解析 DNS 的结果

6.1.7　其他配置方式

1. 未设置选择器的 Service

Service 是对 Pod 进行访问时最常用的抽象，还可以在以下情况下抽象其他类型的后端。
- 如果希望在生产环境中使用外部数据库，但在测试环境中使用自己的数据库。
- 将服务指向不同命名空间下的服务，或者其他集群中的服务。
- 正在做 Kubernetes 迁移，计划将一部分工作负载迁移到 Kubernetes，但现在正在评估，只打算先运行一部分。

在这些情况下，都可以使用没有设置选择器的 Service，并自定义 Endpoint 类型。

为了举例说明，首先，通过 `$ vim examplenoselectorservice.yml` 命令创建模板文件。

然后，在文件中填入如下内容并保存。

```
kind: Service
apiVersion: v1
metadata:
  name: examplenoselectorservice
spec:
  ports:
    - protocol: TCP
```

```
      port: 8080
      targetPort: 80
```

可以发现，这个 Service 里面没有关于选择器的配置，无法与 Pod 产生关联。

运行以下命令，通过模板创建 Service。

```
$ kubectl apply -f examplenoselectorservice.yml
```

Service 创建成功后，可以通过以下命令查看 Service。

```
$ kubectl get service
```

查询结果如图 6-30 所示，这看上去和普通 Service 好像没什么两样。

图 6-30　查询结果

此时，可以使用 `$ kubectl describe service examplenoselectorservice` 命令查看 Service 的详细信息。可以发现此时 Endpoints 属性为<none>，即没有任何设置，如图 6-31 所示。

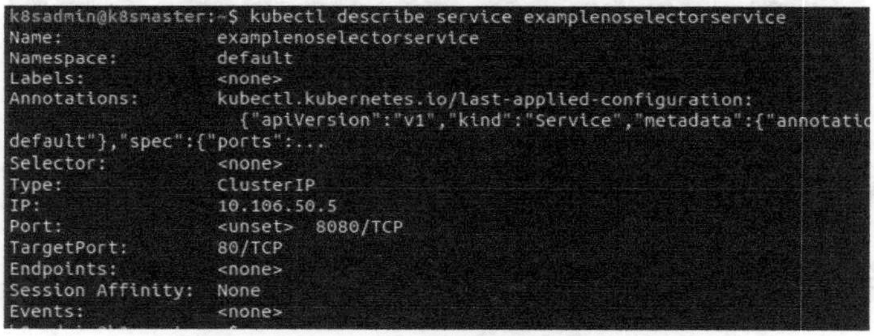

图 6-31　Service 的详细信息

如果此时通过 ClusterIP 与端口方式访问 Service，可以发现无法连接，如图 6-32 所示。

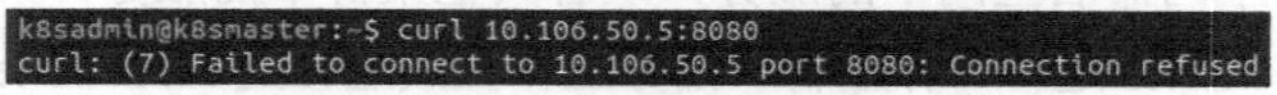

图 6-32　curl 命令的执行结果

接着，创建 Endpoints，让它与刚才创建的 Service 产生关联。

接下来，通过 `$ vim examplenoselectorendpoint.yml` 命令创建模板文件。

接下来，在文件中填入如下内容并保存。

```
kind: Endpoints
apiVersion: v1
metadata:
  name: examplenoselectorservice
subsets:
  - addresses:
      - ip: 10.244.1.116
    ports:
      - port: 80
```

这里的 IP 地址和 port 可以设置为 Kubernetes 集群内 Pod 的 IP 地址和端口，也可以是 Node 的 IP 地址和端口，甚至可以配置成外部集群或外网的 IP 地址和端口。这非常灵活，可根据需要配置。这里配置的是 10.244.1.116:80，是之前示例中设置的 Pod 的 IP 地址和端口。

注意，这里 Endpoints 的 `name` 属性需要和 Service 保持一致，否则无法关联。在本例中，它们的名称都是 examplenoselectorservice。

运行以下命令，通过模板创建 Endpoints。

```
$ kubectl apply -f examplenoselectorservice.yml
```

此时再使用 `kubectl describe service examplenoselectorservice` 命令，查看 Service 的详细信息，可以发现此时 Endpoints 已经有信息了，其值为 10.244.1.116:80，如图 6-33 所示。

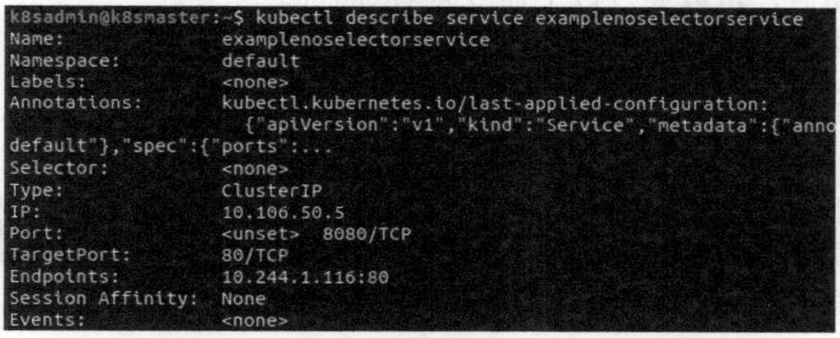

```
k8sadmin@k8smaster:~$ kubectl describe service examplenoselectorservice
Name:              examplenoselectorservice
Namespace:         default
Labels:            <none>
Annotations:       kubectl.kubernetes.io/last-applied-configuration:
                     {"apiVersion":"v1","kind":"Service","metadata":{"anno
default"},"spec":{"ports":...
Selector:          <none>
Type:              ClusterIP
IP:                10.106.50.5
Port:              <unset>  8080/TCP
TargetPort:        80/TCP
Endpoints:         10.244.1.116:80
Session Affinity:  None
Events:            <none>
```

图 6-33　更新 Endpoints 后的 Service 详细信息

此时如果再通过 ClusterIP 加端口的方式访问 Service，可以看到已经成功访问 Pod 提供的服务，如图 6-34 所示。

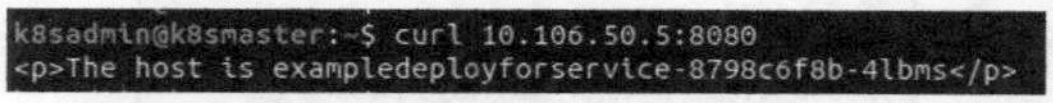

```
k8sadmin@k8smaster:~$ curl 10.106.50.5:8080
<p>The host is exampledeployforservice-8798c6f8b-4lbms</p>
```

图 6-34　更新 Endpoints 后 `curl` 命令的执行结果

2. 配置外部 IP 地址

如果要让 Kubernetes 集群之外的机器访问集群内部的服务，另一种方式是配置外部 IP 地址。Kubernetes 的 Service 会由 externalIP 地址发布出去，这样集群之外的机器就可以通过这个外部 IP 地址来访问 Service。

externalIP 可以用在任何类型的发布方式（即 ClusterIP、NodePort、LoadBalancer、External Name）中。

为了举例说明，首先，通过`$ vim exampleexternalipservice.yml` 命令创建模板文件。然后，在文件中填入如下内容并保存。

```
kind: Service
apiVersion: v1
metadata:
  name: exampleexternalipservice
```

第 6 章　Service 和 Ingress——发布 Pod 提供的服务

```
spec:
  selector:
    example: exampleforservice
  ports:
    - protocol: TCP
      port: 8081
      targetPort: 80
  externalIPs:
    - 192.168.100.101
```

这个 Service 其实就是简单的 ClusterIP Service，Pod 端口为 80，而向外映射的端口为 8081，这个端口会同时映射到 ClusterIP 和 externalIP。我们设置的外部 IP 地址为 192.168.100.101，集群外的机器可以通过这个地址访问集群内的服务。

Service 创建成功后，可以通过以下命令查看 Service。

```
$ kubectl get service
```

查询结果如图 6-35 所示。可以看到这里多了 EXTERNAL-IP 属性，它正是我们设置的地址。

图 6-35　查询结果

在集群之外的机器上，通过"外部 IP 地址:端口"（本例中为 192.168.100.101:8081），就可以访问 Pod 中的服务，如图 6-36 所示。

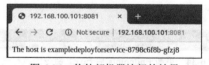

图 6-36　从外部机器访问的结果

6.2　Ingress

要将 Kubernetes 集群内的服务发布到集群外来使用，通常的办法是配置 NodePort 或 LoadBalancer 的 Service，或者给 Service 配置 ExternalIP，或者通过 Pod 模板中的 HostPort 进行配置等。

但这些方式都存在比较严重的问题。它们几乎都是通过节点端口形式向外暴露服务的，Service 一旦变多，每个节点上开启的端口也会变多。这样不仅维护起来相当复杂，安全性还会大大降低。

Ingress 可以避免这个问题，除了 Ingress 自身的服务需要向外发布之外，其他服务不必使用节点端口形式向外发布。由 Ingress 接收外部请求，然后按照域名配置转发给各个后端服务，如图 6-37 所示。

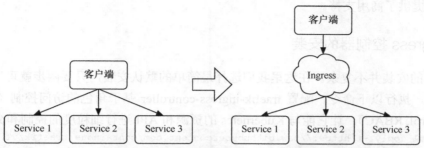

图 6-37　通过 Ingress 访问 Service 提供的服务

在使用 Ingress 时一般会涉及 3 个组件，如图 6-38 所示。
- 反向代理负载均衡器：其实它类似于 Nginx、Apache 的应用。在集群中可以使用 Deployment、DaemonSet 等控制器自由部署反向代理负载均衡器。
- Ingress 控制器：实质上是监控器。它不断地与 API Server 进行交互，实时地感知后端 Service、Pod 等的变化情况，比如新增和减少 Pod、增加与减少 Service 等。当得到这些变化信息后，Ingress 控制器再结合 Ingress 生成配置，然后更新反向代理负载均衡器并刷新其配置，以达到服务发现的作用。
- Ingress：定义访问规则。假如某个域名对应某个 Service，或者某个域名下的子路径对应某个 Service，那么当某个域名的请求或子路径的请求进来时，就把请求转发给对应 Service。根据这个规则，Ingress 控制器会将访问规则动态写入负载均衡器配置中，从而实现整体的服务发现和负载均衡。

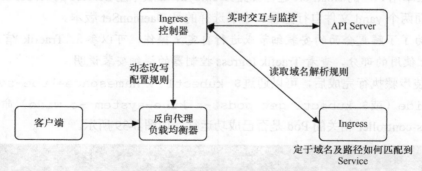

图 6-38　在使用 Ingress 时各个组件的关系

Ingress 控制器不会随着 Kubernetes 一起安装。如果要让 Ingress 资源正常运作，需要安装 Ingress 控制器。可以选择的 Ingress 控制器种类很多，可根据情况自行选择。

不管是哪类 Ingress 控制器，因为在基本使用层面几乎没有差别（在性能、安全或复杂使用上可能略有区别），所以后面介绍 Ingress 基本操作的部分也适用于所有类型的 Ingress 控制器。

第 6 章　Service 和 Ingress——发布 Pod 提供的服务

在本书中，我们使用 Traefik 作为 Ingress 控制器，它的功能非常强大，跟 Kubernetes 结合得很好，还提供了商用支持。

6.2.1　Ingress 控制器的安装

Traefik 的安装并不复杂。在这里我们选择最简单的默认安装，只要两步就可以完成。

第一步，执行以下命令，配置 traefik-ingress-controller 基于角色的访问控制（Role Based Access Control, RBAC），让它能与 Kubernetes 的资源和 API 进行细粒度的控制和交互。

```
$ kubectl apply -f https://raw.githubusercontent.com/containous/traefik/v1.7/examples/k8s/traefik-rbac.yaml
```

第二步，选择以下两个命令中的一个执行即可。配置 traefik-ingress-controller 的反向代理负载均衡器服务进程，并在 Kubernetes 集群外的各个 Node 上暴露端口，这样就可以通过集群外的机器访问服务了。

- DaemonSet 版本的代码如下。

```
$ kubectl apply -f https://raw.githubusercontent.com/containous/traefik/v1.7/examples/k8s/traefik-ds.yaml
```

- Deployment 版本的代码如下。

```
$ kubectl apply -f https://raw.githubusercontent.com/containous/traefik/v1.7/examples/k8s/traefik-deployment.yaml
```

DaemonSet 版本和 Deployment 版本各有利弊。Deployment 版本的可伸缩性更好，而 DaemonSet 的流量转发更少，这里不会详述，可根据自己的喜好选择。从使用角度来说，两种方式没有任何差异，都会暴露各个 Node 的 80 端口以供集群外的机器访问服务。其区别在于，DaemonSet 版本用 Pod 的 HostPort 进行暴露，Deployment 版本用 Service 的 NodePort 进行暴露，可以打开上面两个 yaml 文件自行查看。本书选择的是 DaemonSet 版本。

提示：为了了解更全面的安装细节或进行自定义操作，可以参见 Traefik 官网中关于在 Kubernetes 上使用的部分，查看 Traefik Ingress 控制器的详细安装说明。

两个安装步骤执行完成后，可以通过 `$ kubectl --namespace=kube-system get pods -o wide`（或 `$ kubectl get pods -n kube-system -o wide`）命令，查看与 traefik-ingress-controller 相关的 Pod 是否已成功运行，如图 6-39 所示。

```
k8sadmin@k8smaster:~$ kubectl --namespace=kube-system get pods -o wide
NAME                                READY   STATUS    RESTARTS   AGE     IP             ES
traefik-ingress-controller-sjwgw    1/1     Running   0          4m42s   10.244.2.100
traefik-ingress-controller-wh5ml    1/1     Running   0          4m42s   10.244.1.147
```

图 6-39　相关的 Pod 成功运行

处于运行状态后，可以对这些 Pod 的 IP 地址执行 curl 命令，查看服务是否成功安装，如图 6-40 所示。如果返回"404 page not found"，则表示服务已成功安装（因为没有配置资源，所以显示"404 page not found"）。

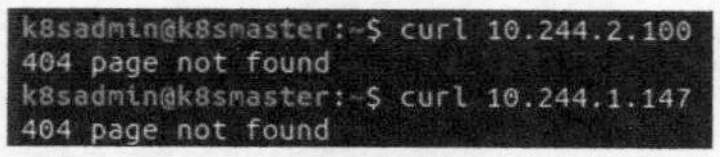

6.2 Ingress

图 6-40 curl 命令的执行结果

通过 `$ kubectl --namespace=kube-system get service`（或 `$ kubectl get service -n kube-system`）命令，也可以看到与 traefik-ingress-controller 相关的 Service 成功配置，如图 6-41 所示。

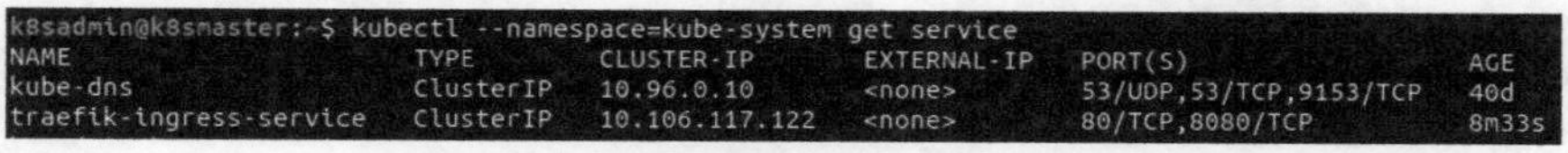

图 6-41 相关的 Service 成功配置

之前提到，Traefik 在每个 Node 上暴露 80 端口以提供服务。我们也可以进行测试，在本例中有两个 Node，地址分别为 k8snode1（192.168.100.101）和 k8snode2（192.168.100.102），因此可以用集群外的机器打开浏览器，访问 Node 的地址。访问结果如图 6-42 所示，可以看到，已经可以成功访问服务。

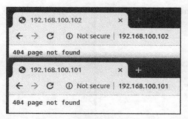

图 6-42 服务的访问结果

6.2.2 Ingress 的基本操作

本节将介绍 Ingress 的基本操作。在正式介绍基本操作之前，先创建示例用到的两个服务——一个是 httpd 服务，另一个是 Nginx 服务。这两个服务分别由一个 Deployment 控制器和一个 Service 组成。之后创建的 Ingress 示例都会用到这两个服务，这两个服务都提供了默认的欢迎页面，可以用来测试。

创建服务的步骤如下。

（1）创建与这两个服务相关的 Deployment 控制器。

① 使用命令创建 yml 文件。

```
$ vim exampledeploymentforingress.yml
```

② 在文件中填入如下内容并保存。

```
apiVersion: apps/v1
kind: Deployment
metadata:
  name: exampledeploymentnginx
spec:
```

```
    replicas: 1
    selector:
      matchLabels:
        example: deploymentfornginx
    template:
      metadata:
        labels:
          example: deploymentfornginx
      spec:
        containers:
        - name: nginx
          image: nginx:1.7.9
          ports:
          - containerPort: 80
---
apiVersion: apps/v1
kind: Deployment
metadata:
  name: exampledeploymenthttpd
spec:
  replicas: 1
  selector:
    matchLabels:
      example: deploymentforhttpd
  template:
    metadata:
      labels:
        example: deploymentforhttpd
    spec:
      containers:
      - name: httpd
        image: httpd:2.2
        ports:
        - containerPort: 80
```

③ 运行以下命令，通过模板创建 Deployment 控制器。

```
$ kubectl apply -f exampledeploymentforingress.yml
```

④ 通过 $ kubectl get pod -o wide 命令查看 Pod 是否已成功运行，查询结果如图 6-43 所示。

图 6-43　Pod 已成功运行

（2）创建与这两个服务相关的 Service。

① 使用命令创建 yml 文件。

```
$ vim exampleserviceforingress.yml
```

② 在文件中填入如下内容并保存。

```
kind: Service
apiVersion: v1
metadata:
  name: exampleservicenginx
spec:
  selector:
    example: deploymentfornginx
  ports:
    - protocol: TCP
      port: 8081
      targetPort: 80
---
kind: Service
apiVersion: v1
metadata:
  name: exampleservicehttpd
spec:
  selector:
    example: deploymentforhttpd
  ports:
    - protocol: TCP
      port: 8081
      targetPort: 80
```

③ 运行以下命令，通过模板创建 Service。

```
$ kubectl apply -f exampledeploymentforingress.yml
```

④ 通过 `$ kubeclt get service` 命令，查看 Service 是否已成功配置，如图 6-44 所示。可以看到 Service 已成功创建，exampleservicehttpd 的 IP 地址为 10.110.106.199，exampleservicenginx 的 IP 地址为 10.110.44.214。

图 6-44　成功创建的 Service

（3）进行简单验证，看看服务是否已成功创建。

① 验证 exampleservicehttpd。使用 `$ curl 10.110.106.199` 命令来访问，如果返回 "It works!"，则表示服务成功创建，如图 6-45 所示。

图 6-45　exampleservicehttpd 的验证结果

② 验证 exampleservicenginx。使用 `$ curl 10.110.44.214` 进行访问，如果返回欢迎页面的 HTML，则表示服务成功创建，如图 6-46 所示。

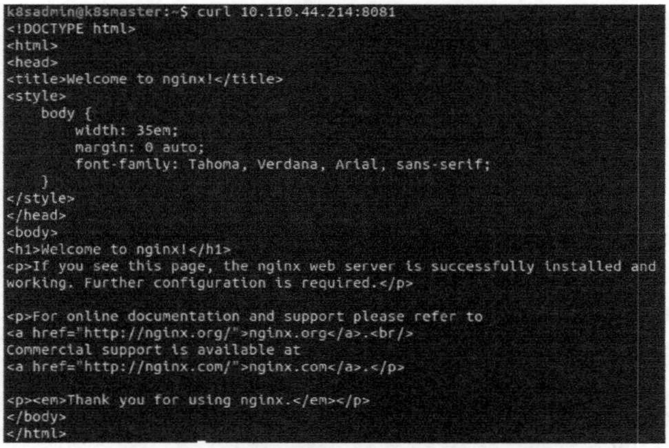

```
k8sadmin@k8smaster:~$ curl 10.110.44.214:8081
<!DOCTYPE html>
<html>
<head>
<title>Welcome to nginx!</title>
<style>
    body {
        width: 35em;
        margin: 0 auto;
        font-family: Tahoma, Verdana, Arial, sans-serif;
    }
</style>
</head>
<body>
<h1>Welcome to nginx!</h1>
<p>If you see this page, the nginx web server is successfully installed and
working. Further configuration is required.</p>

<p>For online documentation and support please refer to
<a href="http://nginx.org/">nginx.org</a>.<br/>
Commercial support is available at
<a href="http://nginx.com/">nginx.com</a>.</p>

<p><em>Thank you for using nginx.</em></p>
</body>
</html>
```

图 6-46 exampleservicenginx 的验证结果

接下来讲解 Ingress 的各类基本操作。

1. 不使用虚拟主机名称的单个 Service

Kubernetes 中其实可以通过很多方式来暴露单个 Service，不过也可以用 Ingress 来实现这个功能。要指定一个没有配置规则的 Ingress，只设置 backend 属性即可。

注意：显而易见，不推荐这种方式，这里只是为了说明这种方式存在而已。

首先，定义模板文件，创建一个名为 examplesingleingress.yml 的模板文件。命令如下。

```
$ vim examplesingleingress.yml
```

然后，在文件中填入如下内容并保存。

```
apiVersion: extensions/v1beta1
kind: Ingress
metadata:
  name: examplesingleingress
  annotations:
    Kubernetes.io/ingress.class: traefik
spec:
  backend:
    serviceName: exampleservicehttpd
    servicePort: 8081
```

该模板的含义如下。

- ❑ apiVersion 表示使用的 API 版本，Ingress 目前只存在于 beta1 版本中。
- ❑ kind 表示要创建的资源对象，这里使用关键字 Ingress。
- ❑ metadata 表示该资源对象的元数据，一个资源对象可拥有多个元数据。metadata 下面的 annotations 表示资源对象的注解。对于 Ingress，如果配置了多个 Ingress 控制器，则需要指定此注解，确定使用哪个 Ingress 控制器。在本书中安装的是 Traefik，所以需要按此填写。如果只安装了一个 Ingress 控制器，则可以不用指定此注解，Ingress

6.2 Ingress

会自动匹配唯一的控制器。

- `spec` 表示该资源对象的具体设置。`spec` 下面的 `backend` 表示 Ingress 对应的后端服务。其中 `serviceName` 代表 Service 资源的名称，这里取之前设置的名称 exampleservicehttpd；`servicePort` 代表 Service 资源的端口，这里取之前在 exampleservicehttpd 中设置的 8081。

运行以下命令，通过模板创建 Ingress。

```
$ kubectl apply -f examplesingleingress.yml
```

Ingress 创建成功后，可以通过以下命令查看 Ingress。

```
$ kubectl get ingress
```

查询结果如图 6-47 所示。

图 6-47 查询结果

通过以下命令可以查看指定 Ingress 的详细信息。

```
$ kubectl describe ingress examplesingleingress
```

查询结果如图 6-48 所示。可以看到这个 Ingress 对应的后端为 exampleservicehttpd:8081，后面的括号中是 Pod 的 IP 地址，即 10.244.2.101:80。Host 和 Path 都为*，这表示没有指定任何规则，直接访问 Ingress 服务的根地址即可访问 Service。

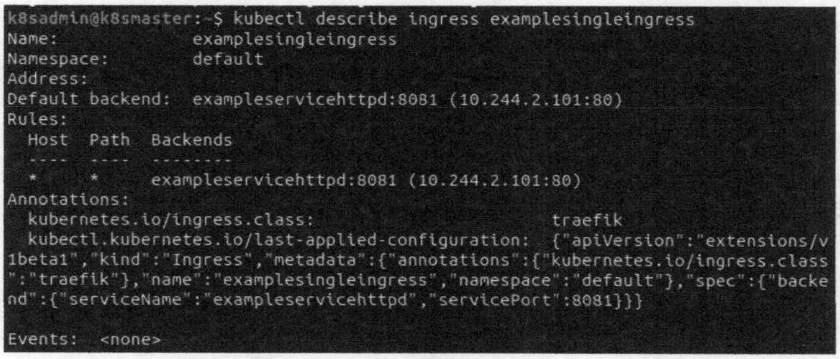

图 6-48 Ingress 的详细信息

之前提到 Traefik 在每个 Node 上暴露端口 80 以提供服务，我们可以进行测试。选择其中的某个节点（k8snode1，地址为 192.168.100.101）进行访问，访问结果如图 6-49 所示，其中显示了 httpd 欢迎页面。

图 6-49 httpd 欢迎页面

2. 基于虚拟主机名称划分多个子路径

上面的示例并未展示出 Ingress 的强大之处，这里会展示 Ingress 的另一个用法，以便看到使用 Ingress 的优势所在。

假设现在要实现这样的场景：在同一个域名下配置两个子路径，其中一个子路径访问 httpd 的

Service,另一个子路径访问 Nginx 的 Service。如图 6-50 所示,首先,通过虚拟网址 web.testk8s.com/httpdservice 和 web.testk8s.com/nginxservice 访问不同的服务。

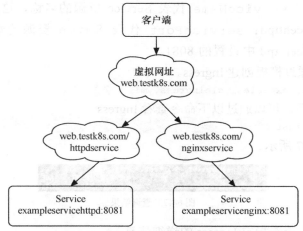

图 6-50　同一个域名下配置两个子路径

然后,定义模板文件,创建一个名为 examplefanoutingress.yml 的模板文件。命令如下。

```
$ vim examplefanoutingress.yml
```

接下来,在文件中填入如下内容并保存。

```
apiVersion: extensions/v1beta1
kind: Ingress
metadata:
  name: examplefanoutingress
  annotations:
    Kubernetes.io/ingress.class: traefik
    traefik.frontend.rule.type: PathPrefixStrip
spec:
  rules:
  - host: web.testk8s.com
    http:
      paths:
      - path: /httpdservice
        backend:
          serviceName: exampleservicehttpd
          servicePort: 8081
      - path: /nginxservice
        backend:
          serviceName: exampleservicenginx
          servicePort: 8081
```

该模板的含义如下,这里会详细说明一些重要的属性。

❑ apiVersion 表示使用的 API 版本,Ingress 目前只存在于 beta1 版本中。

- `kind` 表示要创建的资源对象，这里使用关键字 Ingress。
- `metadata` 表示该资源对象的元数据，一个资源对象可拥有多个元数据。`metadata` 下面的 `annotations` 表示资源对象的注解。其中 `Kubernetes.io/ingress.class` 表示要使用哪个 Ingress 控制器；`traefik.frontend.rule.type` 表示 Traefik 的特定属性，如果支持在一个域名下划分子路径，这里必须填写 PathPrefixStrip。
- `spec` 表示该资源对象的具体设置。`spec` 下面的 `rules` 表示 Ingress 的路由规则。其中 `host` 表示自定义一个虚拟主机名称，以此为基础访问各个 Service；`http` 表示 http 协议下的各种设置，在下面设置了多个 paths 属性，即代表各个子路径的设置。第一个 path 为/httpdservice，它对应的后端服务是 exampleservicehttpd；第二个 path 为/nginxservice，它对应的后端服务是 exampleservicenginx。

运行以下命令，通过模板创建 Ingress。

```
$ kubectl apply -f examplefanoutingress.yml
```

Ingress 创建成功后，可以通过以下命令查看 Ingress。

```
$ kubectl get ingress
```

查询结果如图 6-51 所示。从这里也可以看到本例中配置的 Ingress 与上一个示例中配置的 Ingress 的区别，它拥有 `HOSTS` 属性（值为 web.testk8s.com）。

图 6-51　Ingress 查询结果

通过以下命令，可以查看指定 Ingress 的详细信息。

```
$ kubectl describe ingress examplefanoutingress
```

查询结果如图 6-52 所示。可以看到这个 Ingress 除了 Host 为 web.testk8s.com 之外，还对应了两个 path（即访问的子路径），各个子路径对应的 Service 后面的小括号中也标明了 Service 对应的 Pod。

图 6-52　Ingress 的详细信息

在集群外的机器访问这些服务之前，需要给这些集群外的机器配置 HOST，以便能通过虚拟主机名称解析出对应的 IP 地址。现在编辑 HOST 文件（对于 Linux 系统，其路径为/etc/hosts；对于 Windows 系统，其路径为 C:\Windows\System32\drivers\etc\hosts），需要在 HOST 文件中添加如下内容。

```
192.168.100.101 web.testk8s.com
192.168.100.102 web.testk8s.com
```

添加并保存后，就可以开始访问了。

若在浏览器上访问虚拟网址 http://web.testk8s.com/httpdservice，就会定位到 exampleservicehttpd 提供的服务，如图 6-53 所示。

若在浏览器上访问虚拟网址 http://web.testk8s.com/nginxservice，就会定位到 exampleservicenginx 提供的服务，如图 6-54 所示。

图 6-53　访问 http://web.testk8s.com/httpdservice 的结果

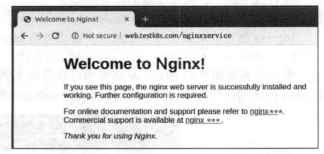
图 6-54　访问 http://web.testk8s.com/nginxservice 的结果

3. 基于多个虚拟主机名称

除了使用单个虚拟主机名称来划分多个子路径外，Ingress 还支持同时使用多个虚拟主机名称来划分 Service（在这些虚拟主机上还可以再划分子路径）。

假设现在我们需要设置两个虚拟域名，其中一个访问的是 httpd 的 Service，另一个访问的是 Nginx 的 Service，如图 6-55 所示。

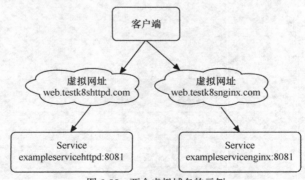
图 6-55　两个虚拟域名的示例

首先，定义模板文件，创建一个名为 examplehostingingress.yml 的模板文件。命令如下。

```
$ vim examplehostingingress.yml
```

然后，在文件中填入如下内容并保存。

```yaml
apiVersion: extensions/v1beta1
kind: Ingress
metadata:
  name: examplehostingingress
  annotations:
    Kubernetes.io/ingress.class: traefik
spec:
  rules:
  - host: web.testk8shttpd.com
    http:
      paths:
      - backend:
          serviceName: exampleservicehttpd
          servicePort: 8081
  - host: web.testk8snginx.com
    http:
      paths:
      - backend:
          serviceName: exampleservicenginx
          servicePort: 8081
```

这个 Ingress 和之前定义的区别在于，这里定义了两个规则：其中一个 host 设置为 web.testk8shttpd.com（虚拟网址），其后端服务为 exampleservicehttpd；另一个 host 设置为 web.testk8snginx.com（虚拟网址），其后端服务为 exampleservicenginx。

运行以下命令，通过模板创建 Ingress。

```
$ kubectl apply -f examplehostingingress.yml
```

Ingress 创建成功后，可以通过以下命令查询 Ingress。

```
$ kubectl get ingress
```

查询结果如图 6-56 所示。从这里也可以看到和之前配置的 Ingress 的区别，它拥有两个 HOSTS 属性，分别为 web.testk8shttpd.com 和 web.testk8snginx.com。

```
k8sadmin@k8smaster:~$ kubectl get ingress
NAME                    HOSTS                                      ADDRESS   PORTS   AGE
examplefanoutingress    web.testk8s.com                                      80      8m28s
examplehostingingress   web.testk8shttpd.com,web.testk8snginx.com            80      5s
examplesingleingress    *                                                    80      17m
```

图 6-56　查询结果

通过以下命令，可以查看指定 Ingress 的详细信息。

```
$ kubectl describe ingress examplehostingingress
```

查询结果如图 6-57 所示。可以看到这个 Ingress 拥有两个 Host，分别对应的不同的 Service。在集群外的机器访问这些服务之前，需要给这些集群外的机器配置 HOST，以便能通过虚拟主机名称解析出对应的 IP 地址。为了编辑 HOST 文件（对于 Linux 系统，其路径为/etc/hosts；对于 Windows 系统，其路径为 C:\Windows\System32\drivers\etc\hosts），需要在 HOST 文件中添加如下关于虚拟网址的内容。

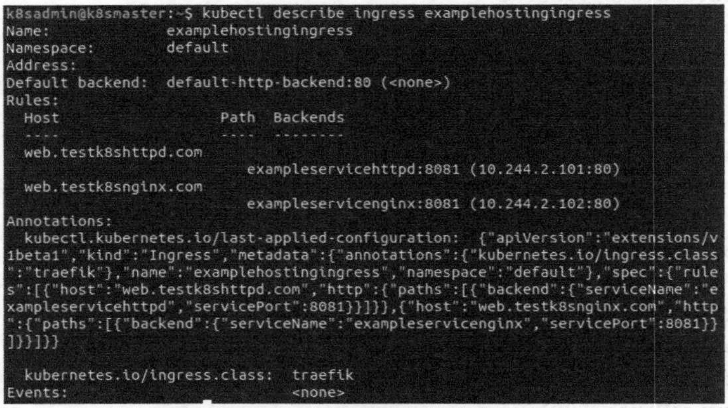

图 6-57　Ingress 的详细信息

```
192.168.100.101        web.testk8shttpd.com
192.168.100.101        web.testk8snginx.com
192.168.100.102        web.testk8shttpd.com
192.168.100.102        web.testk8snginx.com
```

若在浏览器上访问虚拟网址 http://web.testk8shttpd.com，就会定位到 exampleservicehttpd 提供的服务，如图 6-58 所示。

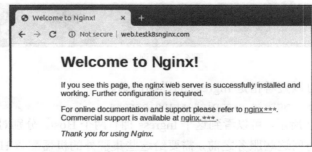

图 6-58　访问 http://web.testk8shttpd.com 的结果

若在浏览器上访问虚拟网址 http://web.testk8snginx.com，就会定位到 exampleservicenginx 提供的服务，如图 6-59 所示。

图 6-59　访问 http://web.testk8snginx.com 的结果

关于更复杂的场景（如配置多个虚拟主机、每个主机配置多个子路径等方式），读者可以自行尝试，这里不再详述。

6.3 本章小结

本章详细描述了在 Kubernetes 中发布服务的方式。可以创建各种类型的 Service，也可以创建 Ingress 来更好地管理 Service。本章要点如下。

- Service 是基础内部负载均衡器中的一种组件，会将相同功能的 Pod 在逻辑上组合到一起，让它们表现得如同单个实体。
- Service 和 Pod 都是虚拟网络，只能由 Kubernetes 集群内的机器所访问。只有将它们发布到 Master 节点和 Node 的实体网络上，才能由集群外的机器访问。
- Service 的发布方式有 5 种。
  - ClusterIP-普通 Service：分配一个集群内部固定虚拟 ClusterIP 地址，集群中的机器（即 Master 和 Node）以及集群中的 Pod 都可以访问它。
  - NodePort：基于 ClusterIP 方式，将 "ClusterIP:端口" 映射到各个集群机器（即 Master 和 Node）的指定端口上，集群外部的机器通过 "NodeIP:Node 端口" 进行访问。
  - LoadBalancer：基于 ClusterIP 方式和 NodePort 方式，申请使用外部负载均衡器，由负载均衡器映射到各个 "NodeIP:Node 端口" 上。
  - ClusterIP - 无头 Service：一种特殊的向内发布方式。它不提供负载均衡功能，也没有单独的 Service IP 地址，开发人员可以自己控制负载均衡策略。
  - ExternalName：将外部服务引入进来，通过一定格式映射到集群，为集群内部提供服务。
- 服务发现方式有两种：一种是通过环境变量实现，但有一定局限性；另一种是通过 DNS 实现，具体格式为{ServiceName}.{Namespace}.svc.{ClusterDomain}。
- Ingress 可以更好地组织 Service 的发布，除了 Ingress 自身的服务需要向外发布之外，其他服务不必使用节点端口形式向外发布。由 Ingress 接收外部请求，然后按照域名配置转发给各个后端服务。
- Ingress 可以把多个 Service 划分到同一虚拟主机名称的多个子路径下，也可以把多个 Service 划分到多个虚拟主机名称下，还可以混合使用前两种方式。

第 7 章 存储与配置

在容器化环境中,如何可靠地共享数据,并保证这些数据在容器重启间隙始终是可用的,一直都是一个挑战。容器运行时通常会提供一些机制来将存储附加到容器上,这类容器的存留时间超过其他容器的生命周期,但实现起来通常缺乏灵活性。

为了解决这些问题,Kubernetes 定义了自己的存储卷(volume)抽象,它们所提供的数据存储功能非常强大。不仅可以通过配置将数据注入 Pod 中,在 Pod 内部,容器之间还可以共享数据。而对于不同机器的 Pod,可以通过定义存储卷来实现数据共享。

这些数据存储与共享的抽象就是存储卷。在 Kubernetes 中定义的存储卷主要分为 4 种类型。

- ❑ 本地存储卷:主要用于 Pod 中容器之间的数据共享,或 Pod 与 Node 中的数据存储和共享。
- ❑ 网络存储卷:主要用于多个 Pod 之间或多个 Node 之间的数据存储和共享。
- ❑ 持久存储卷:基于网络存储卷,用户无须关心存储卷所使用的存储系统,只需要自定义具体需要消费多少资源即可,可将 Pod 与具体的存储系统解耦。
- ❑ 配置存储卷:主要用于向各个 Pod 注入配置信息。

本章还会讲解 StatefulSet,StatefulSet 对应于有状态服务(Deployment 对应于无状态服务),需要稳定的持久化存储,以便 Pod 重新调度后还能访问相同的持久化数据,这需要基于持久存储卷才能实现。

7.1 本地存储卷

本地存储卷有 emptyDir 和 hostPath 这两种,它们都会直接使用本机的文件系统,用于 Pod

中容器之间的数据共享，或 Pod 与 Node 中的数据存储和共享。

7.1.1 emptyDir

顾名思义，emptyDir 是指一个纯净的空目录，这个目录映射到主机的一个临时目录下，Pod 中的容器都可以读写这个目录，其生命周期和 Pod 完全一致。如果 Pod 销毁，那么存储卷也会同时销毁。emptyDir 主要用于存放和共享 Pod 的不同容器之间在运行过程中产生的文件。

为了用一个简单的例子进行说明，首先，创建 examplepodforemptydir.yml 文件。

```
$ vim examplepodforemptydir.yml
```

然后，在文件中填入以下内容并保存。

```
apiVersion: v1
kind: Pod
metadata:
  name: examplepodforemptydir
spec:
  containers:
  - name: containerforwrite
    image: busybox
    imagePullPolicy: IfNotPresent
    command: ['sh', '-c']
    args: ['echo "test data!" > /write_dir/data; sleep 3600']
    volumeMounts:
    - name: filedata
      mountPath: /write_dir
  - name: containerforread
    image: busybox
    imagePullPolicy: IfNotPresent
    command: ['sh', '-c']
    args: ['cat /read_dir/data; sleep 3600']
    volumeMounts:
    - name: filedata
      mountPath: /read_dir
  volumes:
  - name: filedata
    emptyDir: {}
```

本例中创建了两个容器。一个是 containerforwrite，用于向数据卷写入数据，向/write_dir/data 文件写入"test data!"文本。容器内的数据卷地址为/write_dir，它引用的存储卷为 filedata。

另一个容器是 containerforread，从/read_dir/data 文件中读取文本，并将其输出到控制台（后续可以通过日志查询方式读取输出到控制台的文本）。容器内的数据卷地址为/read_dir，它引用的存储卷为 filedata。

本例中创建的存储卷名称为 filedata，这个名称会被容器设置中的数据卷引用。存储卷的类型是 emptyDir，这表示是一个纯净的空目录，其生命周期和所属的 Pod 完全一致。例子中的两个容器虽然数据卷地址不同（一个是/write_dir，一个是/read_dir），但它们都映射到同一个空目录，所以本质上仍在同一个文件夹内操作。

接下来，执行以下命令，创建 Pod。

```
$ kubectl apply -f examplepodforemptydir.yml
```

接着通过 `kubectl get pod` 命令，查看 Pod 的运行情况，如图 7-1 所示，READY 为 2/2，这表示两个容器都已成功运行。

图 7-1　Pod 的运行情况

此时通过 `logs` 命令，可以查看 Pod 中 containerforread 容器的日志。

```
$ kubectl logs examplepodforemptydir containerforread
```

执行结果如图 7-2 所示。可以看到，containerforread 容器已经读取了在 containerforwrite 容器中写入的文本，并将其输出到控制台。

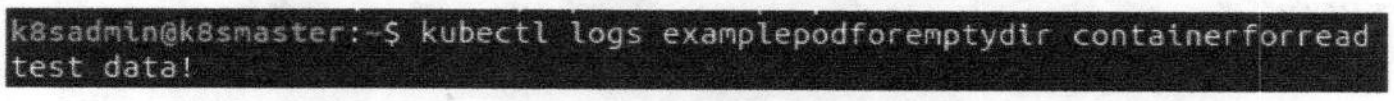

图 7-2　`logs` 命令的执行结果

默认情况下，emptyDir 在主机硬盘上创建一个临时目录，还可以将 emptyDir.medium 设置为 Memory 来生成一个基于内存的临时目录，其速度会比硬盘快，但机器重启之后数据就会丢失。定义临时目录的方式如下所示。

```
volumes:
  - name: data
    emptyDir:
      medium: Memory
```

7.1.2　hostPath

hostPath 主要用于把主机上指定的目录映射到 Pod 中的容器上。如果 Pod 需要在主机上存储和共享文件，或使用主机上的文件，就可以使用这种方式。

存放在主机上的文件不会被销毁，会永久保存。Pod 销毁后，若又在这台机器上重建，则可以读取原来的内容，但如果机器出现故障或者 Pod 被调度到其他机器上，就无法读取原来的内容了。

这种方式特别适合 DaemonSet 控制器，运行在 DaemonSet 控制器下的 Pod 可直接操作和使用主机上的文件，如日志类或监控类应用可以读取主机指定目录下的日志或写入信息等。

为了用一个简单的例子进行说明，首先，创建 examplepodforhostpath.yml 文件。

```
$ vim examplepodforhostpath.yml
```

然后，在文件中填入以下内容并保存。

```
apiVersion: v1
kind: Pod
metadata:
  name: examplepodforhostpath
spec:
  containers:
  - name: containerforhostpath
    image: busybox
    imagePullPolicy: IfNotPresent
    command: ['sh', '-c']
    args: ['echo "test data!" > /write_dir/data; sleep 3600']
    volumeMounts:
    - name: filedata
      mountPath: /write_dir
  volumes:
  - name: filedata
    hostPath:
      path: /home/k8sadmin/testhostpath
```

本例中创建的名为 containerforhostpath 的容器向数据卷写入数据，它会向/write_dir/data 文件写入“test data!”文本。容器内的数据卷地址为/write_dir，它引用的存储卷为 filedata。

本例中创建的存储卷名称为 filedata，这个名称会被容器设置中的数据卷所引用。存储卷的类型是 hostPath，这表示主机上的指定目录，其路径为/home/k8sadmin/testhostpath。容器的/write_dir 目录将会映射到主机上的/home/k8sadmin/testhostpath 目录。

接下来，执行以下命令，创建 Pod。

```
$ kubectl apply -f examplepodforhostpath.yml
```

接下来，通过`$ kubectl get pods -o wide`命令，查看 Pod 的运行情况，如图 7-3 所示。注意，其 `NODE` 属性为 k8snode1，表示这个 Pod 被调度到 k8snode1 这台机器上。

```
k8sadmin@k8smaster:~$ kubectl get pod -o wide
NAME                                  READY   STATUS      RESTARTS   AGE     IP             NODE
SS GATES
examplepodforhostpath                 1/1     Running     1          6m47s   10.244.1.175   k8snode1
```

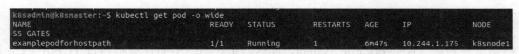

图 7-3　Pod 的查询结果

接下来，登录 k8snode1 这台机器，并在机器上执行以下命令，输出主机上指定目录中的内容。

```
$ cat /home/k8sadmin/testhostpath/data
```

执行结果如图 7-4 所示。可以看到，之前在容器中写入文件/write_dir/data 中的内容“test data!”已成功写入/home/k8sadmin/testhostpath/data 中。

```
k8sadmin@k8snode1:~$ cat /home/k8sadmin/testhostpath/data
test data!
```

图 7-4　文件内容的输出结果

接下来，编辑这个文件，执行以下命令。

```
$ vim /home/k8sadmin/testhostpath/data
```

接下来，将文件改为以下内容并保存。

```
test data! modified!
```

之后，回到 k8smaster 的控制台窗口，执行以下命令。这相当于进入 examplepodforhostpath 这个 Pod 下的 containerforhostpath 容器中，以便在容器内部执行命令行。

```
$ kubectl exec -ti examplepodforhostpath -c containerforhostpath -- /bin/sh
```

进入容器后执行 cat /write_dir/data 命令，可以看到容器中读取的信息也发生了变化，如图 7-5 所示。虽然容器读取的是 /write_dir/data 文件，但本质上读取的还是 /home/k8sadmin/testhostpath/data 文件。

```
k8sadmin@k8smaster:~$ kubectl exec -ti examplepodforhostpath -c containerforhostpath -- /bin/sh
/ # cat /write_dir/data
test data! modified!
```

图 7-5　修改后的文件输出结果

7.2　网络存储卷

由于 Kubernetes 是分布式容器集群，因此如何在多个 Pod 之间或多个 Node 之间进行数据存储和共享是非常重要的问题。为了解决这个问题，Kubernetes 引入了网络存储卷，它支持为数众多的云提供商的产品和网络存储方案，例如 NFS/iSCSI/GlusterFS/RDB/azureDisk/flocker 等。网络存储卷还能够满足持久化数据的要求，这些数据将永久保存。

因为大部分网络存储卷是集成各种第三方的存储系统，所以在配置上各有差别，如果要一一讲解会占用非常大的篇幅。为了简化案例，展示核心原理，本章主要以 NFS 为例讲解网络存储卷的使用。

7.2.1　安装 NFS

网络文件系统（Network File System，NFS）允许网络中的计算机通过 TCP/IP 网络共享资源。通过 NFS，本地 NFS 的客户端应用可以直接读写 NFS 服务器上的文件，就像访问本地文件一样。NFS 可以通过网络让不同主机之间或不同的操作系统之间进行数据存储和共享。

因为 NFS 是第三方系统，所以先安装 NFS。本节将介绍具体步骤。

1. 安装 NFS 服务器端

首先，选择一台机器作为 NFS 服务器端，在本书中选择的是 k8smaster 这台机器。

在 Debian/Ubuntu 系统上，执行以下命令，安装 NFS 服务器端应用。

```
$ apt install nfs-kernel-server
```
在 CentOS/RHEL/Fedora 系统上，请执行以下命令，安装 NFS 服务器端应用。
```
$ yum install -y nfs-utils rpcbind
```
服务端应用安装完毕后，创建一个目录，将其作为 NFS 共享目录，以便客户端可以访问共享目录中的内容。
```
$ mkdir -p /data/k8snfs
```
然后，编辑 NFS 配置文件，执行以下命令。
```
$ vim /etc/exports
```
在文件中填入如下内容并保存。
```
/data/k8snfs 192.168.100.0/24(rw,sync,insecure,no_subtree_check,no_root_squash)
```
第一个参数是 NFS 共享目录的路径；第二个参数是允许共享目录的网段，这里设置的是本书中的 Kubernetes 集群机器网段，也可以设置为"*"以表示不限制。最后小括号中的参数为权限设置，rw 表示允许读写访问，sync 表示所有数据在请求时写入共享目录，insecure 表示 NFS 通过 1024 以上的端口进行发送，no_root_squash 表示 root 用户对根目录具有完全的管理访问权限，no_subtree_check 表示不检查父目录的权限。

保存完毕后，重启相关服务。

在 Debian/Ubuntu 系统上安装后，请执行以下命令以重启服务。
```
$ service rpcbind restart
$ service nfs-kernel-server restart
```
在 CentOS/RHEL/Fedora 系统上安装后，请执行以下命令以重启服务。
```
$ service rpcbind restart
$ service nfs restart
```
最后，通过以下命令，检查服务器端是否正常加载了 /etc/exports 的配置。
```
$ sudo showmount -e localhost
```
如图 7-6 所示，可以发现服务器已成功启动，共享目录已成功配置。

```
k8sadmin@k8smaster:~$ sudo showmount -e localhost
Export list for localhost:
/data/k8snfs 192.168.100.0/24
```

图 7-6 NFS 服务器已启动

2. 安装 NFS 客户端

每台需要使用 NFS 的 Node 都需要安装 NFS，在本书中分别为 k8snode1 和 k8snode2。

在 Debian/Ubuntu 系统上，请执行以下命令，安装 NFS 客户端应用。
```
$ apt install nfs-common
```
在 CentOS/RHEL/Fedora 系统上，请执行以下命令，安装 NFS 客户端应用。
```
$ yum install -y nfs-utils
$ systemctl restart nfs
```
安装成功后，可以输入以下命令，检查是否能访问远端的 NFS 服务器。
```
$ sudo showmount -e {NFS 服务器 IP 地址}
```

在本例中执行命令 `sudo showmount -e 192.168.100.100`，执行结果如图 7-7 所示。

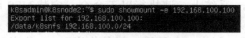

图 7-7 访问 NFS 服务器

7.2.2 使用 NFS

安装完成后可以使用 NFS 作为存储卷。只需要简单地配置就可以将 NFS 挂载到 Pod 当中，NFS 中的数据可以永久保存，且可以被多个 Pod 同时读写。

为了演示 NFS 存储卷的使用方式，首先，创建 **exampledeployfornfs.yml** 文件。

```
$ vim exampledeployfornfs.yml
```

然后，在文件中填入以下内容并保存文件。

```
apiVersion: apps/v1
kind: Deployment
metadata:
  name: exampledeployfornfs
spec:
  replicas: 2
  selector:
    matchLabels:
      example: examplefornfs
  template:
    metadata:
      labels:
        example: examplefornfs
    spec:
      containers:
      - name: containerfornfs
        image: busybox
        imagePullPolicy: IfNotPresent
        command: ['sh', '-c']
        args: ['echo "The host is $(hostname)" >> /dir/data; sleep 3600']
        volumeMounts:
        - name: nfsdata
          mountPath: /dir
      volumes:
      - name: nfsdata
        nfs:
          path: /data/k8snfs
          server: 192.168.100.100
```

本例中创建的存储卷名称为 **nfsdata**，这个名称会被容器设置中的 **volumeMounts** 所引用。存储卷的类型是 **nfs**，其 `server` 和 `path` 属性分别对应之前在安装时配置的 NFS 机器 IP 地址与共享目录。

本例中创建的名为 containerfornfs 的容器用于向存储卷写入数据，容器内的存储卷映射地址为/dir，它引用的存储卷为 nfsdata。容器启动后会以追加方式（使用 echo ...>>...命令）向/dir/data 文件写入文本，这段代码中使用$(hostname)环境变量获取主机名称，对于 Pod 中的容器，获取到的是 Pod 名称。因为 Deployment 控制器拥有多个 Pod，所以通过这种方式，在同一个文件下会由多个 Pod 写入多行信息。

接下来，执行以下命令，创建 Deployment 控制器。

```
$ kubectl apply -f exampledployfornfs.yml
```

创建后可以通过$ `kubectl get deploy` 命令查看启动状态，如图 7-8 所示。

图 7-8　Deployment 控制器的启动状态

接下来，执行$ `kubectl get pod -o wide` 命令，如图 7-9 所示。可以看到 Deployment 控制器一共创建了两个 Pod，分别位于不同的机器上。

图 7-9　Pod 调度情况

接下来，验证这两个 Pod 是否都读写了同一个存储卷上的同一个文件。在本例中，我们先读取第一个 Pod，即 exampledployfornfs-7d78b97455-n2l9d，使用以下命令进入 Pod 内部的命令界面。

```
$ kubectl exec -ti exampledployfornfs-7d78b97455-n2l9d -- /bin/sh
```

接下来，执行以下命令，输出在存储卷中写入的文件内容。

```
$ cat /dir/data
```

文件内容如图 7-10 所示。可以看到，由 Deployment 控制器生成的两个 Pod 都已经成功地将信息写入同一个存储卷的同一个文件中。

图 7-10　文件内容

此时可以进行修改，看看其他 Pod 是否能读取修改后的文件。通过 `vim /dir/data` 进行编辑，将文件内容修改为以下内容并保存。

```
The host is exampledployfornfs-7d78b97455-n2l9d
The host is exampledployfornfs-7d78b97455-vhdh5
modified by pod1
```

接下来，通过执行 `exit` 命令退出第一个 Pod 的命令行界面。我们再读取第二个 Pod，在本例中为 exampledployfornfs-7d78b97455-vhdh5，使用以下命令进入第二个 Pod 内部的命令行界面。

```
$ kubectl exec -ti exampledployfornfs-7d78b97455-vhdh5 -- /bin/sh
```

接下来，执行以下命令，输出在存储卷中写入的文件内容。

```
$ cat /dir/data
```

执行结果如图 7-11 所示，可以看到第二个 Pod 已读取修改后的文件。

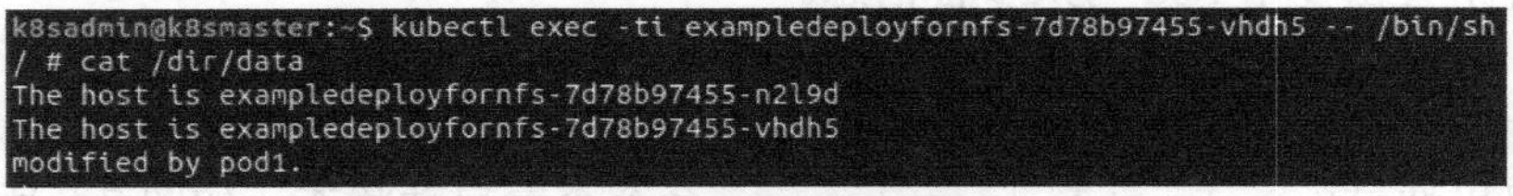

图 7-11　修改后的文件内容

在本例中，NFS 服务器的共享目录为 /data/k8snfs。执行 `exit` 命令退出 Pod 的命令行界面，然后执行以下命令，输出 NFS 共享目录下的文件内容。

```
$ cat /data/k8snfs/data
```

执行结果如图 7-12 所示，文件内容正是 Pod 写入的内容。

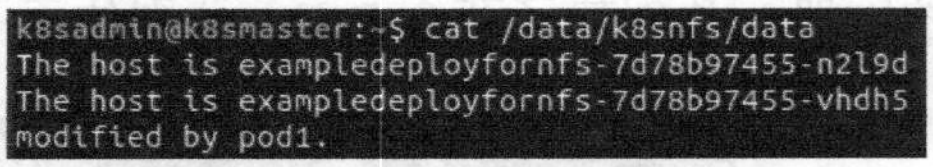

其实不管哪个 Pod，它们都直接引用 NFS 服务器上的文件，在所有的编辑操作中也都直接处理 NFS 服务器上的文件。

图 7-12　共享目录文件内容

由于网络存储卷使用的是不同于 Kubernetes 的额外系统，因此从使用角度来说，网络存储卷存在两个问题。

- 存储卷数据清理问题，需要人工清理。
- 在 Pod 模板中需要配置所使用存储的细节参数，于是与所使用的存储方案产生高度耦合。若基础设施和应用配置之间没有分离，则不利于维护。

要解决以上两个问题，就需要用到持久存储卷。

7.3　持久存储卷

在介绍网络存储卷的时候已经提到，Kubernetes 支持为数众多的云提供商和网络存储方案，如 NFS/iSCSI/GlusterFS/RDB/azureDisk/flocker 等。但因为网络存储卷通常是集成各种第三方的存储系统，所以在配置上各有差别。

由于方案众多，配置有异，因此在存储参数的配置方面，可能只有对应的存储管理人员才能了解，而且这些都不应该是开发人员或集群管理员需要关注的。Kubernetes 提供了 3 种基于存储的抽象对象——PersistentVolume（PV）、StorageClass 和 PersistentVolumeClaim（PVC），以支持基础设施和应用之间的分离。这样开发人员、存储管理人员能各司其职，由存储管理人员设置 PV 或 StorageClass，并在里面配置存储系统和参数，然后开发人员只需要创建 PVC 来申请指定空间的资源以存储与共享数据即可，无须再关注存储的具体实现和操作，如图 7-13 所示。当删除 PVC 时，它写入具体存储资源中的数据可以根据回收策略自动清理。

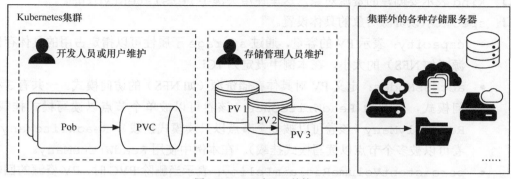

图 7-13　PVC 与 PV 的管理

7.3.1　PV 与 PVC

PV 表示持久存储卷，定义了 Kubernetes 集群中可用的存储资源，其中包含存储资源实现的细节，如包含如何使用 NFS/iSCSI/GlusterFS/RDB/azureDisk/flocker 等资源的具体设置。

PVC 表示持久存储卷的申请，是由用户发起的对存储资源的请求。申请中只包含请求资源的大小和读写访问模式，无须关注具体的资源实现细节，Kubernetes 会自动为其绑定符合条件的 PV。

1．PV 与 PVC 的基本操作

为了用一个具体示例来说明 PV 和 PVC 的使用方式，首先，创建 examplefornfspv.yml 文件。

```
$ vim examplefornfspv.yml
```

然后，在文件中填入以下内容并保存文件。

```
apiVersion: v1
kind: PersistentVolume
metadata:
  name: examplefornfspv
spec:
  capacity:
    storage: 1Gi
  accessModes:
    - ReadWriteMany
  persistentVolumeReclaimPolicy: Recycle
  storageClassName: examplenfs
  nfs:
    path: /data/k8snfs
```

```
  server: 192.168.100.100
```

该模板的主要含义如下。

- ❑ `kind` 表示要创建的资源对象，这里使用关键字 `PersistentVolume`。
- ❑ `spec` 表示该资源对象的具体设置。
  - `capacity`：表示 PV 的容量，通过 `storage` 子属性可以指定占用的具体存储资源（如 NFS）的大小，在本例中设定为 1Gi。
  - `accessModes`：定义 PV 对具体存储资源（如 NFS）的访问模式。一共有 3 种访问模式，分别为 `ReadWriteOnce`（该卷可以被单个节点以读写模式挂载）、`ReadOnlyMany`（该卷可以被多个节点以只读模式挂载）、`ReadWriteMany`（该卷可以被多个节点以读写模式挂载）。在本例中使用 `ReadWriteMany`。
  - `persistentVolumeReclaimPolicy`：表示当删除 PVC 时，PV 资源的回收策略。一共有 3 种策略，分别为 `Retain`（保留）、`Recycle`（自动回收）、`Delete`（自动删除）。当前只有 NFS 和 hostPath 支持 `Recycle` 策略，AWS EBS、GCE PD、Azure Disk 和 Cinder 卷支持 `Delete` 策略。在本例中使用 `Recycle`。
  - `storageClassName`：表示 PV 资源的描述性分类名称，例如，可以使用 "ssd" "slowdisk" 等具备分类的描述性名称。后续在创建 PVC 时可以引用这个名称来绑定 PV。
  - `nfs`：表示该 PV 使用 NFS 服务器作为具体的存储资源，`server` 和 `path` 属性为之前网络存储卷示例中配置的 NFS 服务器及共享目录。

接下来，执行以下命令，创建 PV。

```
$ kubectl apply -f examplefornfspv.yml
```

PV 创建完成后，可以通过以下命令查询 PV 资源。

```
$ kubectl get pv
```

查询结果如图 7-14 所示。PV 已成功创建，其 `STATUS` 属性为 Available，这表示资源空闲，尚未被 PVC 申请使用。

图 7-14 查询结果

接下来，使用以下命令，可以查询 PV 资源的详情。

```
$ kubectl describe pv {PV 名称}
```

在本例中，命令为 `$ kubectl describe pv examplefornfspv`。执行结果如图 7-15 所示，在 Source 处可以看到具体的资源配置信息。

PV 定义完成后就可以创建 PVC 以申请使用存储卷资源。接下来，创建 examplefornfspv.yml 文件。

```
$ vim examplefornfspv.yml
```

7.3 持久存储卷

```
k8sadmin@k8smaster:~$ kubectl describe pv examplefornfspv
Name:            examplefornfspv
Labels:          <none>
Annotations:     kubectl.kubernetes.io/last-applied-configuration:
                   {"apiVersion":"v1","kind":"PersistentVolume","metadata":{"ann
otations":{},"name":"examplefornfspv"},"spec":{"accessModes":["ReadWriteMany"...
Finalizers:      [kubernetes.io/pv-protection]
StorageClass:    examplenfs
Status:          Available
Claim:
Reclaim Policy:  Recycle
Access Modes:    RWX
VolumeMode:      Filesystem
Capacity:        1Gi
Node Affinity:   <none>
Message:
Source:
    Type:      NFS (an NFS mount that lasts the lifetime of a pod)
    Server:    192.168.100.100
    Path:      /data/k8snfs
    ReadOnly:  false
Events:        <none>
```

图 7-15　PV 资源详情

接下来，在文件中填入以下内容并保存文件。

```
apiVersion: v1
kind: PersistentVolumeClaim
metadata:
  name: examplefornfspvc
spec:
  accessModes:
    - ReadWriteMany
  storageClassName: "examplenfs"
  resources:
    requests:
      storage: 500Mi
```

该模板的主要含义如下。

- ❏ `kind` 表示要创建的资源对象，这里使用关键字 `PersistentVolumeClaim`。
- ❏ `spec` 表示该资源对象的具体设置。
  - `accessModes`：定义对 PV 的访问模式。Kubernetes 会给 PVC 绑定满足此访问模式的 PV。在本例中使用 `ReadWriteMany`，与之前定义的 PV 保持一致。
  - `storageClassName`：表示要引用的 PV 资源的描述性分类名称。Kubernetes 会根据这个名称将 PVC 绑定到符合条件的 PV。在本例中使用 `examplenfs`，这与之前定义的 PV 保持一致。
  - `resources`：定义 PVC 的资源参数。`requests` 属性会设置具体资源需求，Kubernetes 会给 PVC 绑定满足资源大小的 PV。本例中设置为 "storage: 500Mi"，这表示申请 500MiB（$1MiB=2^{20}B$，$1MB=10^{6}B$）的资源大小。之前我们创建的 PV 为 1GiB（$1GiB=2^{30}B$，$1GB=10^{9}B$），足够容纳该资源请求。

接下来，执行以下命令，创建 PVC。

```
$ kubectl apply -f examplefornfspvc.yml
```

PVC 创建完成后，可以通过以下命令查询 PVC 资源。

```
$ kubectl get pvc
```

查询结果如图 7-16 所示。PVC 已成功创建，其 STATUS 属性为 Bound，表示已成功绑定到符合 PVC 资源申请条件的 PV 上；VOLUME 属性显示了绑定的 PV 的名称，这正是我们之前创建的 examplefornfspv。

图 7-16　查询结果

此时如果再通过 `$ kubectl get pv` 命令查看已创建的 PV，可以发现其 STATUS 属性由之前的 Available 变为 Bound，CLAIM 属性由空值变为刚才创建的 PVC，如图 7-17 所示。

图 7-17　与 PVC 绑定后，PV 的变化

使用以下命令，可以查询 PVC 资源的详情。

```
$ kubectl describe pvc {PVC 名称}
```

在本例中为 `$ kubectl describe pvc examplefornfspvc`。执行结果如图 7-18 所示，从中可以看到 PVC 的各项具体配置信息。

图 7-18　PVC 资源的详情

PVC 创建完成后，为了定义 Pod 并使用 PVC 引用的资源，首先，创建 exampledeployforpvc.yml 文件。

```
$ vim exampledeployforpvc.yml
```

然后，在文件中填入以下内容并保存文件。

```
apiVersion: apps/v1
kind: Deployment
metadata:
  name: exampledeployforpvc
spec:
  replicas: 2
  selector:
```

```
      matchLabels:
        example: exampleforpvc
  template:
    metadata:
      labels:
        example: exampleforpvc
    spec:
      containers:
      - name: containerforpvc
        image: busybox
        imagePullPolicy: IfNotPresent
        command: ['sh', '-c']
        args: ['echo "The host is $(hostname)" >> /dir/dataforpvc; sleep 3600']
        volumeMounts:
        - name: pvcdata
          mountPath: /dir
      volumes:
      - name: pvcdata
        persistentVolumeClaim:
          claimName: examplefornfspvc
```

本例中创建的存储卷名称为 pvcdata, 这个名称会被容器设置中的 volumeMounts 所引用。存储卷的类型是 persistentVolumeClaim (即使用 PVC), claimName 属性表示引用的 PVC 名称, 本例中为 examplefornfspvc。

本例中创建的名为 containerforpvc 的容器用于向存储卷写入数据, 容器内的存储卷映射地址为/dir, 它引用的存储卷为 pvcdata。容器启动后会以追加方式 (使用了 echo ...>>...命令) 向/dir/dataforpvc 文件写入文本, 这段代码中使用 $(hostname) 环境变量获取主机名称, 对于 Pod 中的容器, 获取到的是 Pod 名称。由于 Deployment 控制器拥有多个 Pod, 因此通过这种方式可在同一个文件下由多个 Pod 写入多行信息。

接下来, 执行以下命令, 创建 Deployment 控制器。

```
$ kubectl apply -f exampledeployforpvc.yml
```

创建后可以通过 $ kubectl get deploy 命令查看启动状态, 如图 7-19 所示。

图 7-19　Deployment 控制器的启动状态

接下来, 执行 $ kubectl get pod -o wide 命令, 如图 7-20 所示, 可以看到 Deployment 控制器一共创建了两个 Pod, 分别位于不同的机器上。

图 7-20　Pod 调度情况

在本例中，PVC 所绑定的 PV 引用中 NFS 服务器的共享目录为/data/k8snfs。在 NFS 服务器上执行$ cat /data/k8snfs/dataforpvc，可输出 NFS 共享目录下的文件内容。执行结果如图 7-21 所示，文件内容正是 Pod 写入的内容。

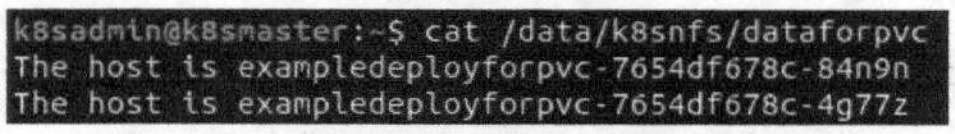

```
k8sadmin@k8smaster:~$ cat /data/k8snfs/dataforpvc
The host is exampledeployforpvc-7654df678c-84n9n
The host is exampledeployforpvc-7654df678c-4g77z
```

图 7-21　共享目录中文件的内容

任意抽取一个 Pod（在本例中为 exampledeployforpvc-7654df678c-84n9n），通过以下命令进入 Pod 内部的命令界面。

```
$ kubectl exec -ti exampledeployforpvc-7654df678c-84n9n -- /bin/sh
```

接下来，执行$ cat /dir/dataforpvc 命令查看文件内容，如图 7-22 所示。由于 Pod 直接引用 NFS 服务器上的文件，因此其内容和在服务器上直接查询一模一样。

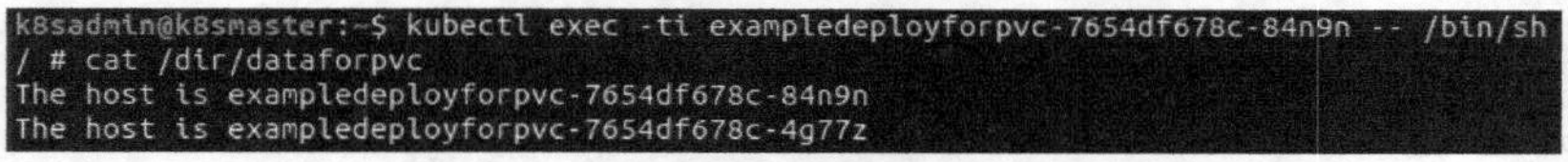

```
k8sadmin@k8smaster:~$ kubectl exec -ti exampledeployforpvc-7654df678c-84n9n -- /bin/sh
/ # cat /dir/dataforpvc
The host is exampledeployforpvc-7654df678c-84n9n
The host is exampledeployforpvc-7654df678c-4g77z
```

图 7-22　在 Pod 内查看文件内容

2. PV 的解绑与回收

在之前的示例中已经将 exampledeployforpvc 绑定到唯一的 PV——exampledeployforpv 上，如果此时再创建一个新的 PVC，会发生什么情况呢？

为了进行试验，首先，创建 examplefornfspvc2.yml 文件。

```
$ vim examplefornfspvc2.yml
```

然后，在文件中填入以下内容并保存文件。

```
apiVersion: v1
kind: PersistentVolumeClaim
metadata:
  name: examplefornfspvc2
spec:
  accessModes:
    - ReadWriteMany
  storageClassName: "examplenfs"
  resources:
    requests:
      storage: 500Mi
```

接下来，执行以下命令，创建 PVC。

```
$ kubectl apply -f examplefornfspvc2.yml
```

PVC 创建完成后，可以通过以下命令查询 PVC 资源。

```
$ kubectl get pvc
```

查询结果如图 7-23 所示，可以看到 examplefornfspvc2 的 STATUS 属性为 Pending，这表示 PVC 一直处于挂起状态，没有找到合适的 PV 资源。

7.3 持久存储卷

```
k8sadmin@k8smaster:~$ kubectl get pvc
NAME               STATUS    VOLUME            CAPACITY   ACCESS MODES   STORAGECLASS   AGE
examplefornfspvc   Bound     examplefornfspv   1Gi        RWX            examplnfs      23h
examplefornfspvc2  Pending                                                examplnfs     2m12s
```

图 7-23　PVC 查询结果

虽然 examplefornfspv 定义的空间为 1GiB，而后面定义的两个 PVC 都各自只申请了 500MiB 的资源，但 PV 和 PVC 只能一对一绑定，不能一对多绑定，所以 examplefornfspvc2 无法申请到合适的 PV 资源。要使用 examplefornfspvc2，要么再创建一个新的 PV 资源，要么就让之前的 PVC 和 PV 资源解除绑定。

此时我们可以执行以下命令，先删除之前创建的 PVC 资源。

```
$ kubectl delete pvc exampledeployforpvc
```

执行删除命令后，执行 $ kubectl get pv 命令，可以看到 examplefornfspv 的 STATUS 属性由 Bound 变回 Available，CLAIM 属性再次变为空值。PV 和 PVC 已解除绑定，如图 7-24 所示。

```
k8sadmin@k8smaster:~$ kubectl delete pvc examplefornfspvc
persistentvolumeclaim "examplefornfspvc" deleted
k8sadmin@k8smaster:~$ kubectl get pv
NAME              CAPACITY   ACCESS MODES   RECLAIM POLICY   STATUS      CLAIM   STORAGECLASS   REASON   AGE
examplefornfspv   1Gi        RWX            Recycle          Available           examplnfs               23h
```

图 7-24　PV 和 PVC 已解除绑定

因为之前 PV 定义的回收策略（persistentVolumeReclaimPolicy）为 Recycle，这表示自动回收，所以解绑后会清理 PVC 在 PV 上写入的内容。此时如果再执行 $ cat /data/k8snfs/dataforpvc，可以看到文件已不存在，如图 7-25 所示。

```
k8sadmin@k8smaster:~$ cat /data/k8snfs/dataforpvc
cat: /data/k8snfs/dataforpvc: No such file or directory
```

图 7-25　文件已不存在

自动回收完成后，可再执行 $ kubectl apply -f examplefornfspvc2.yml 命令。由于 PV 已经处于空闲状态，因此新创建的 PVC 将会绑定到 PV 上，此时再执行 $ kubectl get pv 命令，可以看到 examplefornfspv 和 examplefornfspvc2 已成功绑定，如图 7-26 所示。

图 7-26　PV 绑定情况

如果自动回收失败，则 PV 的 STATUS 属性将变为 Failed，这表示暂时无法使用。如果之前 PV 定义的回收策略是 Retain，则删除 PVC 后资源不会自动回收。此时 /data/k8snfs/dataforpvc 文件依然存在，而 PV 的 STATUS 属性将变为 Released，因此依然不能重新绑定其他 PVC，除非重新创建 PV。

7.3.2 StorageClass

之前介绍了 PV 及 PVC 的使用方式,读者从中可以发现,这是一种静态创建 PV 的方法,先要创建各种固定大小的 PV,而这些 PV 都是手动创建的,过程非常麻烦。有时开发人员在申请 PVC 资源时,不一定有匹配条件的 PV 可用,这又带来了新的问题。

为了解决这类问题,Kubernetes 提供了 StorageClass 抽象来动态创建 PV,StorageClass 大大简化了 PV 的创建过程。当申请 PVC 资源时,如果匹配到满足条件的 StorageClass,就会自动为 PVC 创建对应大小的 PV 并进行绑定。

StorageClass 是通过存储分配器(provisioner)来动态分配 PV 的,但是 Kubernetes 官方内置的存储分配器并不支持 NFS,所以需要额外安装 NFS 存储分配器。

NFS 存储分配器的安装过程并不复杂。首先,执行以下命令,下载 NFS 存储分配器的 deployment.yaml 配置。

```
$ wget https://raw.githubusercontent.com/Kubernetes-incubator/external-storage/master/nfs-client/deploy/deployment.yaml
```

下载完成后,使用以下命令编辑 yaml 配置文件。

```
$ vim deployment.yaml
```

修改文件中的部分配置,然后保存,具体修改内容参见下方粗体代码。

```yaml
apiVersion: v1
kind: ServiceAccount
metadata:
  name: nfs-client-provisioner
---
kind: Deployment
apiVersion: extensions/v1beta1
metadata:
  name: nfs-client-provisioner
spec:
  replicas: 1
  strategy:
    type: Recreate
  template:
    metadata:
      labels:
        app: nfs-client-provisioner
    spec:
      serviceAccountName: nfs-client-provisioner
      containers:
        - name: nfs-client-provisioner
          image: quay.io/external_storage/nfs-client-provisioner:latest
          volumeMounts:
            - name: nfs-client-root
```

```yaml
        mountPath: /persistentvolumes
      env:
        - name: PROVISIONER_NAME
          value: fuseim.pri/ifs
        - name: NFS_SERVER
          value: 192.168.100.100
        - name: NFS_PATH
          value: /data/k8snfs
      volumes:
        - name: nfs-client-root
          nfs:
            server: 192.168.100.100
            path: /data/k8snfs
```

在 `env` 属性中，`PROVISIONER_NAME` 表示存储分配器的名称，因为本例没有进行任何修改，所以直接使用了默认名字，建议读者根据需要更改名称。`NFS_SERVER` 表示 NFS 服务器地址，在本例中为之前配置的 192.168.100.100。`NFS_PATH` 表示 NFS 共享目录地址，在本例中为/data/k8snfs。在 `volumes` 属性中，也将 server 与 path 改为之前配置的 NFS 服务器地址和共享目录。

接下来，执行以下命令，创建 NFS 存储分配器的相关资源。

```
$ kubectl apply -f deployment.yml
```

Deployment 控制器创建完成后，可以通过 `$ kubectl get pod` 命令，查看对应的分配器 Pod 是否已经运行，如图 7-27 所示。

```
k8sadmin@k8smaster:~$ kubectl get pod
NAME                                          READY   STATUS    RESTARTS   AGE
nfs-client-provisioner-744f98ff7d-9mhvh       1/1     Running   0          5m46s
```

图 7-27 查看分配器 Pod 是否已运行

如果 Kubernetes 集群已启用 RBAC 或正在运行 OpenShift，则必须为 NFS 存储分配器授权。直接执行以下命令即可。

```
$ kubectl apply -f https://raw.githubusercontent.com/Kubernetes-incubator/external-storage/master/nfs-client/deploy/class.yaml
```

安装完成后可以创建 StorageClass 了。首先，创建 **managed-nfs-storage.yml** 文件。

```
$ vim managed-nfs-storage.yml
```

然后，在文件中填入以下内容并保存文件。

```yaml
apiVersion: storage.k8s.io/v1
kind: StorageClass
metadata:
  name: managed-nfs-storage
provisioner: fuseim.pri/ifs
parameters:
  archiveOnDelete: "false"
```

该模板的主要含义如下。

- `apiVersion` 表示使用的 API 版本，`storage.k8s.io/v1` 表示使用 Kubernetes API 的稳定版本。
- `kind` 表示要创建的资源对象，这里使用关键字 `StorageClass`。
- `metadata` 中的 `name` 属性定义了当前资源的名称。
- `provisioner` 表示存储分配器的名称。这里需要使用之前在 Deployment 模板中配置的 `PROVISIONER_NAME`，即 `fuseim.pri/ifs`。
- `parameters` 表示该资源对象的参数。若 `archiveOnDelete` 为 `false`，表示与之关联的 PVC 在删除时，它所绑定的 PV 不会被存储分配器保留；若为 `true`，则相反。

接下来，执行以下命令，创建 StorageClass。

```
$ kubectl apply -f managed-nfs-storage.yml
```

创建完成后，可以通过以下命令查看 StorageClass，查询结果如图 7-28 所示。

```
$ kubectl get storageclass
```

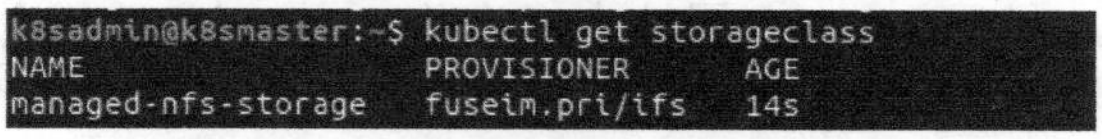

图 7-28 查看 StorageClass 的结果

使用以下命令，可以查询 StorageClass 资源的详情。

```
$ kubectl describe storageclass {StorageClass 名称}
```

在本例中为 `$ kubectl describe storageclass managed-nfs-storage`，执行结果如图 7-29 所示。

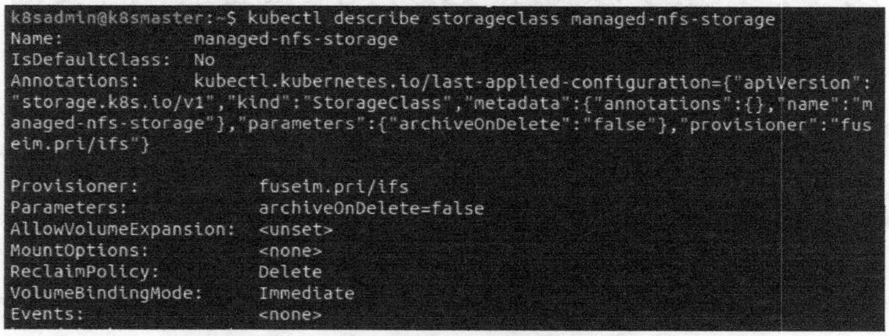

图 7-29 StorageClass 资源的详情

StorageClass 创建完成后就可以创建 PVC 了。首先，创建 exampleforstorageclass.yml 文件。

```
$ vim exampleforstorageclass.yml
```

然后，在文件中填入以下内容并保存文件。

```
apiVersion: v1
kind: PersistentVolumeClaim
metadata:
  name: exampleforstorageclass
spec:
```

```
  accessModes:
    - ReadWriteMany
  storageClassName: "managed-nfs-storage"
  resources:
    requests:
      storage: 500Mi
```

创建方法和之前示例中的并无二致。在本例中，storageClassName 属性设置为 managed-nfs-storage，要与刚才创建的 StorageClass 名称保持一致。

接下来，执行以下命令，创建 PVC。

```
$ kubectl apply -f exampleforstorageclass.yml
```

创建完成后使用$ kubectl get pvc 命令查看，可以发现 STATUS 属性为 Bound，而 VOLUME 属性已经分配了一个值，这表示该 PVC 已经绑定到 PV，如图 7-30 所示。之前我们并未手动创建 PV，它是由 StorageClass 自动创建的。

```
k8sadmin@k8smaster:~$ kubectl get pvc
NAME                     STATUS   VOLUME                                     CAPACITY   ACCESS MODES   STORAGECLASS          AGE
exampleforstorageclass   Bound    pvc-853c6603-abc2-11e9-8d15-000c290bd6a2   500Mi      RWX            managed-nfs-storage   18s
```

图 7-30　PVC 查询情况

通过$ kubectl get pv 命令进行查看，可以找到自动创建的动态 PV 资源，其名称是随机生成的，在本例中为 pvc-853c6603-abc2-11e9-8d15-000c290bd6a2，如图 7-31 所示。

```
k8sadmin@k8smaster:~$ kubectl get pv
NAME                                       CAPACITY   ACCESS MODES   RECLAIM POLICY   STATUS   CLAIM                            STORA
GECLASS          REASON   AGE
pvc-853c6603-abc2-11e9-8d15-000c290bd6a2   500Mi      RWX            Delete           Bound    default/exampleforstorageclass   manag
ed-nfs-storage            45s
```

图 7-31　PV 查询情况

此时可通过$ kubectl describe pv 命令查看详情。可以看到该动态 PV 在 NFS 服务器的共享目录上创建了一个专属于它的子目录，在本例中为/data/k8snfs/default-exampleforstorageclass-pvc-853c6603-abc2-11e9-8d15-000c290bd6a2/dataforstorageclass，如图 7-32 所示。

```
k8sadmin@k8smaster:~$ kubectl describe pv
Name:            pvc-853c6603-abc2-11e9-8d15-000c290bd6a2
Labels:          <none>
Annotations:     pv.kubernetes.io/provisioned-by: fuseim.pri/ifs
Finalizers:      [kubernetes.io/pv-protection]
StorageClass:    managed-nfs-storage
Status:          Bound
Claim:           default/exampleforstorageclass
Reclaim Policy:  Delete
Access Modes:    RWX
VolumeMode:      Filesystem
Capacity:        500Mi
Node Affinity:   <none>
Message:
Source:
    Type:      NFS (an NFS mount that lasts the lifetime of a pod)
    Server:    192.168.100.100
    Path:      /data/k8snfs/default-exampleforstorageclass-pvc-853c6603-abc2-11e9-8d15-000c290bd6a2
    ReadOnly:  false
Events:        <none>
```

图 7-32　PV 资源的详情

此时再创建 Deployment 控制器，让它使用刚才创建的 PVC 资源。首先，通过以下命令创建 exampledeployforstorageclass.yml 文件。

```
$ vim exampledeployforstorageclass.yml
```

然后，在文件中填入以下内容并保存文件。

```
apiVersion: apps/v1
kind: Deployment
metadata:
  name: exampledeployforstorageclass
spec:
  replicas: 2
  selector:
    matchLabels:
      example: exampleforstorageclass
  template:
    metadata:
      labels:
        example: exampleforstorageclass
    spec:
      containers:
      - name: containerforstorageclass
        image: busybox
        imagePullPolicy: IfNotPresent
        command: ['sh', '-c']
        args: ['echo "The host is $(hostname)" >> /dir/dataforstorageclass; sleep 3600']
        volumeMounts:
        - name: pvcdata
          mountPath: /dir
      volumes:
      - name: pvcdata
        persistentVolumeClaim:
          claimName: exampleforstorageclass
```

本例中的 Deployment 控制器和之前示例中的没有差别，只是引用的 PVC 换成了刚才创建的 exampleforstorageclass。Pod 在启动时会将信息写入 /dir/dataforstorageclass 文件。

接下来，执行以下命令，创建 Deployment 控制器。

```
$ kubectl apply -f exampledeployforstorageclass.yml
```

在本例中，PVC 所绑定的动态 PV 在 NFS 服务器的共享目录上创建了一个专属子文件夹，其路径为 /data/k8snfs/default-exampleforstorageclass-pvc-853c6603-abc2-11e9-8d15-000c290bd6a2/dataforstorageclass。在 NFS 服务器上执行以下命令，输出 NFS 共享目录下的文件内容。

```
$ cat /data/k8snfs/default-exampleforstorageclass-pvc-853c6603-abc2-11e9-8d15-000c290bd6a2/dataforstorageclass
```

执行结果如图 7-33 所示，文件内容正是 Pod 写入的内容。

```
k8sadmin@k8smaster:~$ cat /data/k8snfs/default-exampleforstorageclass-pvc-853c66
03-abc2-11e9-8d15-000c290bd6a2/dataforstorageclass
The host is exampledeployforstorageclass-867f84fbb8-2fslh
The host is exampledeployforstorageclass-867f84fbb8-hxvms
```

图 7-33　文件内容

接下来，删除 PVC。先执行 $ kubectl delete pvc exampleforstorageclass 命令，然后再执行 $ kubectl get pv 命令获取 PV，执行结果如图 7-34 所示。可以发现，当删除 PVC 时，它所绑定的动态 PV 也会自动删除。

```
k8sadmin@k8smaster:~$ kubectl get pvc
NAME                     STATUS   VOLUME                                     CAPACITY   ACCESS MODES   STORAGECLASS          AGE
exampleforstorageclass   Bound    pvc-853c6603-abc2-11e9-8d15-000c290bd6a2   500Mi      RWX            managed-nfs-storage   9h
k8sadmin@k8smaster:~$ kubectl delete pvc exampleforstorageclass
persistentvolumeclaim "exampleforstorageclass" deleted
k8sadmin@k8smaster:~$ kubectl get pv
No resources found.
```

图 7-34　PV 已自动删除

删除动态 PV 后，NFS 服务器的共享目录上创建的专属子目录也会被删除，如图 7-35 所示。

```
k8sadmin@k8smaster:~$ cat /data/k8snfs/default-exampleforstorageclass-pvc-853c66
03-abc2-11e9-8d15-000c290bd6a2/dataforstorageclass
cat: /data/k8snfs/default-exampleforstorageclass-pvc-853c6603-abc2-11e9-8d15-000
c290bd6a2/dataforstorageclass: No such file or directory
```

图 7-35　文件已删除

7.4　StatefulSet 控制器

StatefulSet 控制器是一种提供排序和唯一性保证的特殊 Pod 控制器。当有与部署顺序、持久数据或固定网络等相关的特殊需求时，可以使用 StatefulSet 控制器来进行更细粒度的控制。例如，StatefulSet 控制器通常与面向数据的应用程序（如数据库）关联，它即使被重新分配到一个新的节点上，还是需要访问同一个存储卷的。

StatefulSet 控制器对应于有状态服务（Deployment 控制器对应于无状态服务），前者的功能如下所示。

- 实现稳定的持久化存储：Pod 重新调度后还能访问相同的持久化数据，可基于 PVC 来实现。
- 实现稳定的网络标识：Pod 重新调度后其 PodName 和 HostName 不变，基于无头 Service（没有 Cluster IP 的 Service）来实现。
- 实现有序部署、有序伸缩：Pod 是有顺序的，在部署或者扩展的时候要依据定义的顺序依次执行（即从第一个到最后一个依次部署，在下一个 Pod 运行之前所有的 Pod 必须都处于 Running 或 Ready 状态）。
- 实现有序收缩、有序删除：从最后一个开始，依次删除到第一个。

StatefulSet 控制器由 3 个部分组成，如图 7-36 所示。

- 无头 Service：用于为 Pod 资源标识符生成可解析的 DNS 记录。

- volumeClaimTemplates：基于静态或动态 PV 供给方式为 Pod 资源提供专有的固定存储。
- StatefulSet：管理 Pod 资源。

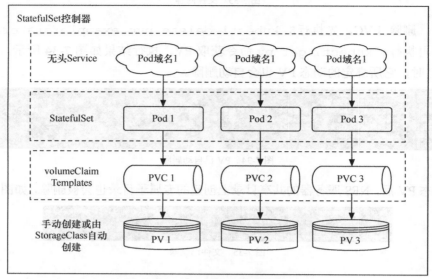

图 7-36　StatefulSet 控制器的组成

为什么要用 StatefulSet 控制器？为什么 StatefulSet 控制器会由以上几个部分组成呢？

Deployment 控制器下的每一个 Pod 都毫无区别地提供服务。但 StatefulSet 控制器下的 Pod 则不同，虽然各个 Pod 的定义是一样的，但因为数据不同，所提供的服务是有差异的。分布式存储系统就适合使用 StatefulSet 控制器，由 Pod A 存储一部分数据并提供相关服务，由 Pod B 存储另一部分数据并提供相关服务。又比如有些服务会临时保存客户请求的数据，如使用服务端 Session 方式存放部分信息的业务网站，由于 Session 的不同，Pod A 和 Pod B 能提供的服务也不尽相同，这种场景也适合使用 StatefulSet 控制器。

因为在上述场景下每一个有状态的 Pod 提供的服务都不一样，所以每一个 Pod 不能被随意取代，必须有序分配且必须为其分配唯一的标识。Pod 名称将是它们的唯一标识符，和 Deployment 控制器下的 Pod 不同，即使有状态的 Pod 发生故障并被重建，Pod 名称也会和原来的一模一样。因为各个有状态的 Pod 也必须要拥有一个唯一的网络标识符以访问具体的某个 Pod，所以会用到无头 Service，无头 Service 可以给每个 Pod 分配一个唯一的 DNS 名称。

有状态的 Pod 都会使用到持久存储（如果没有持久存储，Pod 发生故障时数据就没有了）。如前所述，有状态的 Pod 的最大特点是各个 Pod 中的数据是不一样的，所以各个 Pod 无法共用同一个存储卷。因为每个 Pod 要有各自专用的存储卷，所以并不是在 Pod 模板中定义（若在 Pod 模板中定义，那么每个 Pod 都用的同一个存储卷）StatefulSet 控制器的存储卷配置，而是在 StatefulSet 控制器模板的 `volumeClaimTemplate` 属性中定义存储卷的申请模板，并会为每个 Pod 生成不同的 PVC 且各自绑定 PV，从而使各个 Pod 拥有各自专用的存储卷。

因为每个 Pod 都会产生各自专用的 PVC 及 PV，所以 StatefulSet 控制器的存储最好通过 StorageClass 来动态创建。当然，也可以通过手动创建各个预设的 PV，只是这个过程会相当麻烦。

7.4.1 StatefulSet 控制器的基本操作

理解了 StatefulSet 控制器的各个组成部分后，创建 StatefulSet 控制器就非常简单了。首先，定义模板文件，创建一个名为 examplestatefulset.yml 的模板文件。命令如下。

```
$ vim examplestatefulset.yml
```

然后，在文件中填入如下内容并保存。

```
kind: Service
apiVersion: v1
metadata:
  name: examplestatefulservice
spec:
  selector:
    example: exampleforstateful
  clusterIP: None
  ports:
    - protocol: TCP
      port: 8080
      targetPort: 80
  type: ClusterIP
---
apiVersion: apps/v1
kind: StatefulSet
metadata:
  name: examplestatefulset
spec:
  replicas: 3
  serviceName: "examplestatefulservice"
  selector:
    matchLabels:
      example: exampleforstateful
  template:
    metadata:
      labels:
        example: exampleforstateful
    spec:
      containers:
      - name: pythonserviceforstateful
        image: python:3.7
        imagePullPolicy: IfNotPresent
```

```yaml
        command: ['sh', '-c']
        args: ['echo "The host is $(hostname)" >> /dir/data; echo "<p>The host
  is $(hostname)</p>" > index.html; python -m http.server 80']
        volumeMounts:
        - name: statefuldata
          mountPath: /dir
        ports:
        - name: http
          containerPort: 80
  volumeClaimTemplates:
  - metadata:
      name: statefuldata
    spec:
      accessModes: [ "ReadWriteOnce" ]
      storageClassName: "managed-nfs-storage"
      resources:
        requests:
          storage: 200Mi
```

这个模板主要分为 3 个部分。

首先，创建了一个无头 Service，其名称为 examplestatefulservice。它会通过标签选择器关联到各个标签为 example: exampleforstateful 的 Pod 上。

然后，创建了一个 StatefulSet 模板。该 StatefulSet 模板的前半部分的定义和 Deployment 模板相似，定义了 3 个 Pod 副本，其容器为 "python:3.7" 镜像，其目的是搭建服务。在启动容器时，会先以追加方式向 /dir/data 文件写入一串文本 "The host is $(hostname)"，这串文本使用 $(hostname) 环境变量获取当前 Pod 名称。/dir 目录通过 volumeMounts 属性映射到名为 statefuldata 的存储卷申请模板上，这在写入文本时会直接写入存储卷中。

接下来，执行 echo "<p>The host is $(hostname)</p>" > index.html 命令，将一段 HTML 代码插入 index.html 文件中，这样在访问 index.html 时就可以知道访问的是哪个 Pod。另外，通过 python -m http.server 80 命令，搭建一个简单的 Web 服务，并令服务对应的端口为 80。

StatefulSet 模板的后半部分是存储卷申请模板，其定义的内容和 PVC 模板的差不多，但要注意，这里批量定义了 PVC。storageClassName 属性设置为 managed-nfs-storage，与上一节中创建的 StorageClass 名称保持一致。requests 为 storage: 200Mi，这表示为每一个 Pod 都申请 200MiB 的存储空间。

接下来，执行以下命令，创建 StatefulSet 控制器的相关资源。

```
$ kubectl apply -f examplestatefulset.yml
```

在创建过程中，在不同时段通过 $ kubectl get pod 进行查看，会发现 Pod 是按照顺序依次创建的。Kubernetes 会先创建第一个 Pod，第二个 Pod 处于 Pending 状态。第一个 Pod 创建完毕后创建第二个 Pod，此时第三个 Pod 处于 Pending 状态。前两个 Pod 创建完毕后，再创

7.4 StatefulSet 控制器

建第三个 Pod。Pod 的名称和 Deployment 控制器下的 Pod 不一样，名称末尾并没有生成随机字符串，而是按照数字顺序从 0 开始依次向上累加，如图 7-37 所示。

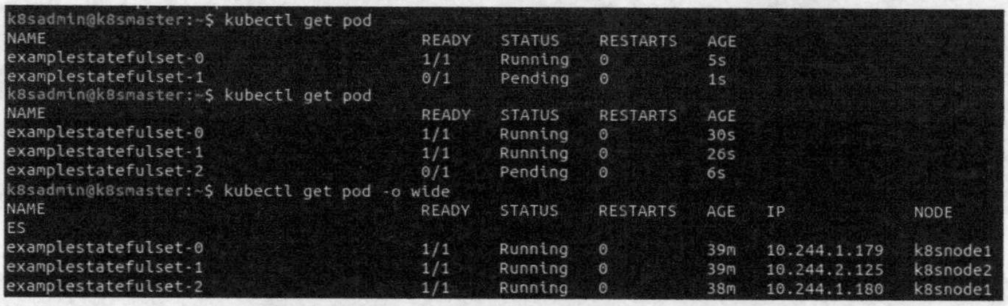

图 7-37　StatefulSet 控制器下有序创建的各个 Pod

通过以下命令，可以查看 StatefulSet 控制器的总体状态。查询结果如图 7-38 所示。

```
$ kubectl get statefulset
```

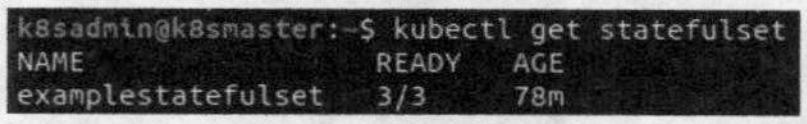

图 7-38　查询结果

通过以下命令，可以查看 StatefulSet 控制器的详细信息。

```
$ kubectl describe statefulset {StatefulSet 名称}
```

在本例中命令为 `$ kubectl describe statefulset examplestatefulset`，执行结果如图 7-39 所示。

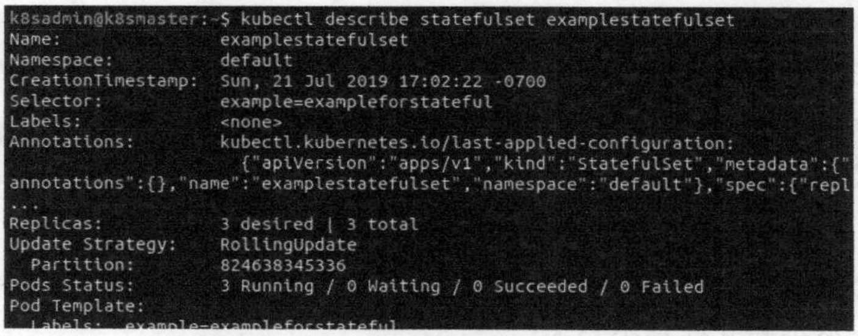

图 7-39　StatefulSet 控制器的详细信息

7.4.2　PVC 及 PV 的使用

我们先检查存储卷的使用情况。此时如果通过 `$ kubectl get pvc` 以及 `$ kubectl get pv` 命令进行查询，可以看到 StatefulSet 控制器为每个 Pod 都创建了各自专用的 PVC 及 PV，如图 7-40 所示。

任意挑选一个 PV，通过 `$ kubectl describe pv` 命令查看详情，可以看到它在 NFS 服务器共享目录上创建的专用目录，如图 7-41 所示。

第 7 章 存储与配置

```
k8sadmin@k8smaster:~$ kubectl get pvc
NAME                               STATUS   VOLUME                                     CAPACITY   ACCESS MODES   STORAGECLASS          AGE
statefuldata-examplestatefulset-0   Bound    pvc-fabb1445-ac13-11e9-8afd-000c290bd6a2   200Mi      RWO            managed-nfs-storage   2m54s
statefuldata-examplestatefulset-1   Bound    pvc-fd791bef-ac13-11e9-8afd-000c290bd6a2   200Mi      RWO            managed-nfs-storage   2m50s
statefuldata-examplestatefulset-2   Bound    pvc-091f58de-ac14-11e9-8afd-000c290bd6a2   200Mi      RWO            managed-nfs-storage   2m30s
k8sadmin@k8smaster:~$ kubectl get pv
NAME                                       CAPACITY   ACCESS MODES   RECLAIM POLICY   STATUS   CLAIM                                       STORAGECLASS          REASON   AGE
pvc-091f58de-ac14-11e9-8afd-000c290bd6a2   200Mi      RWO            Delete           Bound    default/statefuldata-examplestatefulset-2   managed-nfs-storage            2m21s
pvc-fabb1445-ac13-11e9-8afd-000c290bd6a2   200Mi      RWO            Delete           Bound    default/statefuldata-examplestatefulset-0   managed-nfs-storage            2m56s
pvc-fd791bef-ac13-11e9-8afd-000c290bd6a2   200Mi      RWO            Delete           Bound    default/statefuldata-examplestatefulset-1   managed-nfs-storage            2m36s
```

图 7-40 查询到的 PV 及 PVC

```
k8sadmin@k8smaster:~$ kubectl describe pv pvc-091f58de-ac14-11e9-8afd-000c290bd6a2
Name:            pvc-091f58de-ac14-11e9-8afd-000c290bd6a2
Labels:          <none>
Annotations:     pv.kubernetes.io/provisioned-by: fuseim.pri/ifs
Finalizers:      [kubernetes.io/pv-protection]
StorageClass:    managed-nfs-storage
Status:          Bound
Claim:           default/statefuldata-examplestatefulset-2
Reclaim Policy:  Delete
Access Modes:    RWO
VolumeMode:      Filesystem
Capacity:        200Mi
Node Affinity:   <none>
Message:
Source:
    Type:      NFS (an NFS mount that lasts the lifetime of a pod)
    Server:    192.168.100.100
    Path:      /data/k8snfs/default-statefuldata-examplestatefulset-2-pvc-091f58de-ac14-11e9-8afd-000c290bd6a2
    ReadOnly:  false
Events:        <none>
```

图 7-41 其中一个 PV 的详细信息

在 NFS 服务器上执行以下命令，查看 Pod 是否已成功向该目录写入文件。

```
$ cat /data/k8snfs/default-statefuldata-examplestatefulset-2-pvc-091f58de-ac14-11e9-8afd-000c290bd6a2/data
```

执行结果如图 7-42 所示，可以看到 Pod 已成功向它的专属存储卷中写入数据。

```
k8sadmin@k8smaster:~$ cat /data/k8snfs/default-statefuldata-examplestatefulset-2-pvc-091f58de-ac14-11e9-8afd-000c290bd6a2/data
The host is examplestatefulset-2
```

图 7-42 专属存储卷中的文件内容

对于其余两个 Pod 也是一样的，先通过 `$ kubectl describe pv` 命令查看其专属目录位置，然后执行命令查看文件是否写入。

```
$ cat /data/k8snfs/default-statefuldata-examplestatefulset-0-pvc-fabb1445-ac13-11e9-8afd-000c290bd6a2/data
$ cat /data/k8snfs/default-statefuldata-examplestatefulset-1-pvc-fd791bef-ac13-11e9-8afd-000c290bd6a2/data
```

执行结果如图 7-43 所示。每个 Pod 都往各自的存储卷中写入了数据。

```
k8sadmin@k8smaster:~$ cat /data/k8snfs/default-statefuldata-examplestatefulset-0-pvc-fabb1445-ac13-11e9-8afd-000c290bd6a2/data
The host is examplestatefulset-0
k8sadmin@k8smaster:~$ cat /data/k8snfs/default-statefuldata-examplestatefulset-1-pvc-fd791bef-ac13-11e9-8afd-000c290bd6a2/data
The host is examplestatefulset-1
```

图 7-43 其余专属存储卷中文件的内容

7.4.3 无头 Service 的访问

在本节中,我们检查 Service 的发布情况。使用 `$ kubectl get svc` 命令可以看到已经创建了一个无头 Service,如图 7-44 所示。

图 7-44 已经创建的无头 Service

由于这个 Service 无法由集群内外的机器直接访问,因此只能由 Pod 访问,而且需要通过 DNS 形式来访问,具体访问形式为`{ServiceName}.{Namespace}.svc.{ClusterDomain}`。`svc` 是 Service 的缩写(固定格式);ClusterDomain 表示集群域,本例中默认的集群域为 cluster.local;前面两个字段则是根据 Service 定义决定的,在这个例子中 ServiceName 为 examplestatefulservice,而 Namespace 我们没有在 yml 文件中指定,默认值为 Default。

在访问这个地址之前,我们先创建一个测试用的 Pod,用它来尝试访问 Service。命令如下。

```
$ vim examplepodforheadlessservice.yml
```

然后,在文件中填入如下内容并保存。

```
apiVersion: v1
kind: Pod
metadata:
  name: examplepodforheadlessservice
spec:
  containers:
  - name: testcontainer
    image: docker.io/appropriate/curl
    imagePullPolicy: IfNotPresent
    command: ['sh', '-c']
    args: ['echo "test pod for headless service!"; sleep 3600']
```

这个 Pod 并没有什么特别之处,其镜像为 `appropriate/curl`。该镜像是一种工具箱,里面存放了一些测试网络和 DNS 使用的工具(例如 curl 和 nslookup 等),可用于测试现在的 Service。通过 `sleep 3600` 命令,可让该容器长期处于运行状态。

运行以下命令,通过模板创建 Pod。

```
$ kubectl apply -f examplepodforheadlessservice.yml
```

Pod 创建完成后,就可以通过以下命令进入 Pod 内部,这样就可以在 Pod 内部执行命令行。

```
$ kubectl exec -ti examplepodforheadlessservice-- /bin/sh
```

进入容器内部后,可以执行 `nslookup` 命令查询 DNS 信息,获得这个 DNS 下面的 IP 地址列表。之前已经提到,Kubernetes 中的 DNS 资源访问方式为`{ServiceName}.{Namespace}.svc.{ClusterDomain}`,本例中的具体命令如下。

```
$ nslookup examplestatefulservice.default.svc.cluster.local
```

DNS 查询结果如图 7-45 所示。可以看到，一共返回了 3 个 IP 地址，这些 IP 地址正是之前创建的各个 Pod 的 IP 地址，而 Kubernetes 又为每个 Pod 地址创建了对应的专属域名。访问这些专属域名就可以访问指定 Pod 提供的服务。

图 7-45　DNS 查询结果

当然，也可以直接使用无头 Service 的总域名来访问服务，如图 7-46 所示。通过这种方式访问的服务是随机的，这对于 Deployment 控制器提供的无状态 Pod 没有问题，但如前所述，对于 StatefulSet 控制器提供的有状态 Pod 而言，每个 Pod 提供的服务都是不同的，在调用时必须指明调用哪一个 Pod 提供的服务。

图 7-46　使用无头 Service 的总域名访问服务

在无头 Service 中，每一个 Pod 都会生成专属的访问域名，其访问格式为 {PodName}.{ServiceName}.{Namespace}.svc.{ClusterDomain}。每个域名通过 DNS 查询都可以解析出 Pod 的 IP 地址，例如，使用以下命令。

```
$ nslookup examplestatefulset-0.examplestatefulservice.default.svc.cluster.local
$ nslookup examplestatefulset-1.examplestatefulservice.default.svc.cluster.local
$ nslookup examplestatefulset-2.examplestatefulservice.default.svc.cluster.local
```

执行以上命令解析 DNS，结果如图 7-47 所示。

图 7-47　专属域名的 DNS 解析结果

综上所述，要访问由不同的有状态 Pod 提供的服务，只需要访问其专属域名即可。在本例中有 3 个 Pod，可以使用以下命令分别访问由这 3 个 Pod 提供的服务。

```
$ curl examplestatefulset-0.examplestatefulservice.default.svc.cluster.local
$ curl examplestatefulset-1.examplestatefulservice.default.svc.cluster.local
```

7.4 StatefulSet 控制器

```
$ curl examplestatefulset-2.examplestatefulservice.default.svc.cluster.local
```

执行结果如图 7-48 所示,可以看到每个域名都可以成功返回各自的结果。

```
/ # curl examplestatefulset-0.examplestatefulservice.default.svc.cluster.local
<p>The host is examplestatefulset-0</p>
/ # curl examplestatefulset-1.examplestatefulservice.default.svc.cluster.local
<p>The host is examplestatefulset-1</p>
/ # curl examplestatefulset-2.examplestatefulservice.default.svc.cluster.local
<p>The host is examplestatefulset-2</p>
```

图 7-48 各个域名的访问结果

7.4.4 Pod 的重建

可以模拟 Pod 发生故障时的场景。假设现在 examplestatefulset-1 发生故障(例如,人为删除),请执行以下命令。

```
$ kubectl delete pod examplestatefulset-1
```

执行结果如图 7-49 所示,名为 examplestatefulset-1 的 Pod 开始被终止。

```
k8sadmin@k8smaster:~$ kubectl get pod -o wide
NAME                    READY   STATUS        RESTARTS   AGE   IP             NODE
 GATES
examplestatefulset-0    1/1     Running       0          82m   10.244.1.179   k8snode1
examplestatefulset-1    1/1     Terminating   0          82m   10.244.2.125   k8snode2
examplestatefulset-2    1/1     Running       0          81m   10.244.1.180   k8snode1
```

图 7-49 名为 examplestatefulset-1 的 Pod 开始被终止

因为在之前模板中 replicas 设置为 3,这表示会保留 3 个稳定副本,所以 Pod 会重建。可以看到,Pod 重建后的名称一模一样,Pod 的 IP 地址会有变化(但不会有实际影响),如图 7-50 所示。

```
k8sadmin@k8smaster:~$ kubectl get pod -o wide
NAME                    READY   STATUS    RESTARTS   AGE   IP             NODE
ES
examplestatefulset-0    1/1     Running   0          83m   10.244.1.179   k8snode1
examplestatefulset-1    1/1     Running   0          56s   10.244.2.127   k8snode2
examplestatefulset-2    1/1     Running   0          82m   10.244.1.180   k8snode1
```

图 7-50 Pod 开始重建

执行以下命令,输出这个 Pod 专属的存储卷中文件的内容,查看是否仍然调用了同一个存储。

```
$ cat /data/k8snfs/default-statefuldata-examplestatefulset-1-pvc-fd791bef-ac13-11e9-
  8afd-000c290bd6a2/data
```

因为在之前的 Pod 定义中 Pod 启动时会以追加文本的形式向文件中写入数据,所以 Pod 重建后,会再写一条数据。因为重建后的 Pod 使用的还是同一个 PVC 和 PV,所以仍然在同一个文件上进行编辑。查询该文件会看到两条文本,一条是之前由被删除的 Pod 在启动时写的,一条是重建时写的,如图 7-51 所示。

```
k8sadmin@k8smaster:~$ cat /data/k8snfs/default-statefuldata-examplestatefulset-1
-pvc-fd791bef-ac13-11e9-8afd-000c290bd6a2/data
The host is examplestatefulset-1
The host is examplestatefulset-1
```

图 7-51 专属存储卷中文件的内容

167

7.4.5　StatefulSet 控制器的伸缩与更新

和 Deployment 控制器一样，StatefulSet 控制器也可以实现动态伸缩，只需要修改配置模板中的 `replicas` 属性然后执行应用即可。但与 Deployment 控制器不同的地方在于，Pod 是有序伸缩的，就像创建 StatefulSet 控制器时依次创建 Pod 一样。在扩容时，后续新增的 Pod 会从前往后依次创建，创建完成后才开始下一个 Pod 的创建；在缩容时，会先从编号最大的 Pod 开始，从后往前依次删除，完全删除后才开始下一个 Pod 的删除。

StatefulSet 控制器有两种更新策略，可以在模板中通过 `.spec.updateStrategy` 属性进行设置。

第一种是 OnDelete 更新策略，这是默认的向后兼容的更新策略。使用 OnDelete 更新策略更新 StatefulSet 模板后，只有在手动删除旧的 Pod 时才会创建新的 Pod。具体方式在 5.2 节已经详述，这里不再赘述。

第二种是 RollingUpdate 策略。在更新 StatefulSet 控制器模板后，旧的 Pod 将被终止，并且将以受控方式自动创建新的 Pod。具体方式在 5.2 节已经详述，这里不再赘述。但对于 StatefulSet 控制器和 Deployment 控制器的滚动更新，有一些细节上的差异。

- 因为 StatefulSet 控制器是有序的，所以它会从编号最大的 Pod 到最小的 Pod 依次更新，而且在更新前不会立即删除旧的 Pod，而是等新的 Pod 已完全创建完毕且处于 Running 状态时，才会替换并删除旧的 Pod。
- StatefulSet 控制器拥有独有的更新属性 `.spec.updateStrategy.rollingUpdate.partition`。这种方式类似于金丝雀部署，如果将 partition 设置为 4，只有编号大于或等于 4 的 Pod 才会进行更新，编号小于 partition 的 Pod 将不会更新。如果已经更新的 Pod 通过验证，则再将 partition 改为 0，更新其余 Pod 即可。

7.5　配置存储卷

Kubernetes 还拥有一些存储卷，但它们并不是用来进行容器间交互或 Pod 间数据共享的，而是用于向各个 Pod 的容器中注入配置信息的。它们的使用方式大同小异，Pod 可以通过环境变量或者存储卷访问这些配置信息。

目前这类存储卷主要分为 3 种。

- ConfigMap：可传递普通的配置信息。
- Secret：可传递敏感的、加密的配置信息。
- DownwardAPI：可传递 Pod 和容器自身的运行信息。

7.5.1 ConfigMap

在企业运营中,一般都会有多个部署环境,如开发环境、测试环境、预发布环境、生产环境等,这几种环境的配置也各有不同。如果在 Pod 模板中直接配置,会发现管理非常困难,每个环境都要准备不同的模板。

利用 ConfigMap 可以解耦部署与配置之间的关系,只需要在各个环境的机器上预先完成不同的配置即可,也就是配置 ConfigMap。而对于同一个应用部署,Pod 模板无须变化,只要将明文编写的配置设置为对 ConfigMap 的引用,就可以降低环境管理和部署的复杂度,如图 7-52 所示。

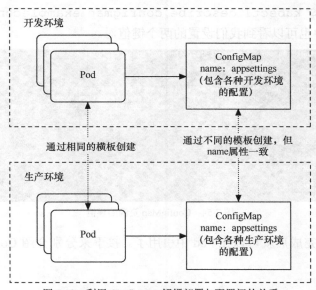

图 7-52 利用 ConfigMap 解耦部署与配置间的关系

ConfigMap 主要是以键值对的方式来存储配置信息的。

首先,创建一个 ConfigMap。和之前一样,通过以下命令创建模板文件。

```
$ vim exampleconfigmap.yml
```

然后,在文件中填入如下内容并保存。

```
kind: ConfigMap
apiVersion: v1
metadata:
  name: exampleconfigmap
data:
  exampleHostName: www.testk8s.com
  exampleBusinessMode: exampleMode
```

在本例中,模板的 kind 属性为 ConfigMap,我们在模板中创建了名为 exampleconfigmap 的

ConfigMap。它拥有两个键值对。其中，一个名为 exampleHostName，值为 www.testk8s.com；另一个名为 exampleBusinessMode，值为 exampleMode。这些信息都可以任意配置。

运行以下命令，通过模板创建 ConfigMap。

```
$ kubectl apply -f exampleconfigmap.yml
```

创建完成后，可以通过 `$ kubectl get configmap` 命令来查看创建情况，如图 7-53 所示。

图 7-53　ConfigMap 创建情况

也可以通过以下命令查看 ConfigMap 的详情。

```
$ kubectl describe configmap {ConfigMap 名称}
```

本例中的命令为 `$ kubectl describe configmap exampleconfigmap`。执行结果如图 7-54 所示，从中也可以看到我们设置的两个键值对。

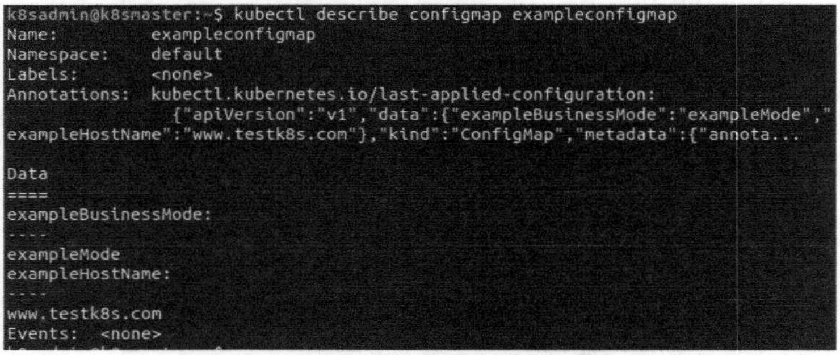

图 7-54　ConfigMap 资源的详情

ConfigMap 创建完成后就可以在 Pod 中引用了。接下来分别介绍 ConfigMap 的两种引用方式。

1. 环境变量引用方式

ConfigMap 可以通过设置环境变量或命令行参数的形式进行引用。首先，定义模板文件，创建一个名为 examplepodforenvconfig.yml 的模板文件。命令如下。

```
$ vim examplepodforenvconfig.yml
```

然后，在文件中填入如下内容并保存。

```
apiVersion: v1
kind: Pod
metadata:
  name: examplepodforenvconfig
spec:
  containers:
  - name: containerforenv
    image: busybox
```

```
      imagePullPolicy: IfNotPresent
      command: ['sh','-c']
      args: ['echo "EnvParaHostName: ${EnvParaHostName}  EnvParaBusinessMode:
${EnvParaBusinessMode}"; printenv | grep EnvPara; sleep 3600']
      env:
        - name: EnvParaHostName
          valueFrom:
            configMapKeyRef:
              name: exampleconfigmap
              key: exampleHostName
        - name: EnvParaBusinessMode
          valueFrom:
            configMapKeyRef:
              name: exampleconfigmap
              key: exampleBusinessMode
```

通过 valueFrom、configMapKeyRef、name、key 等属性，我们可以指定具体要引用哪些环境变量。在 env 属性中，我们先定义了环境变量的名称（在本例中分别为 EnvParaHostName 和 EnvParaBusinessMode）。和之前引用环境变量的不同之处在于，这里使用 valueFrom 属性来定义，表示环境变量的值来自外部引用，关键字 configMapKeyRef 表示从 ConfigMap 中引用；configMapKeyRef.name 属性表示要引用的 ConfigMap 的名称；而 configMapKeyRef.key 表示要引用的键值对的键名，它的值会映射到环境变量上。这里我们使用之前创建的两个键值对。

在容器的命令参数中，我们会先通过命令行参数直接输出定义的参数，然后通过 $ printenv | grep EnvPara 命令输出 Pod 中包含 "EnvPara" 字符串的环境变量（因为其他环境变量较多，所以通过 grep 来筛选），查看定义的参数是否已注入 Pod 的环境变量中。

运行以下命令，通过模板创建 Pod。

```
$ kubectl apply -f examplepodforenvconfig.yml
```

创建完成后，通过 $ kubectl logs examplepodforenvconfig 命令可以查看 Pod 输出的信息，如图 7-55 所示，环境变量已经成功引用 ConfigMap 中设置的值。

```
k8sadmin@k8smaster:~$ kubectl apply -f examplepodforenvconfig.yml
pod/examplepodforenvconfig created
k8sadmin@k8smaster:~$ kubectl logs examplepodforenvconfig
EnvParaHostName: www.testk8s.com  EnvParaBusinessMode: exampleMode
EnvParaHostName=www.testk8s.com
EnvParaBusinessMode=exampleMode
```

图 7-55 环境变量输出结果 1

有些时候，ConfigMap 中设置的键值对可能会非常多，一个个配置到 Pod 模板中会相当麻烦。Kubernetes 还提供了一种简易的方式，即将 ConfigMap 中的所有键值对直接配置到 Pod 中。

为了使用示例来介绍直接引用 ConfigMap 整个文件的方法，首先，定义模板文件，创建一个名为 examplepodforenvconfigv2.yml 的模板文件。命令如下。

```
$ vim examplepodforenvconfigv2.yml
```
然后，在文件中填入如下内容并保存。
```
apiVersion: v1
kind: Pod
metadata:
  name: examplepodforenvconfigv2
spec:
  containers:
  - name: containerforenv
    image: busybox
    imagePullPolicy: IfNotPresent
    command: ['sh','-c']
    args: ['printenv | grep example; sleep 3600']
    envFrom:
      - configMapRef:
          name: exampleconfigmap
```

本例中直接使用 envFrom 属性，表示整个环境变量都是从外部文件引用的；引用方式为 configMapRef，表示从 ConfigMap 中引用；configMapRef.name 属性表示 ConfigMap 的名称。

接下来，利用容器命令参数 printenv | grep example 输出 Pod 中包含 "example" 字符串的环境变量（因为其他环境变量较多，所以通过 grep 筛选出指定条目来查看）。

运行以下命令，通过模板创建 Pod。
```
$ kubectl apply -f examplepodforenvconfigv2.yml
```

创建完成后，通过 `$ kubectl logs examplepodforenvconfigv2` 命令可以查看 Pod 输出的信息，如图 7-56 所示。可以看到 ConfigMap 中的所有键值对都已经按环境变量的方式配置到 Pod 当中。

```
k8sadmin@k8smaster:~$ kubectl logs examplepodforenvconfigv2
exampleHostName=www.testk8s.com
exampleBusinessMode=exampleMode
```

图 7-56　环境变量输出结果 2

2. 存储卷引用方式

因为 ConfigMap 本身是一种特殊的存储卷，所以也可以通过存储卷方式配置到 Pod 中。不同于环境变量的引用方式，这种引用方式会将每个键值对都转换成对应的实体文件。

为了演示如何通过存储卷方式引用 ConfigMap，首先，定义模板文件，创建一个名为 **examplepodforvolumeconfig.yml** 的模板文件。命令如下。
```
$ vim examplepodforvolumeconfig.yml
```
然后，在文件中填入如下内容并保存。
```
apiVersion: v1
kind: Pod
metadata:
```

7.5 配置存储卷

```yaml
  name: examplepodforvolumeconfig
spec:
  containers:
  - name: containerforvolume
    image: busybox
    imagePullPolicy: IfNotPresent
    command: ['sh','-c']
    args: ['echo "files:"; ls /config/allvalues; sleep 3600']
    volumeMounts:
    - name: volumeconfig
      mountPath: /config/allvalues
  volumes:
  - name: volumeconfig
    configMap:
      name: exampleconfigmap
```

本例中创建的存储卷名称为 volumeconfig，这个名称会被容器设置中的数据卷引用。存储卷的类型是 configMap，其 name 属性为 exampleconfigmap，引用之前我们创建的 ConfigMap。

本例中创建的名为 containerforvolume 容器会引用 volumeconfig 存储卷，并将其映射到容器的/config/allvalues 目录下，然后通过 ls 命令，输出/config/allvalues 目录下的所有文件。

运行以下命令，通过模板创建 Pod。

```
$ kubectl apply -f examplepodforvolumeconfig.yml
```

Pod 创建成功后，可以通过 `$ kubectl logs examplepodforvolumeconfig` 命令查看输出的内容，输出结果如图 7-57 所示。在容器的/config/allvalues 目录下，分别有名为 exampleBusinessMode 和 exampleHostName 的两个文件，它们分别对应 ConfigMap 中的两个键值对。

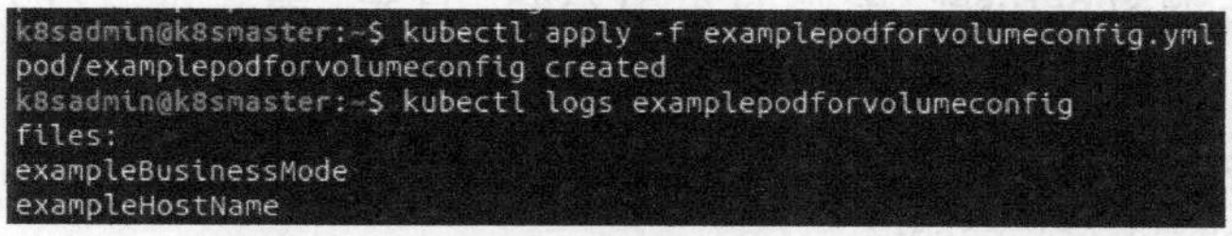

```
k8sadmin@k8smaster:~$ kubectl apply -f examplepodforvolumeconfig.yml
pod/examplepodforvolumeconfig created
k8sadmin@k8smaster:~$ kubectl logs examplepodforvolumeconfig
files:
exampleBusinessMode
exampleHostName
```

图 7-57 生成的文件名称

通过 `$ kubectl exec -ti examplepodforvolumeconfig -- /bin/sh` 命令进入 Pod 内部，然后分别输出这两个文件的内容（分别通过 `cat /config/allvalues/exampleBusinessMode` 和 `cat /config/allvalues/exampleHostName` 命令），可以看到这两个文件中的内容正是 ConfigMap 中各个键对应的实际值，如图 7-58 所示。

```
k8sadmin@k8smaster:~$ kubectl exec -ti examplepodforvolumeconfig -- /bin/sh
/ # cat /config/allvalues/exampleBusinessMode
exampleMode
/ # cat /config/allvalues/exampleHostName
www.testk8s.com
```

图 7-58 各个文件的内容

7.5.2 Secret

如果说 ConfigMap 用于传递普通的配置信息，那么 Secret 则用于传递敏感的、加密的配置信息，例如，用户名和密码等敏感信息。

话虽如此，实际上 Secret 的安全性并不高，因为它本质上通过 base64 格式对信息进行编码，连加密都算不上，这些编码后的信息只需要解码就可以变回原始值。对于重要信息，建议采用其他自定义方式进行加密并在 Pod 中按自定义算法进行解密。

Secret 主要有 3 种类型。

- OpaqueSecret：使用 base64 编码格式，用来存储密码、密钥等。
- ImagePullSecret：用来存储私有 Docker Registry 的认证信息。
- ServiceAccountSecret：主要用来访问 Kubernetes API。它会被 ServiceAccount 引用。在 ServiceAccount 创建时，Kubernetes 会默认创建对应的 Secret。Pod 如果使用了 ServiceAccount，则对应的 Secret 会自动挂载到 Pod 的/run/secrets/Kubernetes.io/serviceaccount 目录下，后续章节会详述这种 Secret。

接下来将主要介绍 OpaqueSecret 和 ImagePullSecret 的基本使用方式。

1. OpaqueSecret

OpaqueSecret 完全就是 ConfigMap 的翻版，它们的定义方式和使用方式类似，都是使用键值对形式，但区别在于，OpaqueSecret 中各个键对应的值必须通过 base64 进行编码才能配置。

现在创建一个 OpaqueSecret。假设我们要用 OpaqueSecret 来存储自定义的用户名和密码，在本例中用户名为 superuser，密码为 abc12345。首先，需要对用户名和密码进行 base64 编码。

需要执行的命令如下。

```
$ echo -n "superuser" | base64
$ echo -n "abc12345" | base64
```

执行结果如图 7-59 所示。用户名和密码的 base64 编码结果已经产生，现在先记录这些编码后的值，稍后将这些值配置到 Secret 中。

```
k8sadmin@k8smaster:~$ echo -n "superuser" | base64
c3VwZXJ1c2Vy
k8sadmin@k8smaster:~$ echo -n "abc12345" | base64
YWJjMTIzNDU=
```

图 7-59 编码结果

和之前一样，先通过以下命令创建模板文件。

```
$ vim examplesecret.yml
```

然后，在文件中填入如下内容并保存。

```
apiVersion: v1
kind: Secret
metadata:
  name: examplesecret
type: Opaque
data:
  exampleusername: c3VwZXJ1c2Vy
  examplepassword: YWJjMTIzNDU=
```

在本例中，模板的 kind 属性为 Secret。我们在模板中创建了一个名为 examplesecret 的 Secret。它拥有两个键值对，它们的值正是刚才编码后的用户名和密码。其中一个名为 exampleusername，值为 c3VwZXJ1c2Vy；另一个名为 examplepassword，值为 YWJjMTIzNDU=。

运行以下命令，通过模板创建 ConfigMap。

```
$ kubectl apply -f examplesecret.yml
```

创建完成后，可以通过 $ kubectl get secret 命令来查看创建情况，如图 7-60 所示。

图 7-60　创建的 Secret

也可以通过以下命令查看 Secret 的详情，具体命令如下。

```
$ kubectl describe secret {Secret 名称}
```

本例中的命令为 $ kubectl describe secret examplesecret。执行结果如图 7-61 所示。从中可以看到设置的两个键值对，但它们并没用有明文显示出来。

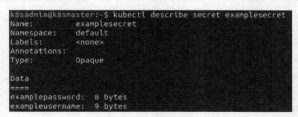

图 7-61　Secret 资源的详情

执行 $ kubectl get secret examplesecret -o yaml 命令，将会以 yaml 格式输出这个 Secret 的信息，如图 7-62 所示，输出的信息中已显示出所配置的键值对。

图 7-62　Secret 的信息

从这里就可以看出，Secret 其实一点都不安全，很轻松就可以获取配置值，只要稍微解码就可以得到原始值。在本例中，解码命令为 $ echo "c3VwZXJ1c2Vy" | base64 --decode，

执行结果如图 7-63 所示，信息已成功解码为原始值。

```
k8sadmin@k8smaster:~$ echo "c3VwZXJ1c2Vy" | base64 --decode
superuser
```

图 7-63　解码后的信息

Secret 创建完成后就可以在 Pod 中引用了。Secret 和 ConfigMap 的引用方式大同小异。接下来分别介绍 Secret 的两种引用方式。

环境变量引用方式

Secret 可以通过设置环境变量或命令行参数形式进行引用。首先，定义模板文件，创建一个名为 examplepodforenvsecret.yml 的模板文件。命令如下。

```
$ vim examplepodforenvsecret.yml
```

然后，在文件中填入如下内容并保存。

```yaml
apiVersion: v1
kind: Pod
metadata:
  name: examplepodforenvsecret
spec:
  containers:
  - name: containerforenv
    image: busybox
    imagePullPolicy: IfNotPresent
    command: ['sh','-c']
    args: ['echo "EnvParaUserName: ${EnvParaUserName}  EnvParaPassword: ${EnvParaPassword}";
        printenv | grep EnvPara; sleep 3600']
    env:
      - name: EnvParaUserName
        valueFrom:
          secretKeyRef:
            name: examplesecret
            key: exampleusername
      - name: EnvParaPassword
        valueFrom:
          secretKeyRef:
            name: examplesecret
            key: examplepassword
```

通过 valueFrom、secretKeyRef、name、key 等属性，我们可以指定具体要引用哪些环境变量。在 env 属性中，我们先指定了环境变量的名称（在本例中分别为 EnvParaUserName 和 EnvParaPassword）；然后使用 valueFrom 属性，表示环境变量的值来自外部引用；关键字 secretKeyRef 表示从 Secret 中引用；secretKeyRef.name 属性表示要引用的 Secret 的名称；而 secretKeyRef.key 表示要引用的键值对的键名，它的值会映射到环境变量上。这里我们使用之前创建的两个键值对。

在容器命令参数中,我们会先通过命令行参数直接输出定义的参数,然后通过`$ printenv | grep EnvPara`命令输出 Pod 中包含"EnvPara"字符串的环境变量,从而查看我们定义的参数是否已注入 Pod 的环境变量中。

运行以下命令,通过模板创建 Pod。

```
$ kubectl apply -f examplepodforenvsecret.yml
```

创建完成后,通过`$ kubectl logs examplepodforenvsecret`命令可以查看 Pod 输出的信息,如图 7-64 所示。环境变量已经成功引用了 Secret 中设置的值,且这些值已经解码成明文。

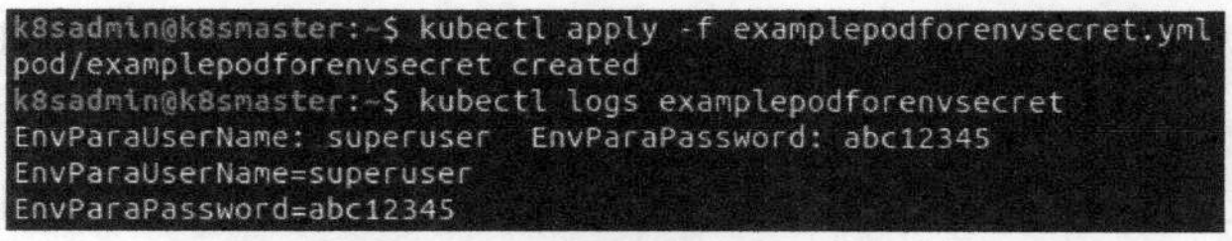

图 7-64 环境变量输出情况

和 ConfigMap 一样,Secret 中设置的键值对可能会非常多,一个个配置到 Pod 模板中会非常麻烦。Kubernetes 提供了一种简易方式,用于将 Secret 中的所有键值对直接配置到 Pod 中。

为了使用示例来介绍直接引用 Secret 整个文件的方法,首先,定义模板文件,创建一个名为 examplepodforenvsecretv2.yml 的模板文件。命令如下。

```
$ vim examplepodforenvsecretv2.yml
```

然后,在文件中填入如下内容并保存。

```
apiVersion: v1
kind: Pod
metadata:
  name: examplepodforenvsecretv2
spec:
  containers:
  - name: containerforenv
    image: busybox
    imagePullPolicy: IfNotPresent
    command: ['sh','-c']
    args: ['printenv | grep example; sleep 3600']
    envFrom:
      - secretRef:
          name: examplesecret
```

本例中直接使用 `envFrom` 属性,表示整个环境变量都是从外部文件引用的;引用方式为 `secretRef`,表示从 Secret 中引用;`secretRef.name` 属性表示 Secret 的名称。

接下来,通过容器命令参数 `printenv | grep example` 输出 Pod 中包含"example"字符串的环境变量。

运行以下命令,通过模板创建 Pod。

```
$ kubectl apply -f examplepodforenvsecretv2.yml
```

创建完成后，通过 `kubectl logs examplepodforenvsecretv2` 命令可以查看 Pod 输出的信息，如图 7-65 所示。可以看到 Secret 中的所有键值对都已经按环境变量的方式配置到 Pod 当中，且这些值已经解码成明文。

```
k8sadmin@k8smaster:~$ kubectl apply -f examplepodforenvsecretv2.yml
pod/examplepodforenvsecretv2 created
k8sadmin@k8smaster:~$ kubectl logs examplepodforenvsecretv2
examplepassword=abc12345
exampleusername=superuser
```

图 7-65　环境变量的输出情况

存储卷引用方式

因为 Secret 本身是一种特殊的存储卷，所以也可以通过存储卷方式配置到 Pod 中。不同于环境变量的引用方式，这种引用方式会将每个键值对都转换成对应的实体文件。

为了通过存储卷方式引用 Secret，首先，定义模板文件，创建一个名为 examplepodforvolumesecret.yml 的模板文件。命令如下。

```
$ vim examplepodforvolumesecret.yml
```

然后，在文件中填入如下内容并保存。

```
apiVersion: v1
kind: Pod
metadata:
  name: examplepodforvolumesecret
spec:
  containers:
  - name: containerforvolume
    image: busybox
    imagePullPolicy: IfNotPresent
    command: ['sh','-c']
    args: ['echo "files:"; ls /secret/allvalues; sleep 3600']
    volumeMounts:
    - name: volumesecret
      mountPath: /secret/allvalues
  volumes:
  - name: volumesecret
    secret:
      secretName: examplesecret
```

本例中创建的存储卷名称为 volumesecret，这个名称会被容器设置中的数据卷引用。存储卷的类型是 Secret，其 name 属性为 examplesecret，即引用之前我们创建的 Secret。

本例中创建的名为 containerforvolume 的容器会引用 volumesecret 存储卷，并将其映射到容器的 /secret/allvalues 目录下，然后通过 `ls` 命令，输出 /secret/allvalues 目录下的所有文件。

运行以下命令，通过模板创建 Pod。

```
$ kubectl apply -f examplepodforvolumesecret.yml
```

Pod 创建成功后，可以通过 `$ kubectl logs examplepodforvolumesecret` 命令查看输出内容，输出结果如图 7-66 所示。在容器的 /secret/allvalues 目录下，分别有 examplepassword 和 exampleusername 这两个文件，分别对应 Secret 中的两个键值对。

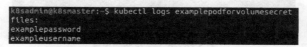

图 7-66　生成的文件名称

通过 `$ kubectl exec -ti examplepodforvolumesecret -- /bin/sh` 命令进入 Pod 内部，然后分别输出这两个文件的内容（分别通过 cat /secret/allvalues/examplepassword 和 cat /secret/allvalues/exampleusername 命令）。可以看到这两个文件的内容正是 Secret 中各个键对应的实际值，且这些值已经解码成明文，如图 7-67 所示。

图 7-67　各个文件的内容

2. ImagePullSecret

ImagePullSecret 主要用来存储私有 Docker Registry 的认证信息。在设置 Pod 模板时，如果需要从私有仓库中拉取镜像，可以设置 imagePullSecrets 属性为此类型的 Secret，以作为仓库的登录密钥。

可以直接使用 `$ kubectl create secret` 命令来创建 ImagePullSecret。具体命令如下所示。

```
$ kubectl create secret docker-registry myregistrykey --docker-server=DOCKER_REGISTRY_SERVER --docker-username=DOCKER_USER --docker-password=DOCKER_PASSWORD --docker-email=DOCKER_EMAIL
```

本例中创建了一个名为 myregistrykey 的 Secret。注意，这里需要将命令中的 DOCKER_REGISTRY_SERVER、DOCKER_USER、DOCKER_PASSWORD、DOCKER_EMAIL 替换为对应环境中的值。

也可以通过直接读取 .dockercfg 中的内容来创建 Secret，具体命令如下所示。

```
$ kubectl create secret docker-registry myregistrykey --from-file="~/.dockercfg"
```

Secret 创建后，可以通过 `$ kubectl describe secret myregistrykey` 命令查询具体信息。查询结果如图 7-68 所示，可以看到 Secret 中有一个名为 .dockerconfigjson 的键值对。

执行 `$ kubectl get secret myregistrykey -o yaml` 命令，将会以 yaml 格式输出这个 Secret 的具体信息，如图 7-69 所示，在输出的信息中已显示出配置的键值对。

```
k8sadmin@k8smaster:~$ kubectl describe secret myregistrykey
Name:         myregistrykey
Namespace:    default
Labels:       <none>
Annotations:  <none>

Type:  kubernetes.io/dockerconfigjson

Data
====
.dockerconfigjson:  161 bytes
```

图 7-68　Secret 资源的详情

```
k8sadmin@k8smaster:~$ kubectl get secret myregistrykey -o yaml
apiVersion: v1
data:
  .dockerconfigjson: eyJhdXRocyI6eyJET0NLRVJfUkVHSVNUUllfU0VSVkVSIjp7InVzZXJuYW1
lIjoiRE9DS0VSX1VTRVIiLCJwYXNzd29yZCI6IkRPQ0tFUl9QQVNTV09SRCIsImVtYWlsIjoiRE9DS0V
SX0VNQUlMIiwiYXV0aCI6IlJFOURTMFZTWDFWVFJWSTZSRTlEUzBWU1gxQkJVMU5YVDFKRSJ9fX0=
kind: Secret
metadata:
  creationTimestamp: "2019-07-22T07:27:04Z"
  name: myregistrykey
  namespace: default
  resourceVersion: "296374"
  selfLink: /api/v1/namespaces/default/secrets/myregistrykey
  uid: 1ac9c479-ac52-11e9-8afd-000c290bd6a2
type: kubernetes.io/dockerconfigjson
```

图 7-69　Secret 的具体信息

复制.dockerconfigjson 的值，通过以下命令进行解码。

```
$ echo "eyJhdXRocyI6eyJET0NLRVJfUkVHSVNUUllfU0VSVkVSIjp7InVzZXJuYW1lIjoiRE9DS0VSX1VT
RVIiLCJwYXNzd29yZCI6IkRPQ0tFUl9QQVNTV09SRCIsImVtYWlsIjoiRE9DS0VSX0VNQUlMIiwiYXV0aCI6
IlJFOURTMFZTWDFWVFJWSTZSRTlEUzBWU1gxQkJVMU5YVDFKRSJ9fX0=" | base64 --decode
```

解码结果如图 7-70 所示，.dockerconfigjson 中的内容已经以明文形式展示出来。本示例再一次证明了 Secret 实际上并不怎么名副其实。

```
k8sadmin@k8smaster:~$ echo "eyJhdXRocyI6eyJET0NLRVJfUkVHSVNUUllfU0VSVkVSIjp7InVzZ
XJuYW1lIjoiRE9DS0VSX1VTRVIiLCJwYXNzd29yZCI6IkRPQ0tFUl9QQVNTV09SRCIsImVtYWlsIjoiRE
9DS0VSX0VNQUlMIiwiYXV0aCI6IlJFOURTMFZTWDFWVFJWSTZSRTlEUzBWU1gxQkJVMU5YVDFKRSJ9fX0
=" | base64 --decode
{"auths":{"DOCKER_REGISTRY_SERVER":{"username":"DOCKER_USER","password":"DOCKER_P
ASSWORD","email":"DOCKER_EMAIL","auth":"RE9DS0VSX1VTRVI6RE9DS0VSX1BBU1NXT1JE"}}}
```

图 7-70　解码后的信息

Secret 创建完成后就可以在 Pod 中引用了，将 Secret 名称配置到 spec.imagePullSecrets 属性中即可。具体代码如下所示。

```
apiVersion: v1
kind: Pod
metadata:
  name: exampleSecret
spec:
  containers:
    - name: exampleContainer
      image: mydocker/myapp:v1
  imagePullSecrets:
    - name: myregistrykey
```

7.5.3 Downward API

有时候，容器可能需要获得有关自身的信息，但不能与 Kubernetes 过于耦合。这时 Downward API 就派上用场了，它的主要作用是向 Pod 中运行的容器暴露 Pod 自身的信息，Downward API 允许容器在不使用 Kubernetes 客户端或 API Server 的情况下获取有关自身或集群的信息。

在目前版本中，通过 Downward API 可以获取大量信息。

下面列出可以同时通过环境变量或存储卷获得的信息。

使用 `fieldRef` 属性可获取的信息如下。

- `metadata.name`：Pod 的名称。
- `metadata.namespace`：Pod 的命名空间。
- `metadata.uid`：Pod 的 UID。
- `metadata.labels['{KEY}']`：Pod 标签 {KEY} 的值（例如 `metadata.labels['mylabel']`）。
- `metadata.annotations['{KEY}']`：Pod 注解 {KEY} 的值（例如 `metadata.annotations['myannotation']`）。

使用 `resourceFieldRef` 属性可获取的信息如下。如果没有为容器指定 CPU 和内存限制，则 Downward API 获取节点上 CPU 和内存默认的可分配值。

- `limits.cpu`：容器的 CPU 限制。
- `requests.cpu`：容器的 CPU 请求。
- `limits.memory`：容器的内存限制。
- `requests.memory`：容器的内存请求。
- `limits.ephemeral-storage`：容器的临时存储限制。
- `requests.ephemeral-storage`：容器的临时存储请求。

以下信息可通过 `fieldRef` 属性批量获取。

- `metadata.labels`：所有的 Pod 标签，格式为 `label-key="escaped-label-value"`，每行一个标签。
- `metadata.annotations`：所有的 Pod 注解，格式为 `annotation-key="escaped-annotation-value"`，每行一个注解。

只能通过环境变量获得的信息如下。

- `status.podIP`：Pod 的 IP 地址。
- `spec.serviceAccountName`：Pod 的 ServiceAccount 名称。
- `spec.nodeName`：节点的名称。

❏ `status.hostIP`：节点的 IP。

接下来分别演示通过环境变量和存储卷方式引用 Downward API。

1. 环境变量引用方式

Downward API 可以通过设置环境变量或命令行参数的形式进行引用。首先，定义模板文件，创建一个名为 examplepodfordownward.yml 的模板文件。命令如下。

```
$ vim examplepodfordownward.yml
```

然后，在文件中填入如下内容并保存。

```yaml
apiVersion: v1
kind: Pod
metadata:
  name: examplepodfordownward
spec:
  containers:
  - name: containerforenv
    image: busybox
    imagePullPolicy: IfNotPresent
    command: ['sh','-c']
    args: ['echo "EnvParaPodName: ${EnvParaPodName}  EnvParaPodIP: ${EnvParaPodIP}
       EnvParaNodeName: ${EnvParaNodeName}"; printenv | grep EnvPara; sleep 3600']
    env:
    - name: EnvParaPodName
      valueFrom:
        fieldRef:
          fieldPath: metadata.name
    - name: EnvParaPodIP
      valueFrom:
        fieldRef:
          fieldPath: status.podIP
    - name: EnvParaNodeName
      valueFrom:
        fieldRef:
          fieldPath: spec.nodeName
```

通过 `valueFrom`、`fieldRef`、`fieldPath` 等属性，我们可以指定具体要引用哪些环境变量。在 `env` 属性中，我们先定义了环境变量的名称。使用 `valueFrom` 属性进行定义，以表示环境变量的值来自外部引用；关键字 `fieldRef` 表示从 Downward API 中引用；`fieldPath` 表示要引用的 Downward API 键值对的键名，它的值会映射到环境变量上。这里我们分别使用 `metadata.name`、`status.podIP`、`spec.nodeName` 来获取 Pod 名称、Pod IP 地址以及调度到的节点名称。

在容器的命令参数中，我们先通过命令行参数直接输出定义的参数，然后通过 `printenv | grep EnvPara` 命令输出 Pod 中包含 "EnvPara" 字符串的环境变量，查看我们定义的参数是

否已注入 Pod 的环境变量中。

运行以下命令，通过模板创建 Pod。

```
$ kubectl apply -f examplepodfordownward.yml
```

创建完成后，通过 `kubectl logs examplepodfordownward` 命令可以查看 Pod 输出的信息，如图 7-71 所示，环境变量已经成功引用 Downward API 中设置的值。

```
k8sadmin@k8smaster:~$ kubectl logs examplepodfordownward
EnvParaPodName: examplepodfordownward    EnvParaPodIP: 10.244.1.196    EnvParaNodeName: k8snode1
EnvParaPodName=examplepodfordownward
EnvParaPodIP=10.244.1.196
EnvParaNodeName=k8snode1
```

图 7-71　环境变量输出情况

2. 存储卷引用方式

因为 Downward API 本身是一种特殊的存储卷，所以也可以通过存储卷方式配置到 Pod 中。这种引用方式会将每个键值对都转换成对应的实体文件。

为了演示如何通过存储卷方式引用 Downward API，首先，定义模板文件，创建一个名为 examplepodforvolumedownward.yml 的模板文件。命令如下。

```
$ vim examplepodforvolumedownward.yml
```

然后，在文件中填入如下内容并保存。

```
apiVersion: v1
kind: Pod
metadata:
  name: examplepodforvolumedownward
spec:
  containers:
  - name: containerforvolume
    image: busybox
    imagePullPolicy: IfNotPresent
    command: ['sh','-c']
    args: ['echo "files:"; ls /config/alldownward; sleep 3600']
    volumeMounts:
    - name: volumedownward
      mountPath: /config/alldownward
  volumes:
  - name: volumedownward
    downwardAPI:
      items:
      - path: "PodName"
        fieldRef:
          fieldPath: metadata.name
      - path: "PodUID"
        fieldRef:
          fieldPath: metadata.uid
      - path: "PodNameSpace"
```

```
        fieldRef:
            fieldPath: metadata.namespace
```

本例中创建的存储卷名称为 volumedownward，这个名称会被容器设置中的数据卷引用。存储卷的类型是 downwardAPI，分别引用了 `metadata.name`、`metadata.uid`、`metadata.namespace` 来表示 Pod 的名称、UID 以及命名空间，然后分别将其重命名到指定路径的 PodName、PodUID、PodNameSpace。

本例中创建的名为 containerforvolume 的容器会引用 volumedownward 存储卷，并将其映射到容器的 /config/alldownward 目录下，然后通过 `ls` 命令，输出 /config/alldownward 目录下的所有文件。

运行以下命令，通过模板创建 Pod。

```
$ kubectl apply -f examplepodforvolumedownward.yml
```

Pod 创建成功后，可以通过 `$ kubectl logs examplepodforvolumedownward` 命令查看输出的内容，输出结果如图 7-72 所示。在容器的 /config/alldownward 目录下，分别有名为 PodName、PodUID、PodNameSpace 的 3 个文件，它们分别对应 Downward API 中的 3 个键值对。

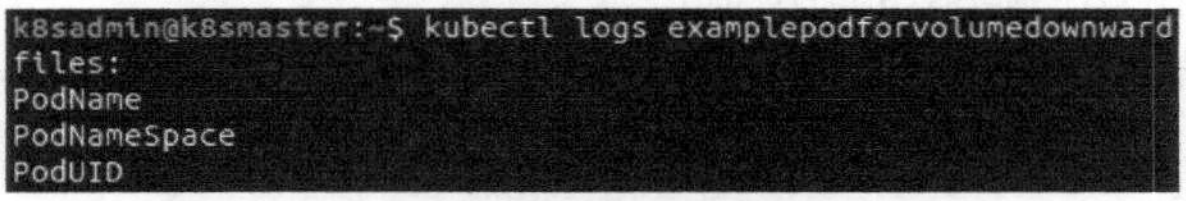

图 7-72 生成的文件名称

通过 `$ kubectl exec -ti examplepodforvolumedownward -- /bin/sh` 命令进入 Pod 内部，然后输出这 3 个文件的内容（分别通过 `cat /config/alldownward/PodName`、`cat /config/alldownward/PodNameSpace` 以及 `cat /config/alldownward/PodUID` 命令）。可以看到这 3 个文件的内容正是 Downward API 中各个键对应的实际值，如图 7-73 所示。

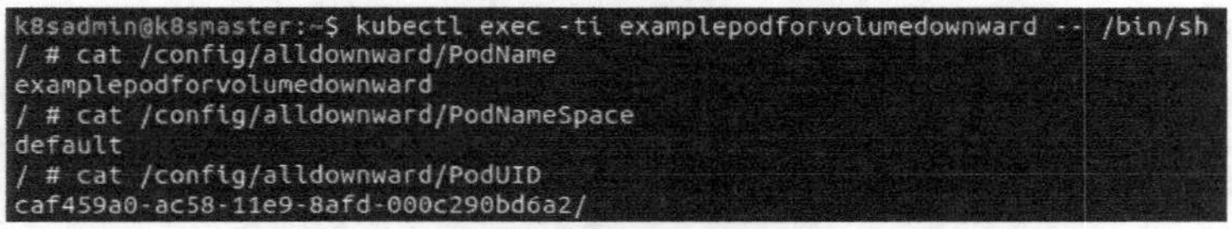

图 7-73 各个文件的内容

7.6 本章小结

本章详细描述了 Kubernetes 中各种类型的存储卷及其用法，并结合存储卷与无头 Service，讲解了 StatefulSet 控制器的使用。本章要点如下。

7.6 本章小结

- 在 Kubernetes 中定义的存储卷主要分为 4 种类型——本地存储卷、网络存储卷、持久存储卷、配置存储卷。
- 本地存储卷有两种——emptyDir 和 hostPath。它们都会直接使用本机的文件系统，emptyDir 用于 Pod 中容器之间的数据共享，hostPath 用于 Pod 与 Node 间的数据存储和共享。
- 网络存储卷主要用于多个 Pod 之间或多个 Node 之间的数据存储和共享，Kubernetes 支持非常多的第三方网络存储卷。
- 持久存储卷是 Kubernetes 提供的对存储方案的抽象（即 PersistentVolume、StorageClass 和 PersistentVolumeClaim），以支持基础设施和应用之间的分离，将 Pod 与具体的存储系统解耦。开发人员只需要创建 PersistentVolumeClaim 来申请指定空间的资源以存储与共享数据即可，无须关注存储的具体实现和操作。
- Kubernetes 提供了 StorageClass 抽象来动态创建 PV。当通过 PVC 申请资源时，如果匹配到满足条件的 StorageClass，就会自动为 PVC 创建对应大小的 PV 并进行绑定。
- 配置存储卷主要向各个 Pod 注入配置信息，通过 ConfigMap 可传递普通的配置信息，通过 Secret 可传递敏感的、加密的配置信息，通过 DownwardAPI 可传递 Pod 和容器自身的运行信息。
- StatefulSet 对应有状态服务。虽然 StatefulSet 下 Pod 的定义是一样的，但因为其数据的不同，所提供的服务是有差异的。
- 因为 StatefulSet 中的每个 Pod 都提供了不同的服务，所以需要有各自唯一的 Pod 名称、各自独立的 Pod 网络域名（由无头 Service 提供），以及各自专用 Pod 的存储（由 volumeClaimTemplates 提供）。

第8章 Kubernetes 资源的管理及调度

在 Kubernetes 集群中，资源通常分为以下几种。
- 计算资源，如 CPU、内存、硬盘、网络等计算机物理资源，也包括节点本身。
- 资源对象，如 Pod、Service、Deployment 等抽象资源。
- 外部引用资源，如在使用 PV/PVC 时，实际上使用的是第三方网络存储卷，这类存储资源即为外部引用资源。

可以看到，Kubernetes 中涉及各式各样的资源。在集群规模较大、应用较多时，这会涉及成千上万的资源，这些资源可能由许多团队共同维护，在这种情况下，如何对它们进行有效管理是合理使用 Kubernetes 的关键。

Kubernetes 会自动为各种应用分配足够的资源，但也需要防止这些应用没有限制地使用各种资源。如何定义资源的使用规则，如何有效地对 Pod 进行调度是合理使用 Kubernetes 的关键。

本章将详细介绍如何管理 Kubernetes 资源，并深入剖析 Kubernetes 中最小的处理单位——Pod 的调度原理。

8.1 资源调度——为 Pod 设置计算资源

容器运行时（container runtime）通常会提供一些机制来限制容器能够使用的计算资源的大小，例如，最多可以使用多少 CPU 或内存。如果超过计算资源的限制，容器就会被终止。例如，在 Docker 中，通过 `docker run` 命令中的 `--cpu-shares`、`--cpu-quota`、`--memory` 等参数，可以指定容器对 CPU 和内存的使用限度。同样，在 Pod 模板中也提供了这个功能，Pod 模板中的相关参数如下所示。

```
    resources:            #资源限制和请求的设置
      limits:             #资源限制的设置
```

```
      cpu: String         #CPU 的限制，单位为 CPU 内核数，将用于 docker run --cpu-quota 参数；
                          #也可以使用小数，例如 0.1，它等价于表达式 100m（表示 100milicore）
      memory: String      #内存限制，单位可以为 MiB/GiB/MB/GB，将用于 docker run --memory 参数，
    requests:             #资源请求的设置
      cpu: String         #CPU 请求，容器刚启动时的可用 CPU 数量，将用于 docker run --cpu-shares 参数
      memory: String      #内存请求，容器刚启动时的可用内存数量
```

`requests` 和 `limits` 属性从不同维度保证 Pod 的资源占用情况。`requests` 表示容器至少可获得的资源大小，也许容器实际上不会使用这么多资源，但 Kubernetes 在调度时会以此为参照，保证容器能调度到至少满足这些资源的机器上。而 `limits` 表示容器能够使用资源的最大限度，如果超过这个值，容器将被终止。

本节用两个示例演示 `limits` 和 `requests` 的功能。

为了创建第一个示例，首先，创建 examplepodforresource.yml 文件。

```
$ vim examplepodforresource.yml
```

然后，在文件中填入如下内容并保存。

```
apiVersion: v1
kind: Pod
metadata:
  name: examplepodforresource
spec:
  containers:
  - name: examplecontainerforresource
    image: vish/stress
    imagePullPolicy: IfNotPresent
    args: ['-mem-total','150Mi','-mem-alloc-size','5Mi','-mem-alloc-sleep','1s']
    resources:
      limits:
        cpu: "1"
        memory: "100Mi"
      requests:
        cpu: "200m"
        memory: "50Mi"
```

在本例中，我们定义了一个名为 examplecontainerforresource 的容器，其资源上限分别为 1 个 CPU 内核和 100MiB（$1MiB=2^{20}B$，$1MB=10^6B$）内存空间，请求的资源为 200milicore CPU 和 50MiB 内存空间。

该容器使用的镜像为 vish/stress，这是一种专门用来测试容器性能和压力的工具镜像。在容器启动时，会分别传入多个参数。第一组参数为 `'-mem-total','150Mi'`，这表示将容器的内存占用量增加到 150MiB，这将超过设置的最大值 100MiB，但它不是一次达到 150MiB 的。第二组参数为 `'-mem-alloc-size','5Mi'`，这表示从 0 开始每次增加 5MiB 的内存占用。第三组参数为 `'-mem-alloc-sleep','1s'`，这表示增加内存占用量的时间间隔为 1s。结合前面的参数，表示每秒增加 5MiB 的内存占用量，直到占用 150MiB 的内存空间。

这个容器在创建初期不会有任何问题，和正常容器一样。但创建差不多 20s 后，追加的内存就会超过 100MiB 的限制。我们先应用模板，看看实际效果。

执行以下命令，创建 Pod。

```
$ kubectl apply -f examplepodforresource.yml
```

接下来，通过 $ kubectl get pod examplepodforresource 命令查看 Pod 的运行情况，直到状态变为 Running，如图 8-1 所示。

图 8-1 Pod 查询结果

此时如果使用 $ kubectl describe pod examplepodforresource 命令可以查看 Pod 的详细信息。在容器信息部分可以看到其资源设置情况，如图 8-2 所示。

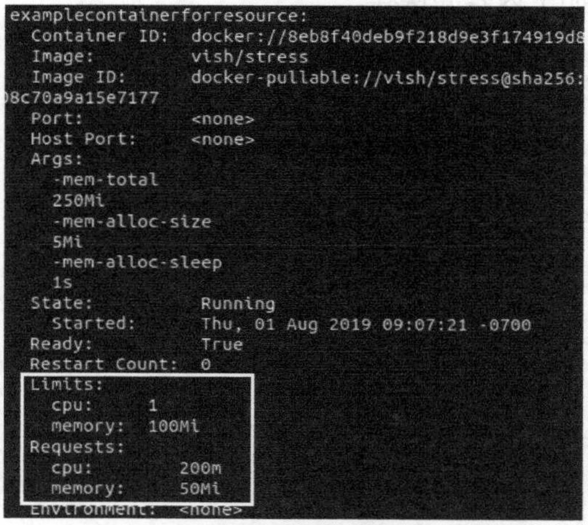

图 8-2 Pod 详细信息

最开始容器还能正常运行，但运行超过 20s 以后，因为压力测试工具不断施压，当其内存占用量超过了 limits 属性中设置的 100MiB 后，容器会被自动终止。此时通过 $ kubectl get pod 命令查询容器状态，可以发现其状态变为 OOMKilled，READY 变为 0。基于容器的重启策略，容器会不断重启，如图 8-3 所示。

图 8-3 容器自动终止

最后，通过 $ kubectl get pod examplepodforresource -o yaml 命令查看详情，可以发现容器是由于超出资源限制而被终止的，如图 8-4 所示。

8.1 资源调度——为 Pod 设置计算资源

图 8-4 终止原因

为了创建另一个示例，首先，创建 examplepodforerror.yml 文件。

```
$ vim examplepodforerror.yml
```

然后，在文件中填入如下内容并保存。

```
apiVersion: v1
kind: Pod
metadata:
  name: examplepodforerror
spec:
  containers:
  - name: examplecontainerforerror
    image: busybox
    imagePullPolicy: IfNotPresent
    command: ['sh', '-c']
    args: ['sleep 3600']
    resources:
      requests:
        memory: "500Gi"
```

本例中的 Pod 和之前相比并没有什么特别之处，但设置了它的 resource.requests.memory 属性，其值为 500GiB（1GiB=2^{30} 字节，1GB=10^9 字节），目前一般计算机应该不会有这么大的内存资源。我们先应用模板，看看实际效果。

执行以下命令，创建 Pod。

```
$ kubectl apply -f examplepodforerror.yml
```

通过 `$ kubectl get pod examplepodforerror` 命令查看 Pod 的运行情况，可以发现它的状态一直都是 Pending，如图 8-5 所示。

图 8-5 Pod 运行情况

接下来，通过 `$ kubectl describe pods examplepodforerror` 命令，查看 Pod 的详细信息，在底部的 Events 区域可以发现造成 Pending 的原因。如图 8-6 所示，集群中没有任何一台机器能满足该 Pod 的内存要求。

图 8-6 Pending 的原因

189

8.2 资源管理——命名空间

命名空间（namespace）的主要作用是对 Kubernetes 集群资源进行划分，这种划分并非物理划分，而是逻辑划分，用于实现多租户的资源隔离。如果使用 Kubernetes 的用户很少，可以不使用命名空间。但如果使用 Kubernetes 的团队或用户众多，各种资源管理起来就会比较麻烦。这时就应考虑使用命名空间来进行划分，这样集群内部的各种资源对象就可以在不同的命名空间下进行管理，如图 8-7 所示。

图 8-7　使用命名空间划分资源

8.2.1　命名空间的基本操作

命名空间的创建十分简单，可以通过命令或者模板文件来创建。

为了创建一个名为 examplenamespace 的命名空间，命令如下。

```
$ kubectl create namespace examplenamespace
```

通过模板文件创建命名空间的方式如下。

首先，通过命令创建 examplenamespace.yml 文件。

```
$ vim examplenamespace.yml
```

然后，在文件中填入如下内容并保存。

```
apiVersion: v1
kind: Namespace
metadata:
  name: examplenamespace
```

接下来，运行以下命令，通过模板创建命名空间。

```
$ kubectl apply -f examplenamespace.yml
```

创建完成后，通过 kubectl get namespace 命令可以查看各个命名空间。如图 8-8 所示，可以看到查询结果中包含刚刚创建的 examplenamespace 命名空间。

```
k8sadmin@k8smaster:~$ kubectl get namespace
NAME               STATUS   AGE
default            Active   60d
examplenamespace   Active   5s
kube-node-lease    Active   60d
kube-public        Active   60d
kube-system        Active   60d
```

图 8-8　集群中的命名空间

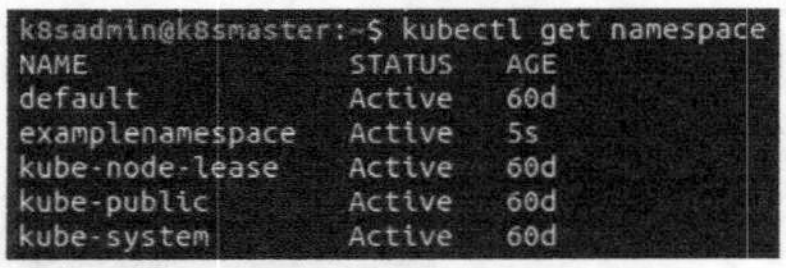

除了刚刚创建的命名空间外，我们看到查询结果中还有其他几个命名空间，这些都是 Kubernetes 的初始命名空间。

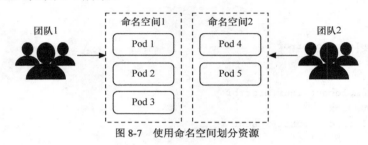

- default：所有未指定 namespace 属性的对象都会分配到 default 命名空间中。
- kube-node-lease：主要存放各个节点上的 Lease 对象，用于节点的心跳检测。
- kube-system：所有由 Kubernetes 系统创建的资源都在这个命名空间中。
- kube-public：此命名空间下的资源可以被所有人访问（包括未认证用户）。

此时可以在刚才创建的 examplenamespace 命名空间下创建资源。为了创建一个 Pod，首先，使用以下命令创建模板文件。

```
$ vim examplepodforns.yml
```

然后，在文件中填入如下内容并保存。

```
apiVersion: v1
kind: Pod
metadata:
  name: examplepodforns
  namespace: examplenamespace
spec:
  containers:
  - name: examplepod-container
    image: busybox
    imagePullPolicy: IfNotPresent
    command: ['sh', '-c']
    args: ['echo "Hello Kubernetes!"; sleep 3600']
```

该模板和之前的示例几乎相同，唯一的区别在于，指定了 namespace 属性，它指向刚刚创建的 examplenamespace 命名空间。

接下来，运行以下命令，通过模板创建 Pod。

```
$ kubectl apply -f examplepodforns.yml
```

创建完成后，如果此时通过 `$ kubectl get pod` 命令进行访问，是查询不到它的，如图 8-9 所示。

对于某个命名空间下的资源，所有命令（如 get、describe、logs、delete 等）都必须带上 --namespace={命名空间} 或 -n {命名空间} 参数，才能够查询，例如，只有执行 `$ kubectl get pod -n examplenamespace` 才能查询出结果，如图 8-10 所示。

```
k8sadmin@k8smaster:~$ kubectl get pod
No resources found.
```

图 8-9　未查到资源

```
k8sadmin@k8smaster:~$ kubectl get pod -n examplenamespace
NAME              READY   STATUS    RESTARTS   AGE
examplepodforns   1/1     Running   0          119s
```

图 8-10　查找指定命名空间的资源

之前执行的 `$ kubectl get pod` 命令其实等同于 `$ kubectl get pod -n default` 命令。

大多数 Kubernetes 资源（例如，Pod、Service、控制器等）在命名空间中，但是命名空间资源本身并不在命名空间中，并且低级资源（例如，节点和持久存储卷等）也不在任何命名空间中。

可以使用命令查看哪些 Kubernetes 资源在命名空间中，哪些不在。

通过 `$ kubectl api-resources --namespaced=true` 命令，可以查看位于命名空间下的资源，如图 8-11 所示。

```
k8sadmin@k8smaster:~$ kubectl api-resources --namespaced=true
NAME                        SHORTNAMES   APIGROUP                      NAMESPACED   KIND
bindings                                                               true         Binding
configmaps                  cm                                         true         ConfigMap
endpoints                   ep                                         true         Endpoints
events                      ev                                         true         Event
limitranges                 limits                                     true         LimitRange
persistentvolumeclaims      pvc                                        true         PersistentVolumeClaim
pods                        po                                         true         Pod
podtemplates                                                           true         PodTemplate
replicationcontrollers      rc                                         true         ReplicationController
resourcequotas              quota                                      true         ResourceQuota
secrets                                                                true         Secret
serviceaccounts             sa                                         true         ServiceAccount
services                    svc                                        true         Service
controllerrevisions                      apps                          true         ControllerRevision
daemonsets                  ds           apps                          true         DaemonSet
deployments                 deploy       apps                          true         Deployment
replicasets                 rs           apps                          true         ReplicaSet
statefulsets                sts          apps                          true         StatefulSet
localsubjectaccessreviews                authorization.k8s.io          true         LocalSubjectAccessReview
horizontalpodautoscalers    hpa          autoscaling                   true         HorizontalPodAutoscaler
cronjobs                    cj           batch                         true         CronJob
jobs                                     batch                         true         Job
leases                                   coordination.k8s.io           true         Lease
events                      ev           events.k8s.io                 true         Event
daemonsets                  ds           extensions                    true         DaemonSet
deployments                 deploy       extensions                    true         Deployment
ingresses                   ing          extensions                    true         Ingress
networkpolicies             netpol       extensions                    true         NetworkPolicy
replicasets                 rs           extensions                    true         ReplicaSet
ingresses                   ing          networking.k8s.io             true         Ingress
networkpolicies             netpol       networking.k8s.io             true         NetworkPolicy
poddisruptionbudgets        pdb          policy                        true         PodDisruptionBudget
rolebindings                             rbac.authorization.k8s.io     true         RoleBinding
roles                                    rbac.authorization.k8s.io     true         Role
```

图 8-11　命名空间下的资源

通过 `$ kubectl api-resources --namespaced=false` 命令，可以查看不在命名空间下的资源，如图 8-12 所示。

```
k8sadmin@k8smaster:~$ kubectl api-resources --namespaced=false
NAME                              SHORTNAMES   APIGROUP                      NAMESPACED   KIND
componentstatuses                 cs                                         false        ComponentStatus
namespaces                        ns                                         false        Namespace
nodes                             no                                         false        Node
persistentvolumes                 pv                                         false        PersistentVolume
mutatingwebhookconfigurations                  admissionregistration.k8s.io  false        MutatingWebhookConfiguration
validatingwebhookconfigurations                admissionregistration.k8s.io  false        ValidatingWebhookConfiguration
customresourcedefinitions         crd,crds     apiextensions.k8s.io          false        CustomResourceDefinition
apiservices                                    apiregistration.k8s.io        false        APIService
tokenreviews                                   authentication.k8s.io         false        TokenReview
selfsubjectaccessreviews                       authorization.k8s.io          false        SelfSubjectAccessReview
selfsubjectrulesreviews                        authorization.k8s.io          false        SelfSubjectRulesReview
subjectaccessreviews                           authorization.k8s.io          false        SubjectAccessReview
certificatesigningrequests        csr          certificates.k8s.io           false        CertificateSigningRequest
podsecuritypolicies               psp          extensions                    false        PodSecurityPolicy
runtimeclasses                                 node.k8s.io                   false        RuntimeClass
podsecuritypolicies               psp          policy                        false        PodSecurityPolicy
clusterrolebindings                            rbac.authorization.k8s.io     false        ClusterRoleBinding
clusterroles                                   rbac.authorization.k8s.io     false        ClusterRole
priorityclasses                   pc           scheduling.k8s.io             false        PriorityClass
csidrivers                                     storage.k8s.io                false        CSIDriver
csinodes                                       storage.k8s.io                false        CSINode
storageclasses                    sc           storage.k8s.io                false        StorageClass
volumeattachments                              storage.k8s.io                false        VolumeAttachment
```

图 8-12　不在命名空间下的资源

命名空间和 Service 的 DNS 也有一定关系，之前章节提及过 DNS 服务发现的方式，其具体访问格式为{ServiceName}.{Namespace}.svc.{ClusterDomain}。之前的示例中因为没有使用命名空间，所以{Namespace}填写的都是 default。如果某个 Service 资源位于某个命名空间下（如刚才创建的 examplenamespace 命名空间），DNS 将会变为{ServiceName}.examplenamespace.svc.{ClusterDomain}。

通过以下命令，可以查询命名空间的详情。

```
$ kubectl describe namespace {命名空间名称}
```

在本例中使用$ kubectl describe namespace examplenamespace 命令可以看到"No resource quota"（没有资源配额）和"No resource limits"（没有资源限额），如图 8-13 所示。

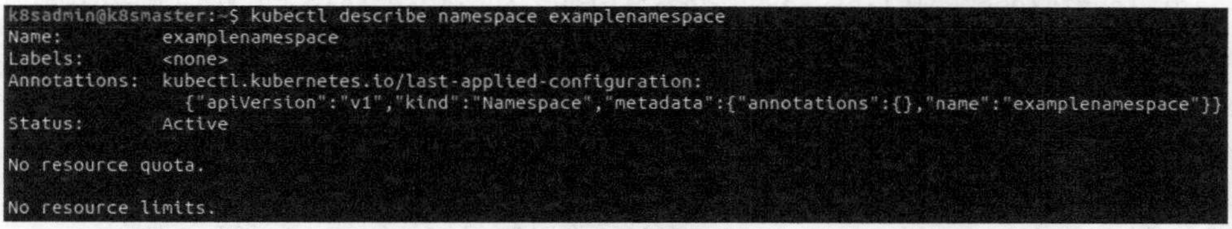

图 8-13　命名空间详情

对于某个命名空间，可以分别设置其资源配额（ResourceQuota）和限额范围（LimitRange），接下来将分别进行介绍。

8.2.2　命名空间的资源配额

命名空间的设计初衷是实现多租户的资源隔离。这只是逻辑隔离，实际上所有租户都共用同一个 Kubernetes 集群，所以还需要规划命名空间的资源配额（ResourceQuota），以免某个命名空间滥用集群资源而影响整个 Kubernetes 集群。

可以通过 ResourceQuota 来定义资源配额，设置命名空间下能够使用的各类资源总量。一个命名空间下最多只能存在一个 ResourceQuota。

资源配额分为 3 种类型。

- 计算资源配额：指定可用的计算机资源总量（如总内存或 CPU 等）。
- 存储资源配额：指定可用的存储资源总量（如 PVC 总数等）。
- 对象数量配额：指定 Kubernetes 资源对象的可用总量（如 Pod 总数和 Service 总数等）。

资源配额模板的定义如下所示。

```
apiVersion: v1
kind: ResourceQuota
metadata:
  name: string         #资源配额名称
  namespace: string    #所属命名空间
spec:
  hard:
```

```
#计算资源配额
limits.cpu: number      #对于所有非终止状态的 Pod,其 CPU 限额总量不能超过该值
limits.memory: number   #对于所有非终止状态的 Pod,其内存限额总量不能超过该值
requests.cpu: number    #对于所有非终止状态的 Pod,其 CPU 需求总量不能超过该值
requests.memory: number    #对于所有非终止状态的 Pod,其内存需求总量不能超过该值
cpu: number  #等同于 requests.cpu
memory: number   #等同于 requests.memory
#存储资源配额
requests.storage: number   #在所有的 PVC 中,存储资源的需求不能超过该值
persistentvolumeclaims: number   #允许存在的 PVC 数量
{storage-class-name}.storageclass.storage.k8s.io/requests.storage: number #在所有
#与该 storage-class-name 相关的 PVC 中,存储资源的需求不能超过该值
{storage-class-name}.storageclass.storage.k8s.io/persistentvolumeclaims: number
#允许与该 storage-class-name 相关的 PVC 总量
#对象数量配额
configmaps: number   #允许存在的 ConfigMap 数量
pods: number   #允许存在的非终止状态的 Pod 数量。如果 Pod 的 status.phase 为 Failed 或 Succeeded,
#那么它处于终止状态
replicationcontrollers: number   #允许存在的 ReplicationController 数量
resourcequotas: number   #允许存在的资源配额数量
services: number   #允许存在的 Service 数量
services.loadbalancers: number   #允许存在的 LoadBalancer 类型的 Service 数量
services.nodeports: number   #允许存在的 NodePort 类型的 Service 数量
secrets: number  #允许存在的 Secret 数量
```

为了给命名空间创建一个简单的资源配额,首先,通过命令创建模板文件。

```
$ vim exampleresourcequota.yml
```

然后,在文件中填入如下内容并保存。

```
apiVersion: v1
kind: ResourceQuota
metadata:
  name: exampleresourcequota
  namespace: examplenamespace
spec:
  hard:
    pods: "2"
    services: "1"
    persistentvolumeclaims: "4"
```

接下来,运行以下命令,通过模板创建资源配额。

```
$ kubectl apply -f exampleresourcequota.yml
```

创建完成后,通过 `$ kubectl get resourcequota -n examplenamespace` 命令可以查看刚刚创建的资源配额,如图 8-14 所示。

```
k8sadmin@k8smaster:~$ kubectl get resourcequota -n examplenamespace
NAME                   CREATED AT
exampleresourcequota   2019-08-01T05:09:30Z
```

图 8-14　查询结果

接下来，通过 `$ kubectl describe resourcequota exampleresourcequota -n examplenamespace` 命令可以查看具体的资源占用情况，如图 8-15 所示。因为之前已经在 examplenamespace 命名空间中创建了 1 个 Pod，所以 pods 的 Used 属性为 1。

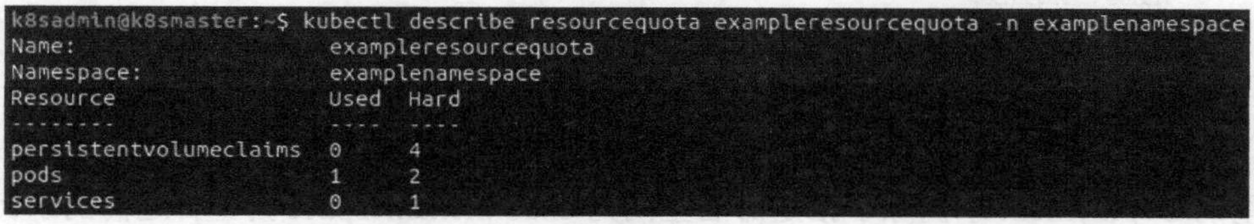

```
k8sadmin@k8smaster:~$ kubectl describe resourcequota exampleresourcequota -n examplenamespace
Name:                   exampleresourcequota
Namespace:              examplenamespace
Resource                Used  Hard
--------                ----  ----
persistentvolumeclaims  0     4
pods                    1     2
services                0     1
```

图 8-15 资源配额详情

如果此时再通过 `$ kubectl describe namespace examplenamespace` 命令查看命名空间的详细信息，可以看到原先的 No resource quota 提示已经变成具体的配额，和刚刚我们配置的一模一样，如图 8-16 所示。

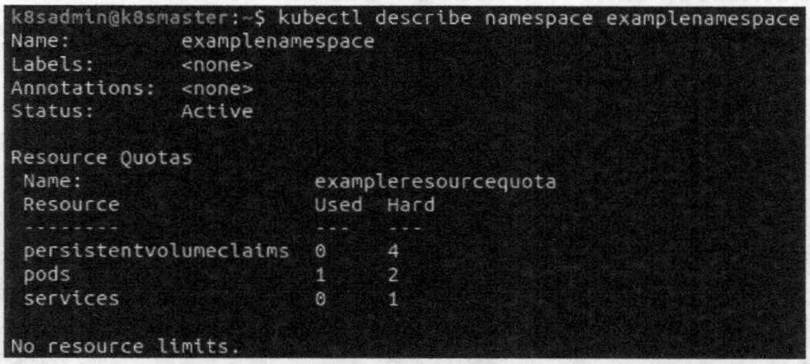

```
k8sadmin@k8smaster:~$ kubectl describe namespace examplenamespace
Name:         examplenamespace
Labels:       <none>
Annotations:  <none>
Status:       Active

Resource Quotas
  Name:                   exampleresourcequota
  Resource                Used  Hard
  --------                ---   ---
  persistentvolumeclaims  0     4
  pods                    1     2
  services                0     1

No resource limits.
```

图 8-16 命名空间详情

此时可以尝试在该命名空间下继续创建 Pod。目前 Pod 的使用量为 1，上限为 2。接下来，创建一个 Deployment 控制器并将其副本数设置为 2，这样刚好超过上限，多出 1 个 Pod，试试看会发生什么情况。为此，首先，通过命令创建模板文件。

```
$ vim exampledeploymentforns
```

然后，在文件中填入如下内容并保存。

```
apiVersion: apps/v1
kind: Deployment
metadata:
  name: exampledeploymentforns
  namespace: examplenamespace
spec:
  replicas: 2
  selector:
    matchLabels:
      example: deploymentforns
  template:
    metadata:
```

```yaml
      labels:
        example: deploymentforns
    spec:
      containers:
      - name: nginx
        image: nginx:1.7.9
        imagePullPolicy: IfNotPresent
        ports:
        - containerPort: 80
```

这里的 Deployment 示例除了指定命名空间为 examplenamespace 外，和之前的示例没有什么区别，其副本数设置为 2。

接下来，运行以下命令，通过模板创建 Deployment 控制器。

```
$ kubectl apply -f exampledeploymentforns.yml
```

创建完成后，分别通过 `$ kubectl get pod -n examplenamespace`、`$ kubectl get deploy -n examplenamespace`、`$ kubectl describe deploy -n examplenamespace exampledeploymentforns` 查看 Pod 创建情况，可以看到 Deployment 控制器只创建了一个 Pod，另一个 Pod 无法创建，如图 8-17 所示。

```
k8sadmin@k8smaster:~$ kubectl get pod -n examplenamespace
NAME                                       READY   STATUS    RESTARTS   AGE
exampledeploymentforns-9dc9bd4db-q44gk     1/1     Running   0          96s
examplepodforns                            1/1     Running   0          29m
k8sadmin@k8smaster:~$ kubectl get deploy -n examplenamespace
NAME                     READY   UP-TO-DATE   AVAILABLE   AGE
exampledeploymentforns   1/2     1            1           99s
k8sadmin@k8smaster:~$ kubectl describe deploy -n examplenamespace
Name:                   exampledeploymentforns
Namespace:              examplenamespace
CreationTimestamp:      Wed, 31 Jul 2019 22:35:47 -0700
Labels:                 <none>
Annotations:            deployment.kubernetes.io/revision: 1
                        kubectl.kubernetes.io/last-applied-configuration:
                          {"apiVersion":"apps/v1","kind":"Deployment","metadata":{"anno
amespace":"examplenamespace"},...
Selector:               example=deploymentforns
Replicas:               2 desired | 1 updated | 1 total | 1 available | 1 unavailable
StrategyType:           RollingUpdate
MinReadySeconds:        0
```

图 8-17 通过 Deployment 控制器创建的 Pod

再执行 `$ kubectl get deploy exampledeploymentforns -n examplenamespace -o yaml`，输出 Deployment 控制器详情。在输出文本的下半部分可以找到失败的原因是请求的 Pod 数超出了配额限制，如图 8-18 所示。

```
    message: 'pods "exampledeploymentforns-9dc9bd4db-27667" is forbidden: exceeded
      quota: exampleresourcequota, requested: pods=1, used: pods=2, limited: pods=2'
    reason: FailedCreate
    status: "True"
    type: ReplicaFailure
```

图 8-18 失败的原因

此时如果将 Deployment 控制器的副本数量设置为 1，或者删除旧的 Pod，或者更改配额设置为更大的数值，则另一个 Pod 才会成功创建。

8.2 资源管理——命名空间

注意：如果在 ResourceQuota 中设置了任何一种计算机资源配额（cpu、limits.cpu、requests.cpu、memory、limits.memory 和 requests.memory 属性），那么在创建 Pod 或控制器时，在 Pod 模板中也必须明确指定相关的计算机资源属性值（即容器的 resources.limits.cpu、resources.limits.memory、resources.requests.cpu、resources.requests.memory 属性），或者已经通过 LimitRange 对象设置默认值（详见下一节）；否则，将无法创建，并在创建时将会出现图 8-19 所示的错误消息。另外，在使用 kubectl describe resourcequota 命令查询时，计算机资源配额的 Used 属性其实并非 CPU 或内存的实时使用值之和，而是在 Pod 模板中填写的指定值之和。

```
message: 'pods "exampledeploymentforns-9dc9bd4db-2zv56" is forbidden: failed quota:
    exampleresourcequota: must specify cpu,limits.cpu,limits.memory,memory,requests.cpu,requests.memory'
reason: FailedCreate
status: "True"
```

图 8-19　错误消息

8.2.3　命名空间中单个资源的限额范围

通过设置资源配额，可以限定一个命名空间下使用的资源总量。但这仅是总量设置，对于单个资源没有限制，很有可能单个 Pod 或容器就会消耗完整个命名空间下资源配额所指定的 CPU 或内存总量。为了避免单个资源对象消耗所有的命名空间资源，可以通过 LimitRange 对象来对单个资源对象的资源占用量进行限定。

通过 LimitRange 对象可以实现以下功能。

- ❑ 设置命名空间下单个 Pod 或容器的最小和最大计算资源使用量。
- ❑ 设置命名空间下单个 PVC 的最小和最大存储请求。
- ❑ 设置命名空间下请求（request）资源量和上限（limit）资源量的比例。
- ❑ 设置命名空间下默认的计算资源请求与上限，并在运行时自动将其注入容器中。

如果在命名空间下对 CPU 或内存设置了请求与上限，那么在定义 Pod 资源时，必须明确在模板中指定这两个值（详见本章后续几节）；否则，系统会拒绝创建 Pod（除非在定义 LimitRange 时设置了默认值）。如果在设置 LimitRange 之前就创建了 Pod，即使之后设置了 LimitRange，那么对正在运行的 Pod 也没有影响，除非 Pod 重建。

如果在命名空间下设置了 PVC 请求的存储大小，那么当定义 PVC 时如果请求的大小不在范围内，系统也会拒绝创建 PVC。

1. 设置容器的限额范围

通过设置 type 为 Container 的限额范围，可以定义每个容器中最小与最大的内存/CPU 限制，以及默认的内存/CPU 请求及限制。首先，通过命令创建 limitrangeforcontainer.yml 文件。

```
$ vim limitrangeforcontainer.yml
```

然后，在文件中填入如下内容并保存。

```yaml
apiVersion: v1
kind: LimitRange
metadata:
  name: limitrangeforcontainer
  namespace: examplenamespace
spec:
  limits:
  - max:
      cpu: "200m"
      memory: "300Mi"
    min:
      cpu: "100m"
      memory: "150Mi"
    default:
      cpu: "180m"
      memory: "250Mi"
    defaultRequest:
      cpu: "110m"
      memory: "160Mi"
    type: Container
```

接下来，运行以下命令，通过模板创建限额范围。

```
$ kubectl apply -f limitrangeforcontainer.yml
```

创建完成后，可以通过 `$ kubectl get limitrange -n examplenamespace` 命令查看限额范围，如图 8-20 所示。

```
k8sadmin@k8smaster:~$ kubectl get limitrange -n examplenamespace
NAME                      CREATED AT
limitrangeforcontainer    2019-08-01T12:54:55Z
```

图 8-20 查询结果

也可以通过 `$ kubectl describe limitrange limitrangeforcontainer -n examplenamespace` 命令查看限额范围的详情，如图 8-21 所示。可以看到 LimitRange 创建后关于容器的计算资源限额范围的详情。

```
k8sadmin@k8smaster:~$ kubectl describe limitrange limitrangeforcontainer -n examplenamespace
Name:       limitrangeforcontainer
Namespace:  examplenamespace
Type        Resource   Min     Max     Default Request   Default Limit   Max Limit/Request Ratio
----        --------   ---     ---     ---------------   -------------   -----------------------
Container   cpu        100m    200m    110m              180m            -
Container   memory     150Mi   300Mi   160Mi             250Mi           -
```

图 8-21 容器资源限额范围详情

从图 8-21 中可以看到容器 CPU 及内存的 Min 和 Max 属性，这表示最小资源限制与最大资源限制。LimitRange 生效之后，当创建 Pod 模板或填写控制器的 Pod 模板时，各个容器的 `resources.limits` 和 `resources.requests` 属性必须要满足指定 Min/Max 条件的资源限制，否则无法成功创建。本例中必须满足的条件如下所示。
- 100m≤容器的 `resources.requests.cpu`≤容器的 `resources.limits.cpu`≤200m
- 150MiB≤容器的 `resources.requests.memory`≤容器的 `resources.limits.memory`≤300MiB

`defaultRequest` 属性和 `defaultLimit` 属性分别代表默认请求值和默认限制值。在创建 Pod 模板或填写控制器的 Pod 模板时，如果没有显式指定 `resources.limits` 和 `resources.requests` 属性，则在创建时会自动将其填充为 LimitRange 中的默认值。在本例中默认值如下所示。
- 容器默认 `resources.limits.cpu` = 180m。
- 容器默认 `resources.limits.memory` = 250Mi。
- 容器默认 `resources.requests.cpu` = 110m。
- 容器默认 `resources.requests.memory` = 160Mi。

2. 设置 Pod 的限额范围

可以设置 `type` 为 `Pod` 的限额范围，定义 Pod 中全部容器的内存/CPU 限额总和的最小值以及最大值。首先，通过命令创建 limitrangeforpod.yml 文件。

```
$ vim limitrangeforpod.yml
```

然后，在文件中填入如下内容并保存。

```yaml
apiVersion: v1
kind: LimitRange
metadata:
  name: limitrangeforpod
  namespace: examplenamespace
spec:
  limits:
  - max:
      cpu: "1"
      memory: "600Mi"
    min:
      cpu: "100m"
      memory: "150Mi"
    type: Pod
```

运行以下命令，通过模板创建限额范围。

```
$ kubectl apply -f limitrangeforpod.yml
```

接下来，通过 `$ kubectl describe limitrange limitrangeforpod -n examplenamespace` 命令查看限额范围的详情。如图 8-22 所示，可以看到 LimitRange 创建后关于 Pod 的计算资源限额范围的详情。

```
k8sadmin@k8smaster:~$ kubectl describe limitrange limitrangeforpod -n examplenamespace
Name:       limitrangeforpod
Namespace:  examplenamespace
Type    Resource   Min     Max     Default Request    Default Limit    Max Limit/Request Ratio
----    --------   ---     ---     ---------------    -------------    -----------------------
Pod     cpu        100m    1       -                  -                -
Pod     memory     150Mi   600Mi   -                  -                -
```

图 8-22 Pod 资源限额范围详情

从图 8-22 中可以看到 Pod 的 CPU 及内存的 Min 和 Max 属性，这表示 Pod 最小与最大资源限制。LimitRange 生效之后，当再次创建 Pod 模板或填写控制器的 Pod 模板时，必须使各个容器的 `resources.limits` 属性总和满足资源限制，否则无法成功创建。本例中必须满足的条件如下所示。

- 100m≤Pod 模板中所有容器的 `resources.limits.cpu` 总和≤1
- 150MiB≤Pod 模板中所有容器的 `resources.limits.memory` 总和≤600MiB

3. 设置 PVC 的限额范围

可以设置 `type` 为 `PersistentVolumeClaim` 的限额范围，定义 PVC 的最小与最大存储量。首先，通过命令创建 limitrangeforpvc.yml 文件。

```
$ vim limitrangeforpvc.yml
```

然后，在文件中填入如下内容并保存。

```yaml
apiVersion: v1
kind: LimitRange
metadata:
  name: limitrangeforpvc
  namespace: examplenamespace
spec:
  limits:
  - type: PersistentVolumeClaim
    max:
      storage: 1Gi
    min:
      storage: 200Mi
```

运行以下命令，通过模板创建限额范围。

```
$ kubectl apply -f limitrangeforpvc.yml
```

接下来，通过 `$ kubectl describe limitrange limitrangeforpvc -n examplenamespace` 命令查看限额范围的详情。如图 8-23 所示，可以看到 LimitRange 创建后关于 PVC 的存储资源限额范围的详情。

```
k8sadmin@k8smaster:~$ kubectl describe limitrange limitrangeforpvc -n examplenamespace
Name:       limitrangeforpvc
Namespace:  examplenamespace
Type                    Resource   Min     Max    Default Request    Default Limit    Max Limit/Request Ratio
----                    --------   ---     ---    ---------------    -------------    -----------------------
PersistentVolumeClaim   storage    200Mi   1Gi    -                  -                -
```

图 8-23 PVC 资源限额范围详情

从图 8-23 中可以看到 PVC 存储资源的 Min 和 Max 属性。LimitRange 生效之后，当再次创建 PVC 模板或填写 StatefulSet 的存储卷申请模板（volumeClaimTemplate）时，必须使 PVC 的 `resources.requests.storage` 属性满足资源限额范围，否则无法成功创建。本例中必须满足的条件如下所示。

200MiB≤PVC 模板中的 `resources.requests.storage` 属性≤1GiB

4. 设置 Pod 或容器的比例限额范围

可以对 Pod 或容器设置请求资源量和上限资源量的比值。对于 Pod 来说，这是 Pod 模板中所有容器的 `resources.limits.cpu` 或 `memory` 的总和与所有容器的 `resources.requests.cpu` 或 `memory` 的总和之比；而对于容器来说，这是单个容器的 `resources.limits.cpu` 或 `memory` 与自身的 `resources.requests.cpu` 或 `memory` 之比。这里我们以 Pod 中的 `memory` 限额范围为例进行介绍。首先，通过命令创建 limitrangeforratiopod.yml 文件。

```
$ vim limitrangeforratiopod.yml
```

然后，在文件中填入如下内容并保存。

```
apiVersion: v1
kind: LimitRange
metadata:
  name: limitrangeforratiopod
  namespace: examplenamespace
spec:
  limits:
  - maxLimitRequestRatio:
      memory: 2
    type: Pod
```

运行以下命令，通过模板创建限额范围。

```
$ kubectl apply -f limitrangeforratiopod.yml
```

接下来，通过 `$ kubectl describe limitrange limitrangeforratiopod -n examplenamespace` 命令查看限额范围的详情。如图 8-24 所示，可以看到 LimitRange 创建后关于 Pod 存储资源限额范围的详情。

```
k8sadmin@k8smaster:~$ kubectl describe limitrange limitrangeforratiopod -n examplenamespace
Name:       limitrangeforratiopod
Namespace:  examplenamespace
Type        Resource   Min   Max   Default Request   Default Limit   Max Limit/Request Ratio
----        --------   ---   ---   ---------------   -------------   -----------------------
Pod         memory     -     -     -                 -               2
```

图 8-24　Pod 资源按比例限额范围详情

从图 8-24 中可以看到 Pod 内存资源的 `Max Limit/Request Ratio` 属性。**LimitRange** 生效之后，当再次创建 Pod 模板或填写控制器的 Pod 模板时，必须使 Pod 的 `resources.requests` 属性和 `resources.limit` 属性满足比例限制，否则无法成功创建。本例中必须满足的条件如下所示。

Pod 模板中所有容器的 `resources.limits.memory` 总和 = Pod 模板中所有容器的 `resources.requests.memory` 总和 × 2

可以通过查看命名空间的详情统一查看创建的多个限额范围。本例中的具体命令为 `kubectl describe namespace examplenamespace`。可以看到原先的 "No resource limits" 提示已经变成具体的限额范围，这和刚刚我们配置的一模一样，如图 8-25 所示。

```
k8sadmin@k8smaster:~$ kubectl describe namespace examplenamespace
Name:         examplenamespace
Labels:       <none>
Annotations:  kubectl.kubernetes.io/last-applied-configuration:
                {"apiVersion":"v1","kind":"Namespace","metadata":{"annotations":{},"name":"examplenames
Status:       Active

Resource Quotas
  Name:                   exampleresourcequota
  Resource                Used  Hard
  --------                ---   ----
  persistentvolumeclaims  0     4
  pods                    1     2
  services                0     1

Resource Limits
 Type                   Resource  Min    Max    Default Request  Default Limit  Max Limit/Request Ratio
 ----                   --------  ---    ---    ---------------  -------------  -----------------------
 Container              cpu       100m   200m   110m             180m           -
 Container              memory    150Mi  300Mi  160Mi            250Mi          -
 Pod                    memory    150Mi  600Mi  -                -              -
 Pod                    cpu       100m   1      -                -              -
 PersistentVolumeClaim  storage   200Mi  1Gi    -                -              -
 Pod                    memory                                                  2
```

图 8-25　命名空间详细信息

8.3　资源管理——标签、选择器及注解

上一节讨论了命名空间，它主要用于实现多租户的资源隔离。在同一个命名空间下，还可以对资源进行更细粒度的划分，对各个资源的身份进行标识（例如，可以区分各个应用的版本、层级、环境等），可以使用标签（label）来区分这些资源。

通过标签选择器（selector），我们可以快速查找具备指定标签值的资源，或者将某些高层 Kubernetes 资源通过标签条件关联到低层资源。

注解（annotation）也是一种类似标签的机制。相比标签，注解更自由，可以包含少量结构化数据。一般来说，注解只是向对象中添加更多信息的一种方式，并没有实际功能。

8.3.1　标签

Kubernetes 中的标签是一种语义化标记标签，可以附加到 Kubernetes 对象上，并对它们进行标记或划分。如果要针对不同的实例进行管理或路由，就可以用标签来进行选择。

标签的形式是键值对，每个资源对象都可以拥有多个标签，但每个资源对象对于每个键都只能拥有一个值。标签的使用非常灵活，可以使用开发阶段、可访问性级别、应用程序版本等

标准对各个对象进行分类。

对于每一种资源对象，都可以设置标签。方法是在模板中的 metadata 属性中设置，如下所示。

```
metadata:
  labels:    #标签列表，可定义多个标签的键/值对
    key1: value1
    key2: value2
    ……
    keyN: valueN
```

对于已有资源，可以通过以下命令为其创建或删除标签。

```
$ kubectl label {资源类型} {资源名称} {标签名}={标签值}
$ kubectl label {资源类型} {资源名称} {标签名}-
```

以下是一些标签的应用场景。

- 根据发布版本划分为 release: beta、release: stable、release: canary。
- 根据环境划分为 environment: dev、environment: qa、environment: production。
- 根据应用层级划分为 tier: frontend、tier: backend、tier: cache。
- 根据用户群划分为 partition: customerA、partition: customerB。
- 根据维护频率划分为 track: daily、track: weekly。

为了定义一个带标签的 Pod，首先，通过以下命令创建 examplepodforlabel.yml 文件。

```
$ vim examplepodforlabel.yml
```

然后，在文件中填入如下内容并保存。

```
apiVersion: v1
kind: Pod
metadata:
  name: examplepodforlabel
  labels:
    environment: production
    app: nginx
    release: stable
    tire: backend
spec:
  containers:
  - name: nginx
    image: nginx:1.7.9
    ports:
    - containerPort: 80
```

运行以下命令，通过模板创建 Pod。

```
$ kubectl apply -f examplepodforlabel.yml
```

接下来，通过 `$ kubectl describe pod examplepodforlabel` 命令查看 Pod 的详细信息，可以发现 Pod 已成功指定标签，如图 8-26 所示。

```
k8sadmin@k8smaster:~$ kubectl describe pod examplepodforlabel
Name:              examplepodforlabel
Namespace:         default
Priority:          0
PriorityClassName: <none>
Node:              k8snode1/192.168.100.101
Start Time:        Fri, 02 Aug 2019 06:37:51 -0700
Labels:            app=nginx
                   environment=production
                   release=stable
                   tire=backend
```

图 8-26　Pod 的详细信息

8.3.2　选择器

通过标签选择器，可以快速查找具备指定标签值的资源，如通过命令查找指定资源。在查询时应带上 "-l" 参数，后面带上选择器表达式。

在查询时可以使用=（或==）、!=操作符，使用逗号可分隔并连接多个表达式以进行匹配。例如，可以使用以下命令查询 environment 标签不为 dev、tire 标签为 backend 的所有 Pod。

```
$ kubectl get pods -l environment!=dev,tire=backend
```

执行结果如图 8-27 所示。

```
k8sadmin@k8smaster:~$ kubectl get pods -l environment!=dev,tire=backend
NAME                 READY   STATUS    RESTARTS   AGE
examplepodforlabel   1/1     Running   0          9m21s
```

图 8-27　查询语句 1 的执行结果

还可以使用 in、notin 等方式进行查询。在使用这种方式时需要将选择器表达式放置在单引号之间，使用逗号分隔并连接多个表达式进行匹配。例如，可以使用以下命令查询 environment 标签的取值在 production 和 dev 之间且 tire 标签取值不在 frontend 中的所有 Pod。

```
$ kubectl get pods -l 'environment in (production,dev),tire notin (frontend)'
```

执行结果如图 8-28 所示。

```
k8sadmin@k8smaster:~$ kubectl get pods -l 'environment in (production,dev),tire notin (frontend)'
NAME                 READY   STATUS    RESTARTS   AGE
examplepodforlabel   1/1     Running   0          17m
```

图 8-28　查询语句 2 的执行结果

还可以使用!{label}、{label}等方式进行查询。如果使用!{label}，需要将选择器表达式放置在单引号之间，使用逗号分隔并连接多个表达式进行匹配。例如，可以使用以下命令查询带 environment 标签（任何值皆可）但不带 deadline 标签的所有 Pod。

```
$ kubectl get pods -l 'environment,!deadline'
```

执行结果如图 8-29 所示。

```
k8sadmin@k8smaster:~$ kubectl get pods -l 'environment,!deadline'
NAME                 READY   STATUS    RESTARTS   AGE
examplepodforlabel   1/1     Running   0          22m
```

图 8-29　查询语句 3 的执行结果

如果查询时标签与资源不匹配，则查询结果为空，如图 8-30 所示。

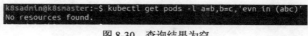

图 8-30　查询结果为空

标签选择器也可以将某些高层 Kubernetes 资源通过标签条件关联到低层资源。接下来分别介绍这些场景的用法。

每种基于控制器的对象都可以使用标签来识别需要操作的 Pod。Job、Deployment 及 DaemonSet 等控制器可以在控制器模板的 spec 属性中指定选择器，以查找符合条件的 Pod。示例如下。

```
selector:
  matchLabels:
    app: jekins
    release: stable
  matchExpressions:
    - {key: tier, operator: In, values: [backend]}
    - {key: environment, operator: NotIn, values: [dev,qa]}
    - {key: track, operator: Exists}
    - {key: deadline, operator: DoesNotExist}
```

配置上述选择器的控制器将会选取的 Pod 满足以下条件。

app 标签为 jekins，release 标签为 stable，tier 标签在 backend 中取值，environment 标签取值不介于 dev 和 qa，存在 track 标签以及不存在 deadline 标签。

除了控制器外，Service 还必须使用标签选择器才能确定应该将请求路由到哪些后端 Pod。示例如下。

```
kind: Service
apiVersion: v1
metadata:
  name: servicedemo
spec:
  selector:
    env: PRD
  ports:
    ......
```

如图 8-31 所示，这个 Service 将会定位所有标签满足 evn=PRD 的 Pod，将其添加到自己的 Endpoint 列表中，无论是单个 Pod 还是由控制器托管的 Pod。

在创建 PVC 时，除了可以用 storageClassName 以外，还可以用标签来匹配对应的 PV。示例如下。

```
apiVersion: v1
kind: PersistentVolume
metadata:
  name: testPV
```

```yaml
  labels:
    pvnumber: pv001
spec:
  capacity:
    storage: 1Gi
  accessModes:
    - ReadWriteOnce
  storageClassName: testing
---
apiVersion: v1
kind: PersistentVolumeClaim
metadata:
  name: testPVC
spec:
  accessModes:
    - ReadWriteOnce
  resources:
    requests:
      storage: 1Gi
  storageClassName: testing
  selector:
    matchLabels:
      pvnumber: pv001
```

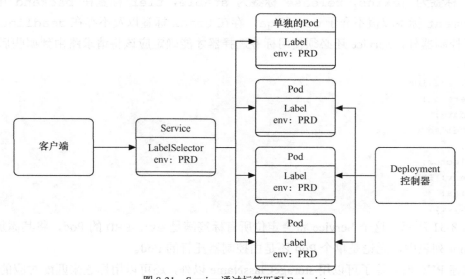

图 8-31　Service 通过标签匹配 Endpoint

在创建 PVC 时会自动寻找 `storageClassName` 为 `testing` 且 `pvnumber` 标签为 `pv001` 的 PV 并进行绑定。

8.3.3 注解

注解也是一种类似标签的机制。相对于标签，注解更自由，可以包含少量结构化数据。注解不用于识别和选择对象，只是向对象中添加更多信息的一种方式，只起说明作用并没有实际功能。

同标签一样，对于每一种资源对象都可以设置注解，在模板的 `metadata` 属性中设置即可。

为了定义一个带注解的 Pod，首先，通过命令创建 examplepodforannotation.yml 文件。

```
$ vim examplepodforannotation.yml
```

然后，在文件中填入如下内容并保存。

```
apiVersion: v1
kind: Pod
metadata:
  name: examplepodforannotation
  annotations:
    devteam: 'Tiger Team'
    phone: '999-888-77777'
    howtouse: 'plz open this app and click....'
    Gitrepository: 'https://github.com/xxxxx/project.git'
    email: 'tigerteam@company.com'
spec:
  containers:
  - name: nginx
    image: nginx:1.7.9
    ports:
    - containerPort: 80
```

运行以下命令，通过模板创建 Pod。

```
$ kubectl apply -f examplepodforannotation.yml
```

接下来，通过`$ kubectl describe pod examplepodforannotation` 命令查看 Pod 的详细信息，可以发现 Pod 已成功指定注解，如图 8-32 所示。

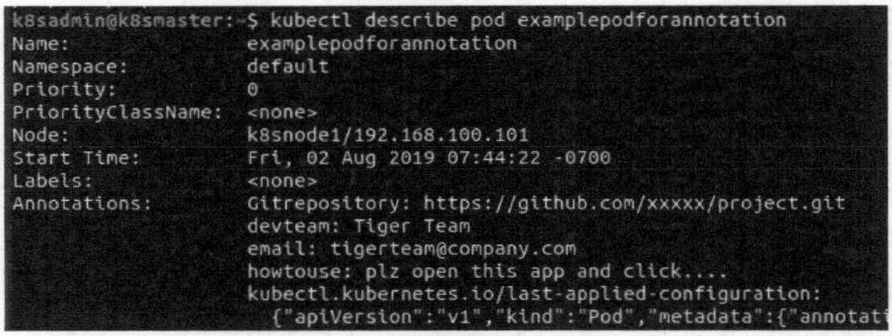

```
k8sadmin@k8smaster:~$ kubectl describe pod examplepodforannotation
Name:               examplepodforannotation
Namespace:          default
Priority:           0
PriorityClassName:  <none>
Node:               k8snode1/192.168.100.101
Start Time:         Fri, 02 Aug 2019 07:44:22 -0700
Labels:             <none>
Annotations:        Gitrepository: https://github.com/xxxxx/project.git
                    devteam: Tiger Team
                    email: tigerteam@company.com
                    howtouse: plz open this app and click....
                    kubectl.kubernetes.io/last-applied-configuration:
                      {"apiVersion":"v1","kind":"Pod","metadata":{"annotati
```

图 8-32　Pod 的详细信息

除了我们设置的几个注解信息外，在创建 Pod 时，Kubernetes 还自动增加了一个名为 kubectl.Kubernetes.io/last-applied-configuration 的注解来存放最近一次变更时的配置以供参考。

8.4 资源调度——Pod 调度策略详解

Pod 的调度是由 kube-scheduler 组件来控制的，我们可以称该组件为调度器。所有 Pod 都需要经过调度器才能分配到具体的 Node 上。调度器用于监听要求创建或还未分配 Node 的 Pod 资源，为 Pod 自动分配相应的 Node。kube-scheduler 在调度时会考虑各种因素，包括资源需求、硬件/软件/指定限制条件、内部负载情况等。kube-scheduler 所执行的各项操作是基于 API Server 的，如调度器会通过 API Server 的 Watch 接口监听新建 Pod，搜索所有满足 Pod 需求的 Node 列表，再执行 Pod 调度逻辑，找到适合运行这个 Pod 的最佳 Node。

调度成功后会将 Pod 绑定到目标 Node 上。如果没有找到合适的 Node，Pod 将保持 Pending 状态，不会分配到任何节点上，直到集群情况发生变化且满足条件为止。

8.4.1 调度过程

kube-scheduler 将按以下 3 个步骤进行调度。

（1）预选——在所有节点中，调度器用一组规则过滤掉不符合要求的节点。例如，Pod 指定了 resource.requests.cpu 或 memory，因此可用资源比 Pod 需求资源量少的主机会被筛除。

（2）优选——在选择出符合要求的候选节点后，用一组规则对这些节点的优先级打分。比如，优先把一个 Deployment 控制器 Pod 分配到不同的主机上，优先使用负载最低的主机等。

（3）绑定——选择打分最高的节点执行绑定操作。如果最高得分中有好几个节点，则会从中随机选择一个节点。

具体调度过程如图 8-33 所示。

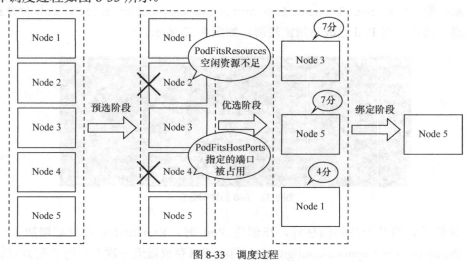

图 8-33　调度过程

预选阶段的默认调度策略如下，主要分为 3 类。

❑ 资源性预选策略。
- `PodFitsResources`：检查主机上的空闲资源是否满足 Pod 中容器的 `resource.requests.cpu` 或 `memory`。
- `PodFitsHostPorts`：检查 Pod 中容器的 `hostPort` 属性所指定的端口是否已被节点上其他容器或服务占用。
- `CheckNodeMemoryPressure`：判断节点是否已经进入内存压力状态。如果进入，则只允许调度内存标记为 0 的 Pod。
- `CheckNodePIDPressure`：检查节点是否存在进程 ID 资源紧缺情况。
- `CheckNodeDiskPressure`：判断节点是否已进入存储压力状态（文件系统磁盘已满或接近满）。
- `CheckNodeCondition`：检查节点网络是否可用，或者 kubelet 组件是否就绪。

❑ 指定性预选策略。这种预选方式更多是用户主动选择的，需要用户来指定与设置。稍后将详细讲解这种预选方式。
- `PodFitsHost`：如果 Pod 设置了 `spec.nodeName`，则只有名字相匹配的节点才能运行 Pod。
- `PodMatchNodeSelector`：如果 Pod 设置了 `spec.nodeSelector`，则只有标签与之匹配的节点才能运行 Pod。如果 Pod 设置了 `spec.affinity.nodeAffinity.requiredDuringScheduling` 属性，检查是否与节点的亲和性要求相匹配。
- `MatchInterPodAffinity`：如果 Pod 设置了 `spec.affinity.podAffinity.requiredDuringScheduling` 或 `spec.affinity.podAntiAffinity.requiredDuringScheduling` 属性，检查是否与 Pod 的亲和性/反亲和性要求相匹配。
- `PodToleratesNodeTaints`：如果 Pod 通过 `spec.tolerations` 属性设置了容忍度（tolerate），且其容忍度的 `effect` 属性为 `NoSchedule` 或 `NoExecute`，则检查 Pod 是否能容忍节点上的污点（taint）。

❑ 存储卷预选策略。
- `CheckVolumeBinding`：检查 Pod 是否能适配到它所请求的存储卷，该规则对已绑定或未绑定 PV 的 PVC 都起作用。
- `NoDiskConflict`：检查 Pod 所需的卷是否和节点已存在的卷冲突。如果这个主机已经挂载了卷，同样使用这个卷的其他 Pod 不能调度到这个主机上，仅限于 GCE PD、AWS EBS、Ceph RBD 以及 iSCSI。
- `NoVolumeZoneConflict`：在给定区域限制前提下，检查在此主机上部署的 Pod 是否存在卷冲突（前提是存储卷设有区域调度约束）。

- MaxCSI/MaxEBS/MaxGCEPD/MaxAzureDisk/MaxCinderVolumeCount：检查需要挂载的相关存储卷是否已超过配置限制。

优选阶段的默认调度策略主要分 4 类。

- ❏ 资源性优选策略。
  - LeastRequestedPriority：计算 Pod 需要的 CPU 和内存在当前节点可用资源上的百分比。具有最小百分比的节点最优，根据公式 cpu((capacity-sum(requested))*10/capacity)+memory((capacity-sum(requested))*10/capacity)/2 计算得分。
  - BalancedResourceAllocation：该调度策略出于平衡度考虑，避免出现 CPU、内存消耗不均匀的情况。优先选择在部署 Pod 后各项资源更均衡的机器。得分计算公式为 10 - abs(totalCpu/cpuNodeCapacity-totalMemory/memoryNodeCapacity)*10。
  - ResourceLimitsPriority：优先选择满足 Pod 中容器的 resource.limits.cpu 或 memory 的节点。
- ❏ 容灾性优选策略。
  - SelectorSpreadPriority：为了更好地容灾，优先减少节点上属于同一个 Service 或控制器的 Pod 数量。同一个 Service 或控制器的 Pod 数量越少，得分越高。
  - ImageLocalityPriority：尽量将使用大镜像的容器调度到已经下拉了该镜像的节点上。默认未启用该策略。若不存在所需镜像，返回 0 分；若存在镜像，镜像越大，得分越高。
- ❏ 指定性优选策略。这种优选方式更多是用户主动选择的，需要用户进行指定与设置。稍后将详细讲解这种优选方式。
  - NodeAffinityPriority：如果 Pod 设置了 spec.affinity.nodeAffinity.preferredDuringScheduling 属性，优先选择最大限度满足该亲和性条件的节点。
  - InterPodAffinityPriority：如果 Pod 设置了 spec.affinity.podAffinity.preferredDuringScheduling 或 spec.affinity.podAntiAffinity.preferredDuringScheduling 属性，优先选择最大限度满足该亲和性/反亲和性条件的节点。
  - TaintTolerationPriority：如果 Pod 通过 spec.tolerations 属性设置了容忍度，且其容忍度的 effect 属性为 PreferNoSchedule，则优先选择 Pod 匹配污点最少的节点。污点配对成功的项越多，得分越低。
- ❏ 特殊优选策略（通常只用于测试或特殊场景）。
  - NodePreferAvoidPodsPriority：如果设置了节点的注解，scheduler.alpha.Kubernetes.io/preferAvoidPods = "..."，则由 ReplicationController

（以及基于它的 Deployment 控制器）控制的 Pod 在这个节点上忽视所有其他优选策略，该节点拥有所有节点中最低的调度优先级。
- `MostRequestedPriority`：在使用率最高的主机节点上优先调度 Pod。一般用在缩减集群时，通过这种方式可以腾出空闲机器。默认未启用该策略。
- `EqualPriorityMap`：将所有节点设置为相同的优先级。默认未启用该策略。

Kubernetes 提供了调度策略的定义，可以在 kube-scheduler 启动参数中添加 `--policy-config-file` 来指定要运用的调度配置文件。配置文件的格式如下所示。

```
"kind" : "Policy",
"apiVersion" : "v1",
"predicates" : [
    {"name" : "PodFitsResources"},
    {"name" : "PodFitsHostPorts"},
    {"name" : "CheckNodeMemoryPressure"},
    {"name" : "NoDiskConflict"},
    {"name" : "PodFitsHost"},
    ......
    ],
"priorities" : [
    {"name" : "LeastRequestedPriority", "weight" : 1},
    {"name" : "SelectorSpreadPriority", "weight" : 1},
    {"name" : "NodeAffinityPriority", "weight" : 1},
    {"name" : "NodePreferAvoidPodsPriority", "weight" : 1}
    ......
    ]
}
```

Kubernetes 非常灵活，还可以自己定义新的预选和优选策略并添加到原有配置中，甚至可以重新编写自定义的调度器，替代默认调度器或与默认调度器共同使用。

之前介绍各个调度策略时，提到了指定性预选和优选策略。这些方式更多是用户主动选择的，需要用户指定与设置。接下来将详细介绍这些预选和优选策略。

8.4.2 节点选择调度

在某些时候，可能需要指定将 Pod 部署在某台 Node 上。此时就可以使用 `spec.nodeName` 直接指定 Pod 需要调度到的具体机器（通过 PodFitsHost 预选策略）。例如，以下 Pod 模板。

```
apiVersion: v1
kind: Pod
metadata:
  name: examplepodforhostname
spec:
  containers:
  - name: examplepod-container
    image: busybox
    imagePullPolicy: IfNotPresent
```

```
    command: ['sh', '-c']
    args: ['echo "Hello Kubernetes!"; sleep 3600']
  nodeName: k8snode1
```

应用模板后，Pod 将直接调度到 k8snode1 上，如图 8-34 所示。

图 8-34　Pod 调度情况

8.4.3　节点亲和性调度

节点亲和性调度表示会根据节点的标签挑选合适的节点。

由于节点亲和性调度策略依赖于节点的标签，因此首先需要为节点设置标签。

1. 为节点设置标签

要给各个节点设置标签，命令如下。

```
$ kubectl label nodes {node 名称} {标签名}={标签值}
```

例如以下命令。

```
$ kubectl label nodes k8snode1 disktype=ssd
```

使用以下命令可以删除定义的标签。

```
$ kubectl label nodes k8snode1 disktype-
```

设置完成后可以通过 `$ kubectl describe node k8snode1` 命令查看标签配置情况，如图 8-35 所示。

图 8-35　节点详情

在接下来的示例中，各个节点的标签配置如图 8-36 所示。

k8snode1	k8snode2	k8snode3
disktype: ssd cpu: 4core env: prd	disktype: hard cpu: 6core env: prd	disktype: ssd cpu: 6core env: prd

图 8-36　各个节点的标签配置

除了自己定义的标签之外，Kubernetes 还会为每个节点自动生成系统级标签。

- Kubernetes.io/hostname：机器名称，例如，k8snode1。
- Kubernetes.io/os：系统名称，例如，Linux/Windows。

- Kubernetes.io/arch：架构名称，例如，amd64。

只有使用公有云厂商自家的 Kubernetes 时才会有以下标签，私有 Kubernetes 集群没有这些标签。
- failure-domain.beta.Kubernetes.io/region：地域名称。
- failure-domain.beta.Kubernetes.io/zone：地域下的区域名称。
- beta.Kubernetes.io/instance-type：使用的 cloudprovider 名称。

2. 亲和性调度

在某些时候，可能需要将 Pod 调度到指定类型的节点中。通过 `spec.nodeSelector` 或 `spec.affinity.nodeAffinity.requiredDuringScheduling` 可以将 Pod 调度到拥有指定标签的节点上（通过 `PodMatchNodeSelector` 预选策略），这种方式属于硬亲和性调度，是强制性的，节点不允许调度到不符合条件的机器上。

为了看看如何通过 `spec.nodeSelector` 将 Pod 调度到有指定标签的节点上，首先，创建以下模板。

```
apiVersion: v1
kind: Pod
metadata:
  name: examplefornodeselector
spec:
  containers:
  - name: nginx
    image: nginx
    imagePullPolicy: IfNotPresent
  nodeSelector:
    disktype: ssd
    env: prd
```

应用该模板后，其调度过程将如图 8-37 所示。k8snode2 的标签由于不符合匹配条件，直接会被筛除，Pod 最终可能调度到 k8snode1 或 k8snode3 上。

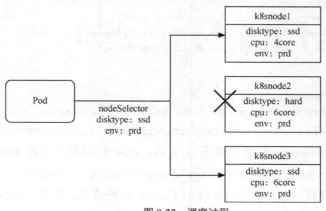

图 8-37　调度过程

除了 `spec.nodeSelector` 之外，还可以通过 `spec.affinity.nodeAffinity.requiredDuringScheduling` 将 Pod 调度到有指定标签的节点上。它们的主要区别在于，`spec.affinity.nodeAffinity.requiredDuringScheduling` 可以设置更复杂的表达式，例如，使用 8.3.2 节提到的 In、NotIn、Exists、DoesNotExist 等属性。

`requiredDuringScheduling` 有两种用法，一种是 `requiredDuringSchedulingRequiredDuringExecution`，另一种是 `requiredDuringSchedulingIgnoredDuringExecution`。两者都可以将 Pod 调度到存在指定标签的节点上，但区别在于，前者 Pod 调度成功运行后，如果节点标签发生变化而不再满足条件，Pod 将会被驱逐出节点，而后者仍会在节点上运行。

还可以通过 `spec.affinity.nodeAffinity.preferredDuringScheduling` 属性来指定节点标签，优先选择最大限度满足该亲和性条件的节点（通过 `NodeAffinityPriority` 优选策略）。这种方式属于软亲和性调度，是非强制性的。节点根据优先级的得分情况可能会也可能不会调度到不符合条件的机器上。

为了创建有亲和性条件的 Pod，首先，创建以下模板。

```
apiVersion: v1
kind: Pod
metadata:
  name: examplefornodeaffinity
spec:
  containers:
  - name: nginx
    image: nginx
    imagePullPolicy: IfNotPresent
  affinity:
    nodeAffinity:
      requiredDuringSchedulingIgnoredDuringExecution:
        nodeSelectorTerms:
        - matchExpressions:
          - {key: env, operator: In, values: [prd]}
          - {key: cpu, operator: NotIn, values: [4core]}
      preferredDuringSchedulingIgnoredDuringExecution:
      - weight: 1
        preference:
          matchExpressions:
          - {key: disktype, operator: In, values: [ssd,flash]}
```

这里我们通过 `nodeAffinity.requiredDuringSchedulingIgnoredDuringExecution` 设置了硬亲和性条件，寻找 env 标签取值在 prd 内，cpu 标签取值不在 4core 内的节点。然后通过 `nodeAffinity.preferredDuringSchedulingIgnoredDuringExecution` 设置软亲和性条件，优先寻找 disktype 在 ssd/flash 内的节点。其中，weight 字段表示相

对于其他软亲和性条件的优先级比值，取值范围为 1～100，因为目前我们只设置了一个软亲和性条件，所以填写任意值均可。

应用该模板后，其调度过程将如图 8-38 所示。k8snode1 的标签由于不符合 `required DuringScheduling` 条件，在预选阶段就会被筛除。然后对 k8snode2 和 k8snode3 进行优先级选择，根据 `preferredDuringScheduling` 的设置，k8snode3 满足这个条件，因此将获得最高优先级，Pod 调度到 k8snode3 上的概率更大。

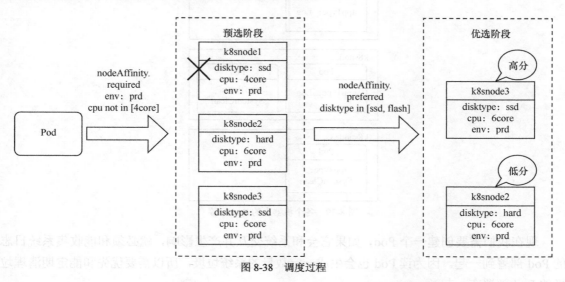

图 8-38　调度过程

8.4.4　Pod 亲和性与反亲和性调度

1. Pod 亲和性调度

有些时候，需要将某些 Pod 与正在运行的已具有某些特质的 Pod 调度到一起，因此就需要使用 Pod 亲和性调度方式。

通过 `spec.affinity.podAffinity.requiredDuringScheduling` 可将 Pod 调度到带有指定标签的 Pod 节点上（通过 `MatchInterPodAffinity` 预选策略）。`requiredDuringScheduling` 有两种用法，一种是 `requiredDuringSchedulingRequiredDuringExecution`，另一种是 `requiredDuringSchedulingIgnoredDuringExecution`。两者都可以将 Pod 调度到存在指定标签的 Pod 节点上，区别在于，前者 Pod 调度成功运行后，如果节点上已有 Pod 的标签发生变化且不再满足条件，Pod 将会被驱逐出节点，而后者仍会在节点上运行。

另外，还可以通过 `spec.affinity.podAffinity.preferredDuringScheduling` 属性来指定节点上 Pod 的标签，优先选择最大限度满足该亲和性条件的节点（通过 `InterPod`

AffinityPriority 优选策略)。这种方式属于软亲和性调度,是非强制性的。节点根据优先级得分情况,可能会也可能不会调度到不符合条件的机器上。

假设现在各个机器上 Pod 的标签情况如图 8-39 所示。appType: Log 表示它是一个收集系统日志的应用,appType: SystemClean 表示它是一个定期清理系统垃圾的应用。

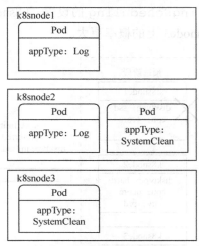

图 8-39 各个机器上的 Pod 标签

现在我们需要创建一个 Pod,如果它会和系统交互并产生影响,就必须和能收集系统日志的 Pod 部署到一起。因为读 Pod 也会生成一定数量的系统垃圾,所以需要优先和能定期清理垃圾的 Pod 部署在一起。

为了创建具有 Pod 亲和性条件的 Pod,创建以下模板。

```
apiVersion: v1
kind: Pod
metadata:
  name: exampleforpodaffinity
spec:
  containers:
  - name: nginx
    image: nginx
    imagePullPolicy: IfNotPresent
  affinity:
    podAffinity:
      requiredDuringSchedulingIgnoredDuringExecution:
      - labelSelector:
          matchExpressions:
            - {key: appType, operator: In, values: [Log]}
        topologyKey: 'Kubernetes.io/hostname'
      preferredDuringSchedulingIgnoredDuringExecution:
      - weight: 1
```

```yaml
        podAffinityTerm:
          labelSelector:
            matchExpressions:
              - {key: appType, operator: In, values: [SystemClean]}
          topologyKey: 'Kubernetes.io/hostname'
```

这里通过 `podAffinity.requiredDuringSchedulingIgnoredDuringExecution` 设置了硬亲和性条件，寻找 `appType` 标签取值在 `Log` 内的 Pod。然后通过 `nodeAffinity.preferredDuringSchedulingIgnoredDuringExecution` 设置了软亲和性条件，优先寻找 `appType` 在 `SystemClean` 内的 Pod。其中，`weight` 字段表示相对于其他软亲和性条件的优先级比例，取值范围为 1~100。因为目前我们只设置了一个软亲和性条件，所以填写任意值均可。

值得注意的是，对于 Pod 亲和性，无论是硬亲和性还是软亲和性都设置了 `topologyKey` 属性，把该属性设置为节点的标签名称。如果满足 Pod 亲和性条件，则将 Pod 调度到和已有 Pod 的所在节点拥有相同节点标签的机器上。这里使用了系统标签 `Kubernetes.io/hostname`（主机名称），它表示如果满足亲和性条件，则会将 Pod 调度到和已有 Pod 所在节点的 `Kubernetes.io/hostname` 标签值相同的节点上。换句话说，会将该 Pod 调度到同一台机器上。也可以将 `topologyKey` 设置为之前示例中使用的 `disktype` 节点标签等，如果满足亲和性条件，就会将 Pod 调度到与 `disktype` 一致的节点上，但这些节点也可能有多个。

应用该模板后，其调度过程将如图 8-40 所示。k8snode3 的标签由于不符合 `requiredDuringScheduling` 条件，因此在预选阶段就会被筛除。然后对 k8snode1 和 k8snode2 进行优先级选择，根据 `preferredDuringScheduling` 的设置，k8snode2 满足这个条件，因此将获得最高优先级，Pod 调度到 k8snode2 上的概率更大。

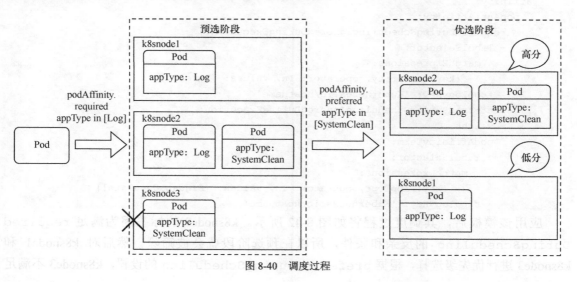

图 8-40　调度过程

2. Pod 反亲和性调度

当不能将某些 Pod 与正在运行的已具有某些特质的 Pod 调度到一起时,就需要使用 Pod 反亲和性调度方式。

Pod 反亲和性调度和 Pod 亲和性调度的作用恰恰相反。Pod 反亲和性使用 podAntiAffinity 属性来定义,而在 podAntiAffinity 内部,其子属性定义方式和 podAffinity 一模一样。

假设现在各个机器上 Pod 的标签情况如图 8-41 所示。security: level3 表示它是一个安全级别非常高的应用,appType: BigdataCaculate 表示它是大数据计算应用,可能会随时消耗全部的 CPU 或内存资源。

现在我们需要创建一个 Pod。假设由于公司政策,其他任何 Pod 都不允许和安全等级高于 3 的应用部署到一起。而因为大数据应用太消耗节点的 CPU 或内存资源,所以不推荐与它们部署在一起。

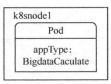
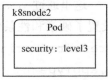
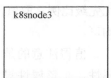

图 8-41 各个机器上的 Pod 标签

为了创建具有 Pod 反亲和性条件的 Pod,创建以下模板。

```
apiVersion: v1
kind: Pod
metadata:
  name: exampleforpodantiaffinity
spec:
  containers:
  - name: nginx
    image: nginx
    imagePullPolicy: IfNotPresent
  affinity:
    podAntiAffinity:
      requiredDuringSchedulingIgnoredDuringExecution:
      - labelSelector:
          matchExpressions:
            - {key: security, operator: In, values: [level3]}
        topologyKey: 'Kubernetes.io/hostname'
      preferredDuringSchedulingIgnoredDuringExecution:
      - weight: 1
        podAffinityTerm:
          labelSelector:
            matchExpressions:
              - {key: appType, operator: In, values: [BigdataCaculate]}
          topologyKey: 'Kubernetes.io/hostname'
```

应用该模板后,其调度过程将如图 8-42 所示。k8snode2 的标签因为满足 requiredDuringScheduling 的反亲和条件,所以在预选阶段就会被筛除。然后对 k8snode1 和 k8snode3 进行优先级选择,根据 preferredDuringScheduling 的设置,k8snode3 不满足

8.4 资源调度——Pod 调度策略详解

反亲和条件，因此它将获得最高优先级，Pod 调度到 k8snode3 上的概率更大。

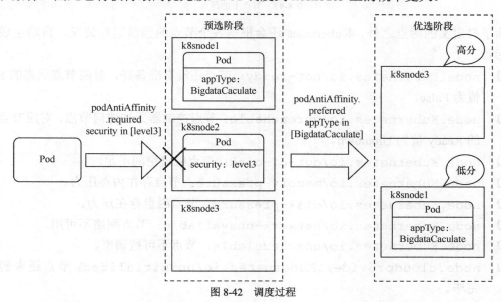

图 8-42 调度过程

注意：在 Pod 亲和性与反亲和性调度过程中会涉及大量调度运算，这会显著减慢在大型集群中的调度。不建议在大于几百个节点的集群中使用它们。

8.4.5 污点与容忍度

顾名思义，污点表示一个节点上存在不良状况。污点会影响 Pod 的调度，其定义方式如下。

```
$ kubectl taint node {节点名称} {污点名称}={污点值}:{污点的影响}
```

污点名称及污点值类似于标签，也是一种键值对形式。污点的影响一共有 3 种。

- **NoExecute**：不将 Pod 调度到具备该污点的机器上。如果 Pod 已经在某台机器上运行，且设置了 NoExecute 污点，则不能容忍该污点的 Pod 将会被驱逐。
- **NoSchedule**：不将 Pod 调度到具备该污点的机器上。对于已运行的 Pod 不会驱逐。
- **PreferNoSchedule**：不推荐将 Pod 调度到具备该污点的机器上。

前两种影响会触发 `PodToleratesNodeTaints` 预选策略，最后一种影响会触发 `TaintTolerationPriority` 优选策略。

例如，可以给其中一台机器添加污点。

```
$ kubectl taint node k8snode2 restart=hourly:NoSchedule
```

可以通过以下命令删除污点。

```
$ kubectl taint node k8snode2 restart:NoSchedule-
```

设置完成后可以通过 `$ kubectl describe node k8snode2` 命令查看污点配置情况，如图 8-43 所示。

219

```
Taints:                    restart=hourly:NoSchedule
```
图 8-43 节点上的污点

除了自定义的污点之外，Kubernetes 还会根据各个节点的当前运行情况，自动生成系统级的污点。

- `node.Kubernetes.io/not-ready`：节点还没有准备好，对应节点状态的 Ready 值为 False。
- `node.Kubernetes.io/unreachable`：节点控制器无法访问节点，对应节点状态的 Ready 值为 Unknown。
- `node.Kubernetes.io/out-of-disk`：节点磁盘空间不足。
- `node.Kubernetes.io/memory-pressure`：节点存在内存压力。
- `node.Kubernetes.io/disk-pressure`：节点磁盘存在压力。
- `node.Kubernetes.io/network-unavailable`：节点网络不可用。
- `node.Kubernetes.io/unschedulable`：节点不可被调度。
- `node.cloudprovider.Kubernetes.io/uninitialized`：节点还未初始化完毕。

在接下来的示例中，各个节点的污点配置如下所示。其中，k8snode2 有每小时重启的不稳定状况，所以不将 Pod 调度到该机器上；k8snode3 处于开机维护状态，也不将 Pod 调度到该机器上；k8snode4 的硬盘非常差，不推荐将 Pod 调度到该机器上。

k8snode1	k8snode2	k8snode3	k8snode4
无污点	restart=hourly:NoSchedule	isMaintain=true:NoExecute	diskSpeed=verySlow:PreferNoSchedule

如果此时定义一个任意的 Pod，其调度过程将如图 8-44 所示。k8snode2 和 k8snode3 因为存在污点，所以在预选阶段就会被筛除。然后对 k8snode1 和 k8snode4 进行优先级选择，由于 k8snode4 存在不推荐的污点，因此 k8snode1 将获得最高优先级，Pod 调度到 k8snode1 上的概率更大。

如果想让 Pod 调度到具备污点的机器上，则必须要为 Pod 设置容忍度，让它能接受这些污点。

接下来，创建设置了容忍度的 Pod 模板。

```
apiVersion: v1
kind: Pod
metadata:
  name: examplefortolerations
spec:
  containers:
  - name: nginx
    image: nginx
```

```
    imagePullPolicy: IfNotPresent
tolerations:
- key: "restart"
  operator: "Equal"
  value: "hourly"
  effect: "NoSchedule"
- key: "isMaintain"
  operator: "Equal"
  value: "true"
  effect: "NoExecute"
  tolerationSeconds: 3600
```

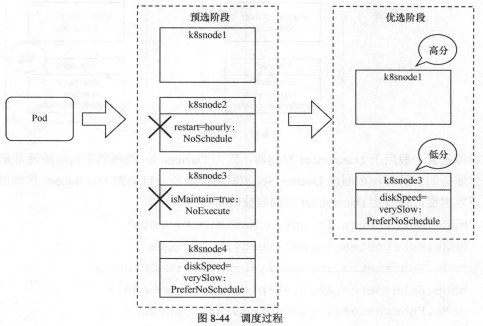

图 8-44　调度过程

这里 tolerations 定义了两个容忍度。第一个容忍的污点为 restart，operator 为 Equal，value 为 hourly，effect 为 NoSchedule。这表示可以容忍 restart 等于 hourly 且影响为 NoSchedule 的污点。第二个污点的定义与此类似，但增加了一个 tolerationSeconds 属性，表示可以容忍污点 3600s。如果 Pod 调度到了 k8snode3 上，由于它对 isMaintain=true:NoExecute 污点的容忍度为 3600s，假设超过这个时间 k8snode3 还处于维护状态，没有清除该污点，则 Pod 会被驱逐。

应用该模板创建 Pod 后，其调度过程如图 8-45 所示。因为已容忍 k8snode2 和 k8snode3 上的污点，所以在预选阶段 Pod 不会被筛除。由于 k8snode1 不存在污点，因此 k8snode1 将获得最高优先级，Pod 调度到 k8snode1 上的概率更大。

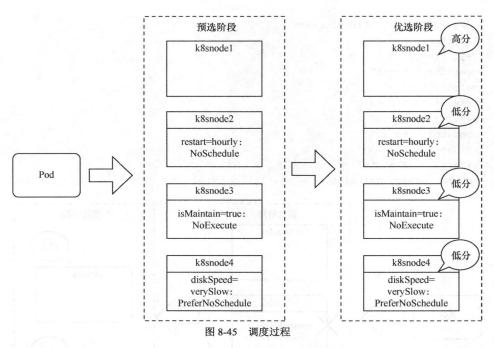

图 8-45 调度过程

容忍度设置一般用于 DaemonSet 控制器，因为 DaemonSet 控制器下的应用通常是为节点本身提供服务的。另外，在创建 DaemonSet 控制器时，还会自动为 DeamonSet 控制器的 Pod 添加以下容忍度，以防止 DaemonSet 控制器被破坏。

- `node.Kubernetes.io/unreachable:NoExecute`
- `node.Kubernetes.io/not-ready:NoExecute`
- `node.Kubernetes.io/memory-pressure:NoSchedule`
- `node.Kubernetes.io/disk-pressure:NoSchedule`
- `node.Kubernetes.io/out-of-disk:NoSchedule`
- `node.Kubernetes.io/unschedulable:NoSchedule`
- `node.Kubernetes.io/network-unavailable:NoSchedule`

8.4.6 优先级与抢占式调度

当集群资源（CPU、磁盘、内存等）不足时，如果用户提交了新 Pod 的创建请求，则这个 Pod 会一直处于 Pending 状态，直到某个节点有足够的资源才会调度成功。默认情况下，除了系统级 Pod 之外，所有 Pod 的优先级都是相同的。在这种情况下，如果调高 Pod 的优先级，调度器在调度时会选择最合适的节点，将节点上低优先级的 Pod 驱逐并释放，以腾出空间给高优先级的 Pod 使用。这种调度方式称为抢占式（preemption）调度。

在使用抢占式调度前，需要先创建 PriorityClass，设置资源优先级，后续在创建控制器或

8.4 资源调度——Pod 调度策略详解

Pod 时可以引用这个优先级。

为了用一个简单的例子进行说明，首先，创建 examplehighpriority.yml 文件。

```
$ vim examplehighpriority.yml
```

然后，在文件中填入以下内容并保存。

```
apiVersion: scheduling.k8s.io/v1
kind: PriorityClass
metadata:
  name: examplehighpriority
value: 1000000
globalDefault: false
description: "This priority class should be used for importent service pods only."
```

该模板定义了 PriorityClass，`value` 属性表示优先级，值越大代表优先级越高，本例中为 1000000。如果 Pod 没有引用 PriorityClass，默认优先级为 0。`globalDefault` 表示是否将其定义为全局性 PriorityClass，所有未明确指定 PriorityClass 的 Pod 都会使用该优先级作为默认优先级。注意，只能有一个 PriorityClass 的 globalDefault 字段为 true，在本例中我们设置为 false。`description` 表示关于 PriorityClass 的一段自定义的说明。

接下来，执行以下命令，创建 PriorityClass。

```
$ kubectl apply -f examplehighpriority.yml
```

接下来，通过以下命令，可以查看已经创建的 PriorityClass。

```
$ kubectl get priorityclass
```

查询结果如图 8-46 所示，除本例中创建的 examplehighpriority 外，还有两个前缀为 "system-" 的 PriorityClass。这是 Kubernetes 在安装时自动创建的系统级 Pod 的 PriorityClass，可以看到这两个应用的优先级都设置为非常高的数值。

```
k8sadmin@k8smaster:~$ kubectl get PriorityClass
NAME                     VALUE         GLOBAL-DEFAULT   AGE
examplehighpriority      1000000       false            21s
system-cluster-critical  2000000000    false            64d
system-node-critical     2000001000    false            64d
```

图 8-46 查询结果

PriorityClass 创建后，就可以创建引用它的 Pod 了。通过 `spec.priorityClassName` 属性指定要引用的 PriorityClass，具体模板的定义如下所示。该 Pod 将具有先前 PriorityClass 示例中定义的优先级（1000000）。

```
apiVersion: v1
kind: Pod
metadata:
  name: exampleforpriority
spec:
  containers:
  - name: nginx
    image: nginx
    imagePullPolicy: IfNotPresent
```

```
priorityClassName: examplehighpriority
```

注意：请慎用该功能。通过设置 Pod 优先级进行抢占式调度是一种不公平行为，在资源紧缺时，这会增加维护复杂度，带来不稳定因素。如果资源不足，首先应该考虑的是扩容。优先级设置应该仅用于最重要的少部分 Pod，如果经常使用，可能会有用户恶意调高 Pod 优先级，导致普通用户在资源紧缺时无法调度 Pod。

8.5 本章小结

本章主要讲解了 Kubernetes 资源管理的方式及 Pod 的调度原理。本章要点如下。

- 命名空间的主要作用是对 Kubernetes 集群资源进行划分，这种划分并非物理划分，而是逻辑划分，用于实现多租户的资源隔离。
- 资源配额可以通过 ResourceQuota 来定义，设置命名空间下能够使用的各类资源总量，一个命名空间下最多只能有一个 ResourceQuota。
- 资源配额分为 3 种类型——计算资源配额、存储资源配额及对象数量配额。
- 为了避免单个资源对象消耗所有的命名空间资源，可以通过 LimitRange 对象来对单个资源对象的资源占用进行限定。
- Kubernetes 中的标签是一种语义化标记标签，可以附加到 Kubernetes 对象上，对它们进行标记或划分。每一种资源对象都可以设置标签。
- 通过标签选择器可以快速查找具有指定标签值的资源，例如，通过命令查找指定资源。
- 注解也是一种类似标签的机制，只是向对象中添加更多信息的一种方式，只起说明作用，并没有实际功能。
- Pod 的调度过程分为 3 个步骤——预选、优选及绑定。
- 指定性预选/优选策略。这种优选方式更多是用户主动选择的，需要用户指定与设置，分别为节点选择调度、节点亲和性调度、Pod 亲和性与反亲和性调度、污点和容忍度调度。
- 通过 PriorityClass 可将某些 Pod 的优先级提高，可以在资源紧缺时执行抢占式调度。

第三部分　进阶

第 9 章　API Server

第 10 章　Kubernetes 的扩展

第 9 章 API Server

Kubernetes 中的资源访问类型有两种。一种是由 Pod 提供的服务资源，它可通过 Service 或 Ingress 发布以供外部访问，这种访问不需要经过 API Server 的认证。而另一种是对集群内部资源的操作，它需要通过 API Server 访问，而且要经过一定的认证授权才能进行操作。

API Server 提供了对 Kubernetes 中各类资源对象进行增删改查等操作的 HTTP REST 接口。对资源执行的任何操作，都需要由 API Server 处理。

在之前所有的演示中，我们是通过命令行工具 kubectl 客户端来访问 API Server 的，kubectl 客户端将把命令行转换为对 API Server 的 REST API 调用。如果要对 Kubernetes 的功能进行自定义扩展或二次开发，则需要直接调用 API Server 的 REST API。接下来，我们将了解如何直接使用 API Server 进行操作。

9.1 API Server 的基本操作

我们先在 Master 节点上打开 kubectl 反向代理，通过使 kubectl 反向代理 API Server，可以直接使用 kubectl 命令的认证授权来访问 API Server。其命令如下所示。

```
$ kubectl proxy --port=可用端口号
```

本例中的命令为 `$ kubectl proxy --port=8080`，执行结果如图 9-1 所示。

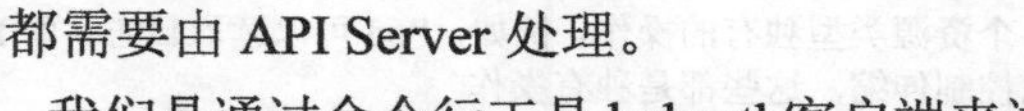

```
k8sadmin@k8smaster:~$ kubectl proxy --port=8080
Starting to serve on 127.0.0.1:8080
```

图 9-1 命令执行结果

接下来，就可以直接使用 http://localhost:8080/ 来访问 API Server 了，无须配置

其他认证授权。

API Server 支持的操作非常多，可以通过以下命令获取 API 的 Swagger Json 定义，它对每个 API 都进行了详细说明。

```
$ curl http://localhost:8080/openapi/v2
```

之前已经提到过，本质上使用 kubectl 命令就是将命令转换为对 API Server 的调用。通过访问 API Server，可以对 Kubernetes 中的所有资源进行操作，前 8 章演示的所有示例都可以通过访问 API Server 提供的特定 API 来实现。

由于 API 众多，本节并不打算介绍所有的 API，每一个 API 的具体使用方法可以参见官方文档，或访问 API Server 的路径/openapi/v2（在本例中为 http://localhost:8080/openapi/v2）来获取 Swagger.json 格式的详细说明。

本节主要会对 API 的可实现操作进行概述，以便读者快速了解 API Server 的使用方式。使用 API Server，主要可以对各种资源实现表 9-1 所示的操作。

表 9-1 通过 API Server 可以对各种资源实现的操作

操 作 类 型	描 述
写（write）操作	包括对各个资源的增删改等操作。每种资源都具备该操作类型
读（read）操作	对各个资源执行单个查询或列表查询，以及监控等操作。除了少部分极其特殊的资源之外，每种资源都具备该操作类型
独有（misc）操作	各个资源类型独有的操作。例如，Pod 可以读取日志，而 Deployment/StatefulSet 控制器可以控制伸缩，这些都是独有操作
状态（status）操作	更新或读取资源状态的操作。工作负载对象（Pod 和控制器）、服务对象（Service 和 Ingress）、存储对象（PVC 和 PV）、主机对象（Node）、管理类型对象（Namespace、ResourceQuota）都具有这类操作，其他类型的对象中只有少部分拥有该类操作
代理（proxy）操作	设置代理及转发规则等操作。只有 Service、Pod、Node 才具有这类操作。其操作场景非常特殊，本节不进行单独介绍

下面将分别进行介绍。

9.1.1 写操作

每种资源对象都支持写操作，写操作包含对资源的增删改等操作。主要的写操作方式有以下几种。

1. 创建资源

创建资源的 API 调用方式如下。

HTTP 请求
```
POST /{apiVersion}/namespaces/{namespace}/{资源类型}
```

创建资源的 API 的 URL 参数如表 9-2 所示。

表 9-2 创建资源的 API 的 URL 参数

参数	描述
apiVersion	与 yaml 模板中填写的 apiVersion 属性类似,区别在于加了 api 或 apis 前缀。例如,Pod 的 apiVersion 为 api/v1,Deployment 控制器的 apiVersion 为 apis/apps/v1,Job 控制器的 apiVersion 为 apis/batch/v1 等
namespace	命名空间,如果没有特定命名空间可使用 "default"
资源类型	资源类型使用复数形式,例如,pods、deployments、daemonsets、services、ingresses、configmaps、limitranges、nodes 等

创建资源的 API 的请求体只有一个参数——资源类型 Json 对象,它表示使用 Json 方式描述的资源对象,等同于之前介绍的 yaml 模板,只是这里用 Json 表现方式传入。

创建资源的 API 的返回值如表 9-3 所示。

表 9-3 创建资源的 API 的返回值

状态码	返回的消息体	描述
202	创建后的资源类型 Json 对象	请求已接受(accepted)
200	创建后的资源类型 Json 对象	请求成功(OK)
201	创建后的资源类型 Json 对象	请求已创建(created)

例如,要创建一个 Pod 对象,执行以下命令。

```
$ curl http://localhost:8080/api/v1/namespaces/default/pods -H "Content-Type:application/json" -X POST -d '{
  "apiVersion": "v1",
  "kind": "Pod",
  "metadata": {
    "name": "examplepod"
  },
  "spec": {
    "containers": [
      {
        "name": "examplepod-container",
        "image": "busybox",
        "imagePullPolicy": "IfNotPresent",
        "command": [
          "sh",
          "-c"
        ],
        "args": [
          "echo \"Hello Kubernetes!\"; sleep 3600"
        ]
      }
    ]
  }
}'
```

本例中使用 curl 命令来执行 http 请求，请求地址为 http://localhost:8080/api/v1/namespaces/default/pods，命名空间为 default。-H 参数表示增加请求的 Header，在本例中为"Content-Type:application/json"；-X 参数表示要使用的 HttpMethod，在本例中为 POST 请求；-d 参数表示要传入的请求体，在本例中为 Pod 模板的 Json 形式，模板字符串包含在一对单引号当中。

执行命令后，将返回创建 Pod 后的 Json 对象，如图 9-2 所示。

```
{
  "kind": "Pod",
  "apiVersion": "v1",
  "metadata": {
    "name": "examplepod",
    "namespace": "default",
    "selfLink": "/api/v1/namespaces/default/pods/examplepod",
    "uid": "8c74bed1-c568-11e9-97d1-000c290bd6a2",
    "resourceVersion": "459824",
    "creationTimestamp": "2019-08-23T05:40:43Z"
  },
  "spec": {
    "volumes": [
      {
        "name": "default-token-v6wkr",
        "secret": {
          "secretName": "default-token-v6wkr",
          "defaultMode": 420
        }
      }
    ],
    "containers": [
      {
        "name": "examplepod-container",
        "image": "busybox",
        "command": [
          "sh",
          "-c"
        ],
        "args": [
          "echo \"Hello Kubernetes!\"; sleep 3600"
        ],
        "resources": {
```

图 9-2　创建成功后返回的 Json 对象

若通过 $ kubectl get pod 命令查看 Pod 列表，可以看到 Pod 已成功创建，如图 9-3 所示。

图 9-3　Pod 查询结果

其余资源（如控制器、Service、PVC、ConfigMap 等）也可以使用这种方式创建。

2. 替换资源

替换资源的 API 调用方式如下。

HTTP 请求

　　PUT /{apiVersion}/namespaces/{namespace}/{资源类型}/{name}

替换资源的 API 的 URL 参数如表 9-4 所示。

表 9-4 替换资源的 API 的 URL 参数

参数	描述
apiVersion	与 yaml 模板中填写的 apiVersion 属性类似,区别在于加了 api 或 apis 前缀。例如,Pod 的 apiVersion 为 api/v1,Deployment 控制器的 apiVersion 为 apis/apps/v1,Job 控制器的 apiVersion 为 apis/batch/v1 等
namespace	命名空间,如果没有特定命名空间,可使用 default
资源类型	资源类型使用复数形式,例如,pods、deployments、daemonsets、services、ingresses、configmaps、limitranges、nodes 等
name	资源名称

替换资源的 API 的请求体只有一个参数——资源类型 Json 对象,它表示使用 Json 方式描述的资源对象,等同于之前介绍的 yaml 模板,只是这里用 Json 表现方式传入。

替换资源的 API 的返回值如表 9-5 所示。

表 9-5 替换资源的 API 的返回值

状态码	返回消息体	描述
200	替换后的资源类型 Json 对象	成功(OK)
201	替换后的资源类型 Json 对象	已创建(created)

我们修改之前示例中定义的 Pod,为其增加标签(label),即 `key1: value1`。可以使用 API 修改之前创建的 Pod,但这种更新相对死板,需要先通过 `$ curl http://localhost:8080/api/v1/namespaces/default/pods/examplepod` 获取当前的 Pod 信息,然后粘贴 `status` 属性之前的所有片段以作为请求体的基础,并添加标签信息。具体命令如下所示。

```
$ curl http://localhost:8080/api/v1/namespaces/default/pods/examplepod -H "Content-Type:application/json" -X PUT -d '{
  "kind": "Pod",
  "apiVersion": "v1",
  "metadata": {
    "name": "examplepod",
    "namespace": "default",
    "selfLink": "/api/v1/namespaces/default/pods/examplepod",
    "uid": "be6694c9-c612-11e9-b2d2-000c290bd6a2",
    "resourceVersion": "485131",
    "creationTimestamp": "2019-08-24T01:59:01Z",
    "labels": {
      "key1": "value1"
    }
  },
  "spec": {
    省略部分代码
  }
}'
```

本例中只添加了如下所示的一小段文本到 metadata 部分中。

```
"labels": {
  "key1": "value1"
}
```

可以看到，整个请求体里面包含了非常多不相关的文本，这就是直接使用 PUT 请求的弊端。命令执行后，结果如图 9-4 所示，可以看到 Pod 中已成功添加标签信息。

```
{
  "kind": "Pod",
  "apiVersion": "v1",
  "metadata": {
    "name": "examplepod",
    "namespace": "default",
    "selfLink": "/api/v1/namespaces/default/pods/examplepod",
    "uid": "be6694c9-c612-11e9-b2d2-000c290bd6a2",
    "resourceVersion": "486040",
    "creationTimestamp": "2019-08-24T01:59:01Z",
    "labels": {
      "key1": "value1"
    }
  },
  "spec": {
    "volumes": [
```

图 9-4　命令执行结果

3. 更新资源

上述方式使用的是完全更新，还可以实现局部更新，其调用方式如下。

HTTP 请求
```
PATCH /{apiVersion}/namespaces/{namespace}/{资源类型}/{name}
```

更新资源的 API 的 URL 参数如表 9-6 所示。

表 9-6　更新资源的 API 的 URL 参数

参数	描述
apiVersion	与 yaml 模板中填写的 apiVersion 属性类似，区别在于加了 api 或 apis 前缀。例如，Pod 的 apiVersion 为 api/v1，Deployment 控制器的 apiVersion 为 apis/apps/v1，Job 控制器的 apiVersion 为 apis/batch/v1 等
namespace	命名空间，如果没有特定命名空间，可使用 default
资源类型	资源类型使用复数形式，例如，pods、deployments、daemonsets、services、ingresses、configmaps、limitranges、nodes 等
name	资源名称

更新资源的 API 的请求体只有一个参数——局部更新的对象，这表示使用 Json 方式描述的对象，相当于 Json 模板中的某个片段对象。

更新资源的 API 的返回值只有一个状态码 200，表示请求成功（OK），返回的消息体表示更新资源类型后完整的 Json 对象。

现在我们使用 API 修改之前创建的 Pod。为了将之前设置的标签值改为 value2，执行以下命令。

```
$ curl http://localhost:8080/api/v1/namespaces/default/pods/examplepod -H "Content-
  Type:application/merge-patch+json" -X PATCH -d '{
  "metadata": {
    "labels": {
      "key1": "value2"
    }
  }
}'
```

本例中的局部更新效果和之前全局更新的效果一致。区别在于，在局部更新时，Header 的 Content-Type 为 application/merge-patch+json，同时请求体中只需要传入模板片段，只写需要添加或更新的部分即可。

命令执行后，结果如图 9-5 所示，可以看到 Pod 已成功更新标签信息。

图 9-5　命令执行结果

4．删除资源

删除资源的 API 调用方式如下。

HTTP 请求

删除单个指定资源：DELETE /{apiVersion}/namespaces/{namespace}/{资源类型}/{name}
删除命名空间下的整类资源对象：DELETE /{apiVersion}/namespaces/{namespace}/{资源类型}

删除资源的 API 的 URL 参数如表 9-7 所示。

表 9-7　删除资源的 API 的 URL 参数

参数	描述
apiVersion	与 yaml 模板中填写的 apiVersion 属性类似，区别在于加了 api 或 apis 前缀。例如，Pod 的 apiVersion 为 api/v1，Deployment 控制器的 apiVersion 为 apis/apps/v1，Job 控制器的 apiVersion 为 apis/batch/v1 等
namespace	命名空间，如果没有特定命名空间，可使用 default
资源类型	资源类型使用复数形式，例如，pods、deployments、daemonsets、services、ingresses、configmaps、limitranges、nodes 等
name	资源名称

第 9 章　API Server

删除资源的 API 的请求体只有一个参数——DeleteOption 对象，它表示删除时的一些参数设置，默认可以不传入。

删除资源的 API 的返回值如表 9-8 所示。

表 9-8　删除资源的 API 的返回值

状态码	返回的消息体	描述
200	Status 对象	请求成功（OK）
202	Status 对象	请求已接受（accepted）

在本例中，删除单个 Pod 的命令如下。

```
$ curl http://localhost:8080/api/v1/namespaces/default/pods/examplepod -X DELETE
```

执行结果如图 9-6 所示，可以看到返回值中已经包含了删除操作的时间信息。

图 9-6　命令执行结果

此时再使用 `$ curl http://localhost:8080/api/v1/namespaces/default/pods/examplepod` 命令查询 Pod，可以发现对应 Pod 已删除，并将会返回查询失败的信息，如图 9-7 所示。

图 9-7　查询失败信息

9.1.2　读操作

可以对各个资源执行单个查询或列表查询，以及监控等操作。除了部分极其特殊的资源之外,其他资源具备该操作类型。主要的读操作方式有以下几种。

1. 查询资源

查询资源的 API 调用方式如下。

> **HTTP 请求**
> 查询命名空间下的资源列表:GET /{apiVersion}/namespaces/{namespace}/{资源类型}
> 查询单个指定资源:GET /{apiVersion}/namespaces/{namespace}/{资源类型}/{name}

查询资源的 API 的 URL 参数如表 9-9 所示。

表 9-9 查询资源的 API 的 URL 参数

参数	描述
apiVersion	与 yaml 模板中填写的 apiVersion 属性类似,区别在于加了 api 或 apis 前缀。例如,Pod 的 apiVersion 为 api/v1,Deployment 控制器的 apiVersion 为 apis/apps/v1,Job 控制器的 apiVersion 为 apis/batch/v1 等
namespace	命名空间,如果没有特定命名空间,可使用 default
资源类型	资源类型使用复数形式,例如,pods、deployments、daemonsets、services、ingresses、configmaps、limitranges、nodes 等
name	资源名称

查询资源的 API 的返回值是状态码 200,这表示请求成功(OK)。对于 /api/v1/namespaces/{namespace}/{资源类型} 来说,返回的消息体是使用 Json 方式描述的资源对象列表。而对于 /api/v1/namespaces/{namespace}/{资源类型}/{name} 来说,返回的消息体是使用 Json 方式描述的资源对象,等同于之前介绍的 yaml 模板,只是这里使用 Json 表现方式。

在本例中,查询 Pod 列表的命令如下。

```
$ curl http://localhost:8080/api/v1/namespaces/default/pods
```

查询结果如图 9-8 所示,返回值中的 kind 字段为 PodList,表示 Pod 列表;刚才创建的 examplepod 已显示在列表中,位于 items 数组中。

图 9-8 Pod 列表查询结果

在本例中，查询单个 Pod 的命令如下。

```
$ curl http://localhost:8080/api/v1/namespaces/default/pods/examplepod
```

查询结果如图 9-9 所示，API 直接返回了单个 Pod 的信息。

```
k8sadmin@k8smaster:~$ curl http://localhost:8080/api/v1/namespaces/default/pods/examplepod
{
  "kind": "Pod",
  "apiVersion": "v1",
  "metadata": {
    "name": "examplepod",
    "namespace": "default",
    "selfLink": "/api/v1/namespaces/default/pods/examplepod",
    "uid": "f8d7ed28-c569-11e9-97d1-000c290bd6a2",
    "resourceVersion": "466078",
    "creationTimestamp": "2019-08-23T05:50:54Z"
  },
  "spec": {
```

图 9-9　单个 Pod 查询结果

2. 监控资源

通过以下方式监控资源的 API。当使用监控 API 时，将会与服务器建立长连接，持续刷新 Pod 的当前动态。

HTTP 请求

监控命名空间下的资源列表：`GET /{apiVersion}/watch/namespaces/{namespace}/{资源类型}`

监控单个指定资源：`GET /{apiVersion}/watch/namespaces/{namespace}/{资源类型}/{name}`

查询资源的 API 的 URL 参数如表 9-10 所示。

表 9-10　查询资源的 API 的 URL 参数

参　　数	描　　述
apiVersion	与 yaml 模板中填写的 `apiVersion` 属性类似，区别在于加了 api 或 apis 前缀。例如 Pod 的 `apiVersion` 为 api/v1，Deployment 控制器的 `apiVersion` 为 apis/apps/v1，Job 控制器的 `apiVersion` 为 apis/batch/v1 等
namespace	命名空间，如果没有特定命名空间，可使用 default
资源类型	资源类型使用复数形式，例如，pods、deployments、daemonsets、services、ingresses、configmaps、limitranges、nodes 等
name	资源名称

查询资源的 API 的返回值是状态码 200，它表示请求成功（OK）。返回的消息体是 WatchEvent 对象，WatchEvent 对象的格式如下。

```
{
    "type": "操作类型，例如 ADDED",
    "object": {
            资源类型的 Json 对象，等同于之前介绍的 yaml 模板，只是这里用 Json 表现方式
        }
}
```

在本例中，监控 Pod 的命令如下。

```
$ curl http://localhost:8080/api/v1/watch/namespaces/default/pods/examplepod
```

执行结果如图 9-10 所示，可以发现第一个操作为 ADDED，这表示添加 Pod，目前它的标签键值（key1）为 value1。因为现在 curl 命令已经与 API 建立了长连接，所以命令的执行不会结束。

图 9-10　监控信息

此时若通过其他命令窗口修改 Pod 的标签，将标签键值 key1 修改为 value2，可以发现正在监控的命令窗口中的内容已经发生变化，出现了第二条操作信息，其类型为 MODIFIED，如图 9-11 所示，表示通过 API 已经成功监控到 Pod 所发生的变化。

图 9-11　Pod 修改后监控信息发生变化

9.1.3　独有操作

独有操作表示某类资源独有的操作。例如，Pod 可以读取日志，而 Deployment/StatefulSet

控制器可以通过设置 Scale 控制伸缩。接下来将分别介绍相关内容。

1. Pod 的日志读取操作

对于之前示例中创建的 Pod，在容器配置中有一行启动命令 echo "Hello Kubernetes!"，该命令会输出一行文本 "Hello Kubernetes!"。可以通过日志 API 查询 Pod 的输出。

查询 Pod 日志的 API 调用方式如下。

HTTP 请求
```
GET /api/v1/namespaces/{namespace}/pods/{name}/log
```

查询 Pod 日志的 API 的 URL 参数如表 9-11 所示。

表 9-11 查询 Pod 日志的 API 的 URL 参数

参数	描述
namespace	命名空间，如果没有特定命名空间，可使用 default
name	Pod 名称

查询 Pod 日志的 API 的返回值是状态码 200，它表示请求成功（OK）。返回的消息体是字符串。

在本例中，查询日志的命令如下。

```
$ curl http://localhost:8080/api/v1/namespaces/default/pods/examplepod/log
```

查询结果如图 9-12 所示，可以看到界面上已成功输出 Pod 的日志信息。

```
k8sadmin@k8smaster:~$ curl http://localhost:8080/api/v1/namespaces/default/pods/examplepod/log
Hello Kubernetes!
```

图 9-12 Pod 的日志信息

2. Deployment/StatefulSet 的伸缩操作

在开始介绍 API 之前，先创建一个基本的 Deployment 控制器，用它来执行伸缩操作。

```
$ curl http://localhost:8080/apis/apps/v1/namespaces/default/deployments -H "Content-Type:application/json" -X POST -d '{
"apiVersion": "apps/v1",
"kind": "Deployment",
"metadata": {
  "name": "exampledeployment"
},
"spec": {
  "replicas": 3,
  "selector": {
    "matchLabels": {
      "example": "deploymentfornginx"
    }
  },
  "template": {
```

```
        "metadata": {
          "labels": {
            "example": "deploymentfornginx"
          }
        },
        "spec": {
          "containers": [
            {
              "name": "nginx",
              "image": "nginx:1.7.9",
              "ports": [
                {
                  "containerPort": 80
                }
              ]
            }
          ]
        }
      }
    }
  }
}'
```

本例中创建了一个名为 exampledeployment 的 Deployment 控制器，它拥有 3 个 Pod。命令执行后可以查到对应的 Deployment 控制器，如图 9-13 所示。

图 9-13 Deployment 控制器的查询结果

读取伸缩信息

可以通过 API 读取 Deployment 控制器的当前伸缩信息，其调用方式如下。

HTTP 请求

```
GET /apis/apps/v1/namespaces/{namespace}/deployments/{name}/scale
```

读取伸缩信息的 API 的 URL 参数如表 9-12 所示。

表 9-12 读取伸缩信息的 API 的 URL 参数

参 数	描 述
namespace	命名空间，如果没有特定命名空间，可使用 default
name	Deployment 控制器的名称

读取伸缩信息的 API 的返回值是状态码 200，它表示请求成功（OK）。返回的消息体是使用 Json 方式描述的伸缩对象。

在本例中，查询伸缩信息的命令如下。

```
$ curl http://localhost:8080/apis/apps/v1/namespaces/default/deployments/exampledeployment/scale
```

查询结果如图 9-14 所示，API 返回了 Deployment 控制器的当前伸缩信息。

```
k8sadmin@k8smaster:~$ curl http://localhost:8080/apis/apps/v1/namespaces/default
/deployments/exampledeployment/scale
{
  "kind": "Scale",
  "apiVersion": "autoscaling/v1",
  "metadata": {
    "name": "exampledeployment",
    "namespace": "default",
    "selfLink": "/apis/apps/v1/namespaces/default/deployments/exampledeployment/
scale",
    "uid": "53a2385d-c658-11e9-b2d2-000c290bd6a2",
    "resourceVersion": "519989",
    "creationTimestamp": "2019-08-24T10:17:07Z"
  },
  "spec": {
    "replicas": 3
  },
  "status": {
    "replicas": 3,
    "selector": "example=deploymentfornginx"
  }
}k8sadmin@k8smaster:~$
```

图 9-14 控制器的当前伸缩信息

更新伸缩信息

可以通过 API 更新 Deployment 的伸缩信息，其调用方式如下。

HTTP 请求

```
PATCH /apis/apps/v1/namespaces/{namespace}/deployments/{name}/scale
```

更新伸缩信息的 API 的 URL 参数如表 9-13 所示。

表 9-13 更新伸缩信息的 API 的 URL 参数

参数	描述
namespace	命名空间，如果没有特定命名空间，可使用 default
name	Deployment 控制器的名称

更新伸缩信息的 API 的请求体参数是局部更新对象，它表示使用 Json 方式描述的对象，相当于 Json 模板中的某个片段对象。

更新伸缩信息的 API 的返回值是状态码 200，它表示请求成功（OK）。返回的消息体是更新后伸缩类型的完整 Json 对象。

现在我们使用 API 修改之前的伸缩信息，将其设置为 4，需要执行以下命令。

```
$ curl http://localhost:8080/apis/apps/v1/namespaces/default/deployments/exampledeployment/
scale -H "Content-Type:application/merge-patch+json" -X PATCH -d '{
  "spec": {
    "replicas": 4
  }
}'
```

本例中 Header 的 Content-Type 为 application/merge-patch+json，同时请求体中只需要传入模板片段，填写需要更新的部分即可。命令执行后，结果如图 9-15 所示，API 返回了更新后的 Scale 类型的 Json 对象。

此时再查看 Deployment 的基本信息，可以看到已经发生变化，如图 9-16 所示。

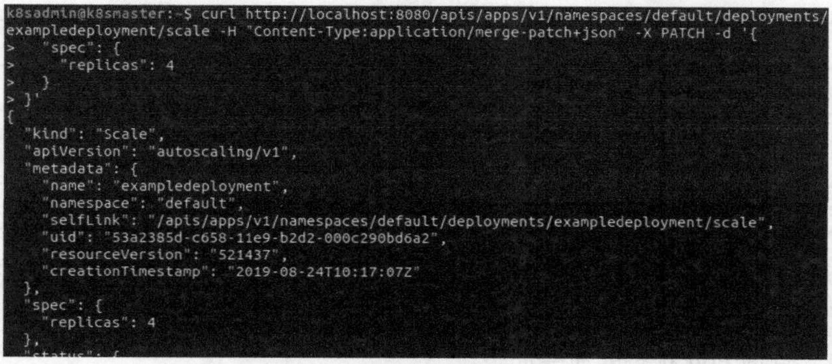

图 9-15　更新后的伸缩资源对象

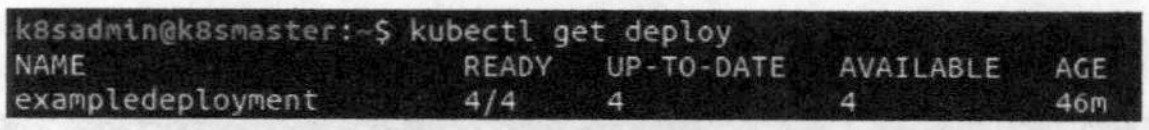

图 9-16　Deployment 控制器的基本信息

伸缩信息还可以使用 API 来执行替换操作。因为伸缩信息可设置的有意义的属性只有 replicas 一个，所以下面的 API 没有必要。

```
PUT /apis/apps/v1/namespaces/{namespace}/deployments/{name}/scale
```

9.1.4　状态操作

状态类 API 可以更新或读取资源的状态。工作负载对象（Pod 和控制器）、服务对象（Service 和 Ingress）、存储对象（PVC 和 PV）、主机对象（Node）、管理类型对象（Namespace、ResourceQuota）都具有这类操作，其他类型对象只有少部分拥有该类操作。

一般来说，状态应该只用来查询，由 Kubernetes 自行控制各个资源的状态，只有在极特殊情况下，才会查询、替换、更新资源的状态。

1. 查询状态

查询状态的 API 调用方式如下。它和查询资源的命令很相似，都返回整个资源的 Json 描述。

HTTP 请求

```
GET /{apiVersion}/namespaces/{namespace}/{资源类型}/{name}/status
```

查询状态的 API 的 URL 参数如表 9-14 所示。

表 9-14　查询状态的 API 的 URL 参数

参　　数	描　　述
apiVersion	与 yaml 模板中填写的 apiVersion 属性类似，区别在于加了 api 或 apis 前缀。例如，Pod 的 apiVersion 为 api/v1，Deployment 控制器的 apiVersion 为 apis/apps/v1，Job 控制器的 apiVersion 为 apis/batch/v1 等

241

续表

参数	描述
namespace	命名空间，如果没有特定命名空间，可使用 default
资源类型	资源类型使用复数形式，例如，pods、deployments、daemonsets、services、ingresses、configmaps、limitranges、nodes 等
name	资源名称

查询状态的 API 的返回值是状态码 200，它表示成功（OK）。返回的消息体是使用 Json 方式描述的资源对象，等同于之前介绍的 yaml 模板，只是这里使用 Json 表现方式。

在本例中，查询 Pod 状态的命令如下。

```
$ curl http://localhost:8080/api/v1/namespaces/default/pods/examplepod/status
```

查询结果如图 9-17 所示，API 直接返回了 Pod 的状态信息。

图 9-17 Pod 状态信息

2. 替换状态

替换状态的 API 调用方式如下。

HTTP 请求

```
PUT /{apiVersion}/namespaces/{namespace}/{资源类型}/{name}/status
```

替换状态的 API 的 URL 参数如表 9-15 所示。

表 9-15 替换状态的 API 的 URL 参数

参数	描述
apiVersion	与 yaml 模板中填写的 apiVersion 属性类似，区别在于加了 api 或 apis 前缀。例如，Pod 的 apiVersion 为 api/v1，Deployment 控制器的 apiVersion 为 apis/apps/v1，Job 控制器的 apiVersion 为 apis/batch/v1 等
namespace	命名空间，如果没有特定命名空间，可使用 default
资源类型	资源类型使用复数形式，例如，pods、deployments、daemonsets、services、ingresses、configmaps、limitranges、nodes 等
name	资源名称

替换状态的 API 的请求体参数是资源类型 Json 对象，它表示使用 Json 方式描述的资源对

象，等同于之前介绍的 yaml 模板，只是这里使用 Json 表现方式传入。

替换状态的 API 的返回值如表 9-16 所示。

表 9-16 替换状态的 API 的返回值

状态码	返回的消息体	描述
200	替换后的资源类型的 Json 对象	请求成功（OK）
201	替换后的资源类型的 Json 对象	请求已创建（created）

这种更新相对死板，我们修改之前示例中定义的 Pod 状态。需要先通过 $ curl http://localhost:8080/api/v1/namespaces/default/pods/examplepod/status 获取当前 Pod 的状态信息，然后粘贴整个 status 属性片段以作为请求体的基础，之后在此基础上修改。在本例中，我们将其 restartCount 属性修改为 999，具体命令如下所示。

```
$ curl http://localhost:8080/api/v1/namespaces/default/pods/examplepod/status -H
  "Content-Type:application/json" -X PUT -d '{
"kind": "Pod",
"apiVersion": "v1",
"metadata": {
  "name": "examplepod"
},
"status": {
  "phase": "Running",
  ......省略部分代码
  "containerStatuses": [
    {
      "name": "examplepod-container",
      "state": {
        "running": {
          "startedAt": "2019-08-24T05:59:57Z"
        }
      },
      "lastState": {
        "terminated": {
          "exitCode": 0,
          "reason": "Completed",
          "startedAt": "2019-08-24T04:59:54Z",
          "finishedAt": "2019-08-24T05:59:54Z",
          "containerID": "docker://b567f3d1546499c2bf7826d0e68587f7e81f0cdef4f5344
          f211e6f797e79817c"
        }
      },
      "ready": true,
      "restartCount": 999,
      省略部分代码
    }
```

```
    ],
    "qosClass": "BestEffort"
  }
}'
```

可以看到，整个请求体里面包含了非常多不相关的文本，这就是直接使用 PUT 请求的弊端。

执行结果如图 9-18 所示，可以看到重启次数已修改为 999。

图 9-18　执行结果

这种替换方式并不推荐，一般使用 PATCH 进行局部更新，除非要对状态进行大量更新。

3. 更新状态

通过 API，可以实现局部状态更新，其调用方式如下。

HTTP 请求

```
PATCH /{apiVersion}/namespaces/{namespace}/{资源类型}/{name}/status
```

更新状态的 API 的 URL 参数如表 9-17 所示。

表 9-17　更新状态的 API 的 URL 参数

参　　数	描　　述
apiVersion	与 yaml 模板中填写的 apiVersion 属性类似，区别在于加了 api 或 apis 前缀。例如，Pod 的 apiVersion 为 api/v1，Deployment 控制器的 apiVersion 为 apis/apps/v1，Job 控制器的 apiVersion 为 apis/batch/v1 等
namespace	命名空间，如果没有特定命名空间，可使用 default
资源类型	资源类型使用复数形式，例如，pods、deployments、daemonsets、services、ingresses、configmaps、limitranges、nodes 等
name	资源名称

更新状态的 API 的请求体参数是局部更新对象，它表示使用 Json 方式描述的对象，相当于 Json 模板中的某个片段对象。

更新状态的 API 的返回值是状态码 200，这表示请求成功（OK）。返回的消息体表示更新后的资源类型的完整 Json 对象。

在对示例进行操作之前，我们先看看当前 Pod 的状态，如图 9-19 所示，其 IP 地址为 10.244.1.34，状态为 Running。

图 9-19　Pod 的状态

为了使用 API 修改之前创建的 Pod 的状态，执行以下命令。

```
$ curl http://localhost:8080/api/v1/namespaces/default/pods/examplepod/status -H
 "Content-Type:application/merge-patch+json" -X PATCH -d '{
 "status": {
   "podIP": "10.244.1.66",
   "phase": "Pending"
 }
}'
```

本例中 Header 的 Content-Type 为 application/merge-patch+json，同时请求体中只需要传入模板片段，写入需要更新的部分即可。我们将 Pod 的 IP 地址修改为 10.244.1.66，状态修改为 Pending。

命令执行后的结果如图 9-20 所示，API 返回了更新后的资源类型的完整 Json 对象。

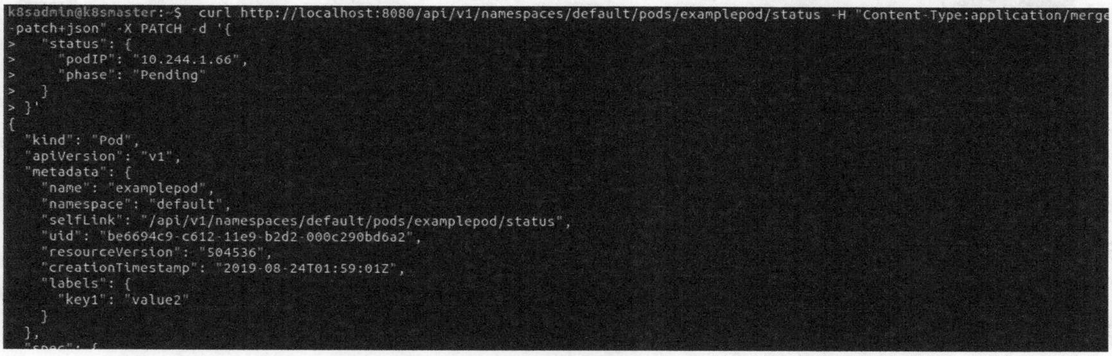

图 9-20　执行结果

此时再查看 Pod 的状态，可以看到已经发生变化，如图 9-21 所示。

图 9-21　Pod 修改后的状态

9.2　API Server 的身份认证、授权、准入控制

API Server 的调用并不复杂。在上一节中，我们使用的是 kubectl 反向代理，通过使 kubectl 反向代理 API Server，可以直接使用 kubectl 命令的认证授权来访问 API Server。然而，当在实际工作中使用 API Server 时，根本不会在 Master 节点上直接访问 API Server，而对于不同的角色，也将设定合适的权限，根本不会有完整权限。

API Server 的实际使用比之前的示例复杂很多，要经过三大关卡才能够访问合适的资源。由于 API Server 是访问和管理资源对象的唯一入口，因此每一次的访问请求都需要进行合法性检验，需要在一系列验证通过之后才能访问或者存储数据到 etcd 当中。

访问 API Server 需要经过身份认证、授权及准入控制这三大关卡，如图 9-22 所示。只有这三大关卡都能通过，才可以访问 Kubernetes 集群中的资源。

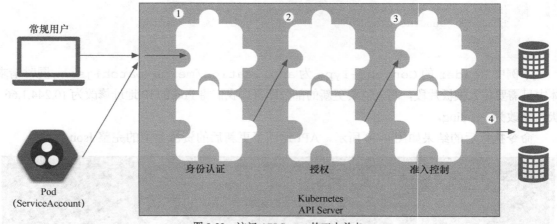

图 9-22　访问 API Server 的三大关卡

身份认证主要用于确定用户能不能访问，授权则决定用户能够访问哪些资源，而准入控制决定用户访问这些资源时需要基于什么规范或准则。

本章将详细讲述身份认证及授权两部分。而对于准入控制器，由于其应用场景比较庞杂，涉及较多细节，受限于篇幅，在本书中不会介绍。所有示例都基于默认的准入控制器。

9.2.1　身份认证

要访问 API Server，首先需要经过的第一个关卡就是身份认证。之前我们在使用 kubectl 反向代理或者直接使用 kubectl 命令时，其实也经历了身份认证。kubectl 命令的认证是使用 ~/.kube/config 文件进行的。通过 $ kubectl config view 命令，可以查看它的认证情况，如图 9-23 所示。

在安装完成后，Kubernetes 会在 Master 节点上开启 6443 端口，这就是 API Server 的访问入口。图 9-23 已经展示了这个地址。

在本例中，API Server 的地址为 https://192.168.100.100:6443，如果没有经过认证，将无法访问 API Server。我们可以先试试没有认证时的访问效果。执行以下命令查询 Pod。

图 9-23　认证情况

```
$ curl --insecure https://192.168.100.100:6443/api/v1/namespaces/default/pods
```

由于使用 https 访问会涉及证书问题，因此这里使用 --insecure 来忽略证书异常。命令执

行后，会发现无法正常查询，提示"pods is forbidden: User\"system:anonymous"\
cannot list resource\"pods"\in API group\"\" in the namespace\"default\""，
如图 9-24 所示。

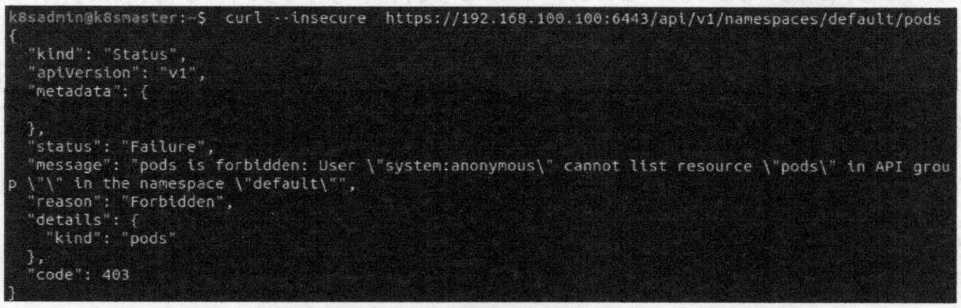

图 9-24　查询失败的提示

要访问 API Server，要先进行身份认证。Kubernetes 中的身份认证主要分为以下两类。
- 常规用户认证：主要供普通用户或独立于 Kubernetes 之外的其他外部应用使用，以便能从外部访问 API Server。
- ServiceAccount 认证：主要供集群内部的 Pod 使用，用来给 Pod 中的进程提供访问 API Server 的身份标识，以便 Pod 可以从内部调用 API Server。

下面将分别介绍这两类认证。

1. 常规用户认证

常规用户认证主要供普通用户或独立于 Kubernetes 之外的其他外部应用来使用，它主要有 3 种认证方式。
- HTTPS 证书认证：基于 CA 证书签名的数字证书认证。
- HTTP 令牌认证：通过令牌来识别用户。
- HTTP Base 认证：通过用户名和密码认证。

从使用角度来说，HTTP 令牌认证是最实用也最易普及的方式，本节主要介绍这种方式。

首先，使用以下命令生成一个随机的令牌。

```
$ head -c 16 /dev/urandom | od -An -t x | tr -d ' '
```

执行结果如图 9-25 所示。

图 9-25　令牌生成结果

拿到令牌后，就可以给 Kubernetes 创建令牌认证文件，命令如下。

```
$ vim /etc/Kubernetes/pki/token_auth_file
```

认证文件中可填入多行认证信息，一行对应一个用户，每行都须具备令牌、用户名、用户 ID 这 3 个字段。例如，可填入以下信息。

```
Token1,username1,1
```

第 9 章 API Server

```
Token2,username2,2
......
```

本例中使用刚才生成好的令牌来创建一个名为 exampleuser 的用户。这只需要在 /etc/Kubernetes/pki/token_auth_file 文件中填入以下内容然后保存文件即可。

```
937eadfa60efc23102f636f881d3d99e,exampleuser,1
```

现在认证文件已成功创建,只需要在 API Server 的启动参数中加入对该文件的引用。要修改启动参数,应编辑/etc/Kubernetes/manifests/kube-apiserver.yaml 文件,然后在 spec 属性部分加入- --token-auth-file=/etc/Kubernetes/pki/token_auth_file 参数,如以下代码所示。

```
apiVersion: v1
...
spec:
  containers:
  - command:
    - kube-apiserver
    ...
    - --tls-cert-file=/etc/Kubernetes/pki/apiserver.crt
    - --tls-private-key-file=/etc/Kubernetes/pki/apiserver.key
    - --token-auth-file=/etc/Kubernetes/pki/token_auth_file
```

之后,API Server 就会引用刚才创建的令牌认证文件。

如果要以 exampleuser 身份访问 API Server,只需要在请求中带上一个 Header 即可,其格式为 Authorization: Bearer {Token 值},在本例中为 Authorization:Bearer 937eadfa60efc23102f636f881d3d99e。

此时带上令牌,以 exampleuser 身份调用 API Server,获取 Pod 信息,命令如下。

```
$ curl --insecure https://192.168.100.100:6443/api/v1/namespaces/default/pods -H
"Authorization:Bearer 937eadfa60efc23102f636f881d3d99e"
```

执行结果如图 9-26 所示,Kubernetes 已经识别出 exampleuser 正在进行访问,但因为只通过了认证,还没有授权,所以访问仍会失败。认证已经完成,下一节将基于该示例演示如何授权。

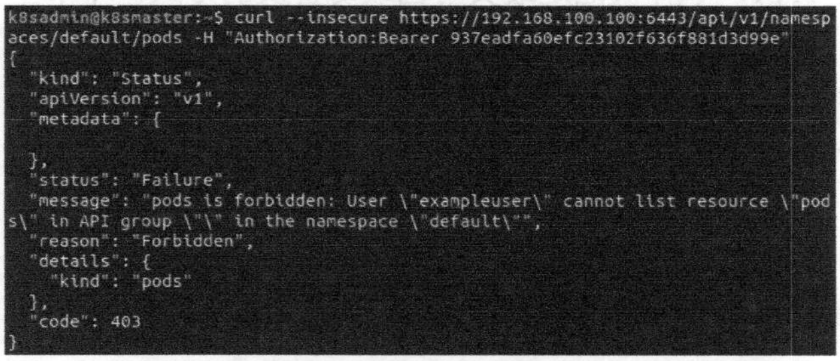

图 9-26 认证通过但访问失败

2. ServiceAccount 认证

ServiceAccount 认证主要供集群内部 Pod 中的进程使用,以便 Pod 可以从内部调用 API

Server。常规用户认证是不限制命名空间（namespace）的，但 ServiceAccount 认证的局限于它所在的命名空间中。

默认 ServiceAccount

每个命名空间都有一个默认的 ServiceAccount，如果在创建 Pod 时没有明确指定用哪个 ServiceAccount，就会用默认的 ServiceAccount。

可以通过 $ kubectl get serviceaccount 命令查看当前已有的 ServiceAccount，执行结果如图 9-27 所示。可以看到在当前命名空间下，拥有一个名为 default 的 ServiceAccount。此时再通过 $ kubectl describe serviceaccount default 命令查看其详情，可以看到它关联了一个名为 default-token-v6wkr 的 Secret，里面存放了 ServiceAccount 的认证信息，通过这些认证信息可以访问 API Server。

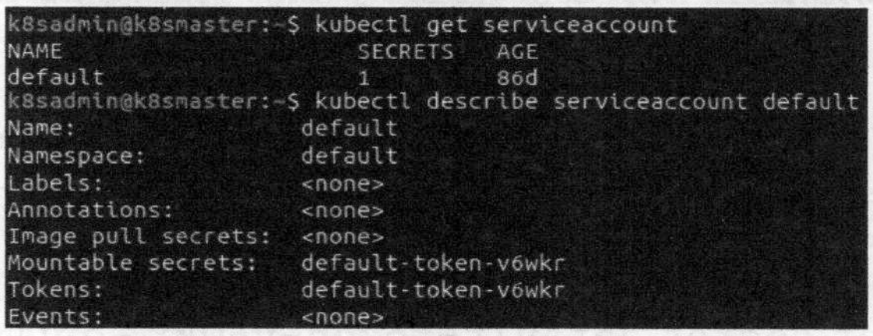

图 9-27 ServiceAccount 查询结果

接下来，创建一个示例 Pod，用它来进行讲解，其定义如下所示。

```
apiVersion: v1
kind: Pod
metadata:
  name: examplepodforheadlessservice
spec:
  containers:
  - name: testcontainer
    image: docker.io/appropriate/curl
    imagePullPolicy: IfNotPresent
    command: ['sh', '-c']
    args: ['echo "test pod for headless service!"; sleep 3600']
```

这个 Pod 的镜像为 appropriate/curl。它是一种工具箱，里面存放了一些用于测试网络的工具，例如，curl 命令正好可用于测试 API Server 的访问。调用 sleep 3600 命令让该容器长期处于运行状态。

此时执行 $ kubectl get pod examplepodforheadlessservice -o yaml 命令查看 Pod 定义的详情（或使用 $ kubectl describe pod examplepodforheadlessservice 命令查看 Pod 详情），可以发现 Pod 中引用了一个 Secret 类型的存储卷，这个存储卷我们并没有在模板中定义，而是由 Kubernetes 自动附加的，如图 9-28 所示。

```
spec:
  containers:
  - args:
    - echo "test pod for headless service!"; sleep 3600
    command:
    - sh
    - -c
    image: docker.io/appropriate/curl
    imagePullPolicy: IfNotPresent
    name: testcontainer
    resources: {}
    terminationMessagePath: /dev/termination-log
    terminationMessagePolicy: File
    volumeMounts:
    - mountPath: /var/run/secrets/kubernetes.io/serviceaccount
      name: default-token-v6wkr
      readOnly: true
  dnsPolicy: ClusterFirst
  enableServiceLinks: true
  volumes:
  - name: default-token-v6wkr
    secret:
      defaultMode: 420
      secretName: default-token-v6wkr
```

图 9-28　Pod 定义的详情

Kubernetes 在这个命名空间下以默认形式自动创建了一个 ServiceAccount，而在 default-token-v6wkr 里面存放了 ServiceAccount 的认证信息。使用这些认证信息，就可以访问 API Server。

执行 `$ kubectl get secret default-token-v6wkr -o yaml` 命令（或 `$ kubectl describe secret default-token-v6wkr` 命令），查看 Secret 定义的详情，可以发现它主要存放了 3 个信息——ca.crt（证书）、namespace、token，如图 9-29 所示。

```
k8sadmin@k8smaster:~$ kubectl get secret default-token-v6wkr -o yaml
apiVersion: v1
data:
  ca.crt: LS0tLS1CRUdJTiBDRVJUSUZJQ0FURS0tLS0tCk1JSUN5RENDQWJDZ0F3SUJBZ0lCQ
  namespace: ZGVmYXVsdA==
  token: ZXlKaGJHY2lPaUpUVXpJMU5pSXNJbnR5UFdKbklTSWtjR0MTWlPaUpyZFdKb
```

图 9-29　认证信息定义详情

由于该 Secret 是以存储卷形式挂载到 Pod 容器当中的，因此可以使用映射路径获得证书和令牌，并用它们来访问 API Server，例如，可以使用以下路径。

```
/var/run/secrets/Kubernetes.io/serviceaccount/ca.crt
/var/run/secrets/Kubernetes.io/serviceaccount/token
```

接下来，通过以下命令进入 Pod 内部，以便在 Pod 内部执行命令行。

```
$ kubectl exec -ti examplepodforheadlessservice -- /bin/sh
```

现在可以使用 ServiceAccount 的令牌来访问 API Server，只需要执行以下命令。

```
# curl --insecure https://192.168.100.100:6443/api/v1/namespaces/default/pods -H
"Authorization:Bearer $(cat /var/run/secrets/Kubernetes.io/serviceaccount/token)"
```

在本例中，我们通过 `cat /var/run/secrets/Kubernetes.io/serviceaccount/token` 输出了存放在映射路径下的令牌。命令执行后，结果如图 9-30 所示，Kubernetes 已经通过认证，识别到名为 default 的 ServiceAccount 正在进行访问，由于还未授权，因此访问会失败。

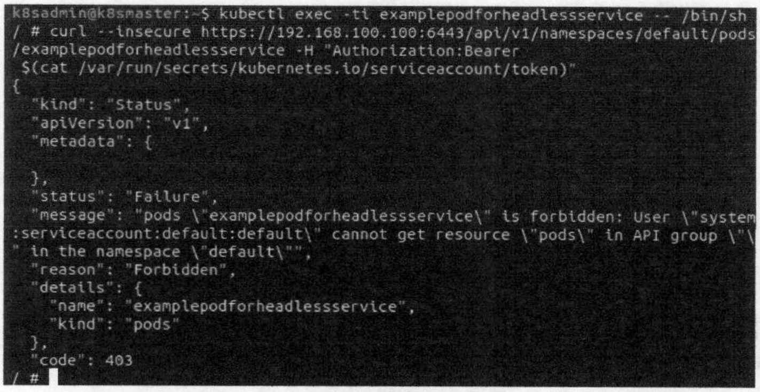

9.2 API Server 的身份认证、授权、准入控制

```
k8sadmin@k8smaster:~$ kubectl exec -ti examplepodforheadlessservice -- /bin/sh
/ # curl --insecure https://192.168.100.100:6443/api/v1/namespaces/default/pods
/examplepodforheadlessservice -H "Authorization:Bearer
$(cat /var/run/secrets/kubernetes.io/serviceaccount/token)"
{
  "kind": "Status",
  "apiVersion": "v1",
  "metadata": {

  },
  "status": "Failure",
  "message": "pods \"examplepodforheadlessservice\" is forbidden: User \"system
:serviceaccount:default:default\" cannot get resource \"pods\" in API group \"\
" in the namespace \"default\"",
  "reason": "Forbidden",
  "details": {
    "name": "examplepodforheadlessservice",
    "kind": "pods"
  },
  "code": 403
/ #
```

图 9-30　认证通过但访问失败

自定义 ServiceAccount

一般情况下，我们并不会更改默认 ServiceAccount 的授权。如果某些 Pod 需要访问 API Server，通常会让它引用自定义 ServiceAccount，并设置其授权。

ServiceAccount 的定义非常简单。首先，通过以下命令创建一个名为 exampleserviceaccount 的自定义 ServiceAccount。

```
$ vim exampleserviceaccount.yml
```

然后，在文件中填入如下内容并保存。

```
apiVersion: v1
kind: ServiceAccount
metadata:
  name: exampleserviceaccount
```

运行以下命令，通过模板创建 ServiceAccount。

```
$ kubectl apply -f exampleserviceaccount.yml
```

此时再执行以下命令，查询当前命名空间下的 ServiceAccount。

```
$ kubectl get serviceaccount
```

执行结果如图 9-31 所示，可以看到刚才创建的 ServiceAccount。

```
k8sadmin@k8smaster:~$ kubectl get serviceaccount
NAME                    SECRETS   AGE
default                 1         86d
exampleserviceaccount   1         8s
```

图 9-31　ServiceAccount 的查询结果

另外，还可以通过命令查看 ServiceAccount 的详细信息。

```
$ kubectl describe serviceaccount exampleserviceaccount
```

执行结果如图 9-32 所示。Kubernetes 在创建 ServiceAccount 时自动为其生成了一个 Secret（在本例中为 `exampleserviceaccount-token-n9hlm`）。和之前默认 ServiceAccount 的 Secret 一样，里面存放了与该 ServiceAccount 相关的证书和令牌等认证信息。

此时再创建一个 Pod，将它的 `spec.serviceAccountName` 属性设置为刚才创建的自定义 ServiceAccount。首先，通过以下命令，创建模板文件。

```
$ vim examplepodforserviceaccount.yml
```

```
k8sadmin@k8smaster:~$ kubectl describe serviceaccount exampleserviceaccount
Name:                exampleserviceaccount
Namespace:           default
Labels:              <none>
Annotations:         kubectl.kubernetes.io/last-applied-configuration:
                       {"apiVersion":"v1","kind":"ServiceAccount","metadata"
:{"annotations":{},"name":"exampleserviceaccount","namespace":"default"}}
Image pull secrets:  <none>
Mountable secrets:   exampleserviceaccount-token-n9hlm
Tokens:              exampleserviceaccount-token-n9hlm
Events:              <none>
```

图 9-32　ServiceAccount 的详细信息

然后，在文件中填入如下内容并保存。

```
apiVersion: v1
kind: Pod
metadata:
  name: examplepodforserviceaccount
spec:
  serviceAccountName: exampleserviceaccount
  containers:
  - name: testcontainer
    image: docker.io/appropriate/curl
    imagePullPolicy: IfNotPresent
    command: ['sh', '-c']
    args: ['echo "test pod for headless service!"; sleep 3600']
```

在这个 Pod 的定义中，引用了先前创建的名为 **exampleserviceaccount** 的自定义 ServiceAccount。接下来，运行以下命令，通过模板创建 Pod。

```
$ kubectl apply -f examplepodforserviceaccount.yml
```

Pod 创建后再执行 `$ kubectl get pod examplepodforserviceaccount -o yaml` 命令查看 Pod 定义的详情（或用 `$ kubectl describe pod examplepodforserviceaccount` 命令查看 Pod 详情），可以发现 Pod 中使用了自定义 ServiceAccount 的 Secret，并将其配置为存储卷，如图 9-33 所示。

```
spec:
  containers:
  - args:
    - echo "test pod for headless service!"; sleep 3600
    command:
    - sh
    - -c
    image: docker.io/appropriate/curl
    imagePullPolicy: IfNotPresent
    name: testcontainer
    resources: {}
    terminationMessagePath: /dev/termination-log
    terminationMessagePolicy: File
    volumeMounts:
    - mountPath: /var/run/secrets/kubernetes.io/serviceaccount
      name: exampleserviceaccount-token-n9hlm
      readOnly: true
  dnsPolicy: ClusterFirst
  enableServiceLinks: true
  volumes:
  - name: exampleserviceaccount-token-n9hlm
    secret:
      defaultMode: 420
      secretName: exampleserviceaccount-token-n9hlm
```

图 9-33　Pod 定义详情

与默认的 ServiceAccount 一样，我们依然可以进入 Pod 内部，然后使用 ServiceAccount 的令牌来访问 API Server。Kubernetes 会识别到 examplepodforserviceaccount 这个自定义 ServiceAccount 正在发起请求，但因为我们只设置了认证还没进行授权，所以访问会失败，下一节将基于该示例演示如何授权。

9.2.2 RBAC 授权

Kubernetes 中有基于属性的访问控制（Attribute Based Access Control，ABAC）、基于角色的访问控制（Role Based Access Control，RBAC）、基于 HTTP 回调机制的访问控制（Webhook）、Node 认证等授权模式，但从 1.6 版本开始，Kubernetes 默认启用的是 RBAC 授权模式。本节将主要讲述 RBAC 授权模式。

RBAC 授权主要分为两个步骤。

（1）角色定义：指定角色名称，定义允许访问哪些资源及允许的访问方式。

（2）角色绑定：将角色与用户（常规用户或 ServiceAccount）进行绑定，这样用户就拥有与角色对应的权限。

RBAC 授权的原理如图 9-34 所示。

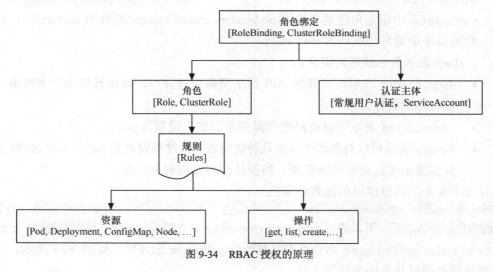

图 9-34 RBAC 授权的原理

角色定义和角色绑定分为两种。

- 只拥有单一指定命名空间访问权限的角色：角色定义关键字为 Role，角色绑定关键字为 RoleBinding。
- 拥有集群级别（不限命名空间）访问权限的角色：角色定义关键字为 ClusterRole，角色绑定关键字为 ClusterRoleBinding。

接下来，将分别介绍这两种角色的定义及绑定。

1. 普通角色的定义与绑定

普通角色定义

首先，定义一个普通角色，创建一个名为 podreader.yml 的模板文件。命令如下。

```
$ vim podreader.yml
```

然后，在文件中填入如下内容并保存。

```
kind: Role
apiVersion: rbac.authorization.k8s.io/v1
metadata:
  namespace: default
  name: podreader
rules:
- apiGroups: [""]
  resources: ["pods"]
  verbs: ["get", "watch", "list"]
```

这里介绍一下文件中的主要属性。

- kind 表示模板的类型，这里使用 Role 关键字以表示普通角色。
- apiVersion 表示使用的 API 版本，有关 RBAC 授权的 API 版本为 rbac.authorization.k8s.io/v1。
- metadata 中指定角色的名称为 podreader。namespace 属性为 default，这个属性可以不用填写，默认为 default。
- rules 表示角色的规则定义。
  - apiGroups 表示可对哪些 API 组的资源进行操作。这里设置为空字符串，表示没有限制条件。
  - resources 表示可以访问的资源列表，这里设置为 pods。
  - verbs 表示可以对资源进行哪几种访问方式。这里设置为 get、watch 和 list，分别表示可以查询单条资源、监控资源并查询列表资源。

运行以下命令，通过模板创建普通角色。

```
$ kubectl apply -f podreader.yml
```

普通角色创建成功后，可以通过 kubectl get role 命令查看。另外，还可以通过$ kubectl describe role podreader 命令查看普通角色 podreader 的详情，如图 9-35 所示，可以清晰地看到资源类型以及允许的访问方式。

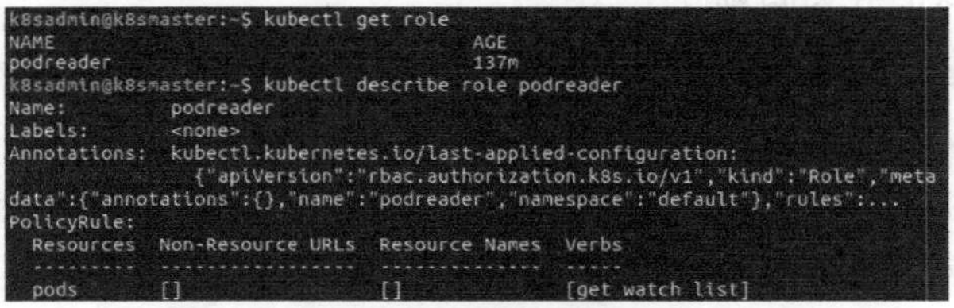
```
k8sadmin@k8smaster:~$ kubectl get role
NAME                                        AGE
podreader                                   137m
k8sadmin@k8smaster:~$ kubectl describe role podreader
Name:         podreader
Labels:       <none>
Annotations:  kubectl.kubernetes.io/last-applied-configuration:
                {"apiVersion":"rbac.authorization.k8s.io/v1","kind":"Role","meta
data":{"annotations":{},"name":"podreader","namespace":"default"},"rules":...
PolicyRule:
  Resources  Non-Resource URLs  Resource Names  Verbs
  ---------  -----------------  --------------  -----
  pods       []                 []              [get watch list]
```

图 9-35　普通角色的查询结果

提示：要了解角色定义模板中支持的 resources 和 verbs 属性，可以通过以下方式来查询。

在 Master 节点上打开 kubectl 反向代理，本例中的命令为 kubectl proxy --port=8080，然后访问 http://localhost:8080/{APIVersion}来查看资源列表，其中 name 属性表示支持的资源名称，verbs 属性表示支持的操作。

例如，要查看 Pod 中有 resources 属性的类别以及支持的 verbs 属性，可以执行命令 $ curl http:// localhost:8080/api/v1，然后在返回结果中找到与 Pod 相关的信息，如图 9-36 所示。

如果要查看 Deployment 控制器中 resources 属性的类别以及支持的 verbs 属性，可以执行命令 $ curl http://localhost:8080/apis/apps/v1，然后在返回结果中找到与 Deployment 控制器相关的信息，如图 9-37 所示。

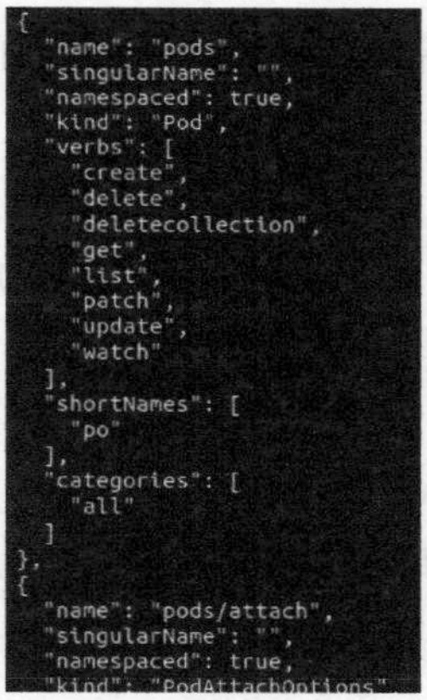

图 9-36　与 Pod 相关的 resources 及 verbs 属性 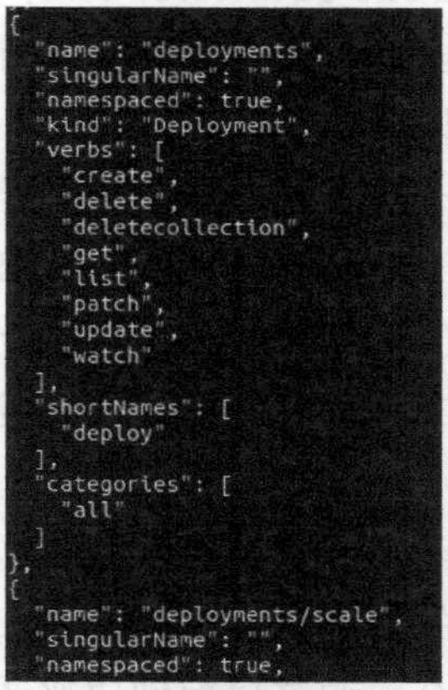　　图 9-37　与 Deployment 控制器相关的 resources 及 verbs 属性

普通角色绑定

定义角色后就可以绑定角色了。绑定可以针对常规用户认证，也可以针对 ServiceAccount 认证。在之前的示例中，我们创建过基于常规用户认证的用户，其名称为 exampleuser，还设置过一个自定义 ServiceAccount，其名称为 exampleserviceaccount（另一个名为 examplepodforserviceaccount 的 Pod 引用了这个自定义 ServiceAccount）。为了同时为它们进行角色绑定，首先，创建模板文件，命令如下。

```
$ vim podreaderbinding.yml
```

然后，在文件中填入如下内容并保存。

```
kind: RoleBinding
apiVersion: rbac.authorization.k8s.io/v1
metadata:
  name: podreaderbinding
  namespace: default
subjects:
- kind: User
```

```
  name: exampleuser
  apiGroup: ""
- kind: ServiceAccount
  name: exampleserviceaccount
  apiGroup: ""
roleRef:
  kind: Role
  name: podreader
  apiGroup: ""
```

这里介绍一下它的主要属性。

- `kind` 表示模板的类型，这里使用 RoleBinding 关键字以表示普通角色绑定。
- `apiVersion` 表示使用的 API 版本，有关 RBAC 授权的 API 版本为 rbac.authorization.k8s.io/v1。
- `metadata` 中定义角色的名称为 podreaderbinding。namespace 属性为 default，这个属性可以不用填写，默认为 default。
- `subjects` 表示将角色绑定给哪些认证主体，它是一个数组。
  - 第一个认证主体是之前创建的常规用户认证示例，这里设置其 kind 为 User，名称为之前设置的 exampleuser，apiGroup 为默认值表示没有限制。
  - 第二个认证主体是之前创建的 ServiceAccount 认证示例，这里设置其 kind 为 ServiceAccount，名称为之前设定的 exampleserviceaccount。
- `roleRef` 表示要绑定的角色，这里的 kind 设置为 Role 以表示普通角色，名称为之前定义的 podreader。

运行以下命令，通过模板创建普通角色绑定。

```
$ kubectl apply -f podreaderbinding.yml
```

普通角色绑定创建成功后，可以通 kubectl get rolebinding 命令查看它。另外，还可以通过 $ kubectl describe rolebinding podreaderbinding 命令查看普通角色绑定 podreaderbinding 的详情。如图 9-38 所示，可以清晰地看到所绑定的认证主体，以及用于绑定的角色。

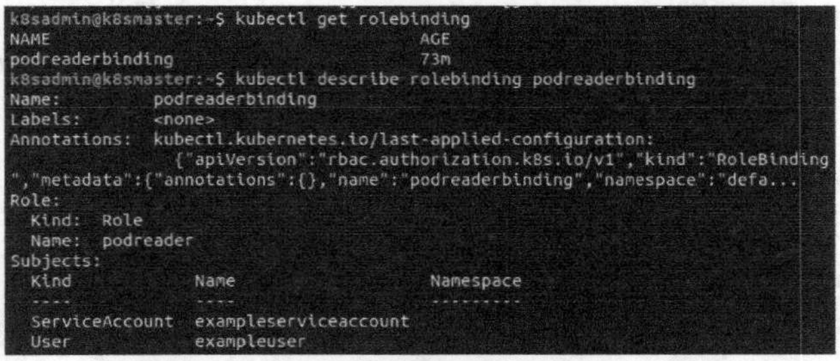

图 9-38 普通角色绑定的查询结果

角色绑定后就可以访问 API Server 了。接下来分别使用之前创建的常规用户认证和 ServiceAccount 认证来访问 API Server。

为了使用常规用户认证，基于之前创建的用户 exampleuser 中的令牌，通过 API Server 访问 Pod，命令如下。

```
$ curl --insecure https://192.168.100.100:6443/api/v1/namespaces/default/pods -H
"Authorization:Bearer 937eadfa60efc23102f636f881d3d99e"
```

命令执行结果如图 9-39 所示，由于这次身份认证和授权都通过了，因此可以成功获取 Pod 列表信息。

图 9-39　常规用户成功访问 API Server

为了使用 ServiceAccount 认证，首先，通过以下命令进入 Pod 内部，以便在 Pod 内部执行命令行。

```
$ kubectl exec -ti examplepodforserviceaccount -- /bin/sh
```

然后，使用 ServiceAccount 的令牌来访问 API Server，命令如下。

```
# curl --insecure https://192.168.100.100:6443/api/v1/namespaces/default/pods -H
"Authorization:Bearer $(cat /var/run/secrets/Kubernetes.io/serviceaccount/token)"
```

命令执行结果如图 9-40 所示，可以发现通过 ServiceAccount 也成功获取了 Pod 列表信息。

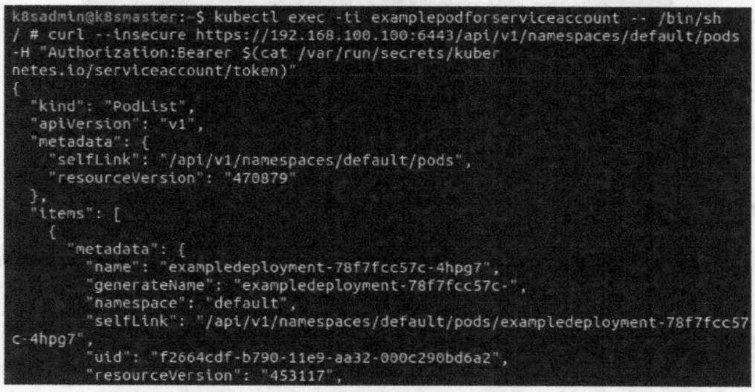

图 9-40　通过 ServiceAccount 成功访问 API Server

2. 集群角色的定义与绑定

集群角色与普通角色类似，但二者存在以下区别。

- 使用的关键字不同。普通角色使用的关键字为 `Role`，绑定普通角色使用的关键字为 `RoleBinding`；集群角色使用的关键字为 `ClusterRole`，绑定集群角色使用的关键字为 `ClusterRoleBinding`。
- 集群角色不属于任何命名空间，模板也无须指定命名空间。而普通角色要求指定命名空间，如果未指定，则默认为 default 命名空间。
- 集群角色可以访问全部命名空间下的资源，也可以访问不在命名空间下的资源（如 Node、StorageClass 等），可以通过 `$ kubectl api-resources --namespaced=false` 命令查看不在命名空间下的资源。

Kubernetes 系统在安装时就会设置一系列的集群角色定义和绑定，Kubernetes 系统组件将会使用这些角色。可以分别通过 `$ kubectl get clusterrole` 命令和 `$ kubectl get clusterrolebinding` 命令查看已有的角色定义及角色绑定。执行结果如图 9-41 和图 9-42 所示。

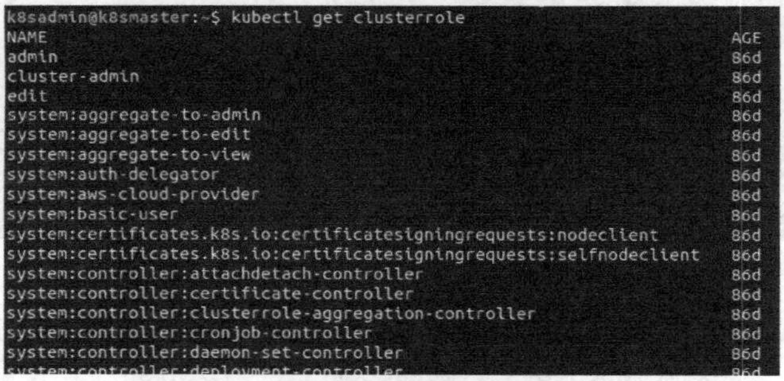

图 9-41 集群角色定义的查询结果

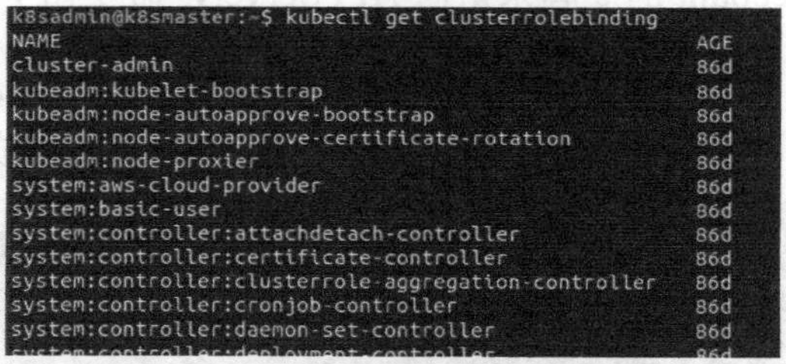

图 9-42 集群角色绑定的查询结果

在之前的示例中，我们定义了一个名为 podreader 的普通角色，并以普通角色绑定的方式将其绑定到认证主体上，也可以使用集群角色及绑定来实现同样的功能。具体模板的代码如下所示。

```
kind: ClusterRole
apiVersion: rbac.authorization.k8s.io/v1
metadata:
  name: clusterpodreader
rules:
- apiGroups: [""]
  resources: ["pods"]
  verbs: ["get", "watch", "list"]
---
kind: ClusterRoleBinding
apiVersion: rbac.authorization.k8s.io/v1
metadata:
  name: clusterpodreaderbinding
subjects:
```

```yaml
- kind: User
  name: exampleuser
  apiGroup: ""
- kind: ServiceAccount
  name: exampleserviceaccount
  namespace: default
  apiGroup: ""
roleRef:
  kind: ClusterRole
  name: clusterpodreader
  apiGroup: ""
```

这段代码与之前的示例有几处区别。

- 其关键字分别为 ClusterRole 和 ClusterRoleBinding，且没有指定命名空间。
- 由于 ServiceAccount 是某个命名空间下的资源，因此需要指明是对哪个命名空间下的 ServiceAccount 绑定集群角色的。

应用模板后，使用常规用户 exampleuser 以及 ServiceAccount 的 exampleserviceaccount 可以访问任何命名空间下的 Pod 资源，不再仅限于 default 命名空间。

上述示例是将 ClusterRole 与 ClusterRoleBinding 关联在一起了，在实际使用过程中也可以将 ClusterRole 与 RoleBinding 关联在一起。因为 ClusterRole 是不限制命名空间的，所以如果想既给某个认证主体绑定 ClusterRole，又想限制它能够使用的命名空间，就可以将它与 RoleBinding 关联以达到限定效果。可以修改模板来实现该功能，修改后的代码如下所示。

```yaml
kind: ClusterRole
apiVersion: rbac.authorization.k8s.io/v1
metadata:
  name: clusterpodreader
rules:
- apiGroups: [""]
  resources: ["pods"]
  verbs: ["get", "watch", "list"]
---
kind: RoleBinding
apiVersion: rbac.authorization.k8s.io/v1
metadata:
  name: podreaderbinding
  namespace: default
subjects:
- kind: User
  name: exampleuser
  apiGroup: ""
- kind: ServiceAccount
  name: exampleserviceaccount
  apiGroup: ""
roleRef:
```

```
kind: ClusterRole
name: clusterpodreader
apiGroup: ""
```

这段代码与上一个示例有几处区别。

- 两个示例的关键字分别为 ClusterRole 和 RoleBinding。ClusterRole 没有指定命名空间，但 RoleBinding 指定命名空间为 default（如果没有指定命名空间，默认也为 default）。
- 因为已经通过 RoleBinding 指定了命名空间，所以无须再给 ServiceAccount 指明命名空间。

应用模板后，使用常规用户的 exampleuser 以及 ServiceAccount 的 exampleserviceaccount 只能访问 default 命名空间下的 Pod 资源。

9.3 本章小结

本章主要讲解了 API Server 的基本使用方式及其身份认证与授权方式。本章要点如下。

- API Server 主要可以对各种资源实现写（write）操作、读（read）操作、独有（misc）操作、状态（status）操作及代理（proxy）操作。
- API Server 对每种资源的操作都遵循一定格式，如可访问 /{apiVersion}/namespaces/{namespace}/{资源类型}/{name}，对其执行 POST/PUT/PATCH/DELETE 等操作。
- 访问 API Server 需要经过三大关卡，分别为身份认证、授权及准入控制。
- 身份认证主要分为常规用户认证和 ServiceAccount 认证。
- 常规用户认证主要供普通用户或独立于 Kubernetes 之外的其他外部应用使用，以便能从外部访问 API Server。
- ServiceAccount 认证主要供集群内部的 Pod 使用，以便 Pod 可以从内部调用 API Server。可以通过 spec.serviceAccountName 为 Pod 指定 ServiceAccount。
- 每个命名空间都有一个默认的 ServiceAccount，如果在创建 Pod 时没有明确指定用哪个 ServiceAccount，就会用默认的 ServiceAccount。
- RBAC 的授权主要分为两个步骤，即角色定义与角色绑定。角色定义指定角色名称，定义允许访问哪些资源及允许的访问方式。角色绑定将角色与用户（常规用户或 ServiceAccount）进行绑定，这样用户就拥有与角色对应的权限。
- 普通角色定义与绑定的关键字分别为 Role 和 RoleBinding，它只有拥有单一指定命名空间的访问权限。
- 集群角色定义与绑定的关键字分别为 ClusterRole 和 ClusterRoleBinding，它拥有集群级别访问权限，可以访问所有命名空间下的资源。

第 10 章　Kubernetes 的扩展

Kubernetes 拥有许多实用的附加组件，能够使用户更加便捷与深入地运用 Kubernetes 的核心功能。本章将介绍 Kubernetes 中常用的一些附加组件的配置与使用，并对 Kubernetes 进行扩展。

10.1 可视化管理——Kubernetes Dashboard

Kubernetes Dashboard 是一个非常受欢迎的项目，为 Kubernetes 用户管理 Kubernetes 集群提供了非常便捷的可视化管理工具。Kubernetes Dashboard 可以实现 Pod、控制器、Service、存储卷等资源的创建与维护，并可以对它们进行持续的监控。

10.1.1　安装 Kubernetes Dashboard

在编写本书时，Kubernetes Dashboard 的稳定版为 1.10.1。首先，通过以下命令下载、安装使用的模板文件。

```
$ wget https://raw.githubusercontent.com/Kubernetes/dashboard/v1.10.1/src/deploy/recommended/Kubernetes-dashboard.yaml
```

然后，通过以下命令，编辑下载的文件。

```
$ vim Kubernetes-dashboard.yaml
```

由于防火墙等原因，需要修改文件镜像的路径，使用国内镜像。先找到模板中的 Dashboard Deployment 部分，然后修改镜像下载地址，将其修改为通过国内镜像仓库下载，如下所示。

```
......
  spec:
    containers:
    - name: Kubernetes-dashboard
```

```
image: k8s.ger**/Kubernetes-dashboard-amd64:v1.10.1
image: registry.cn-hangzhou.aliyuncs.com/google_containers/Kubernetes-dashboard-amd64:v1.10.1
ports:
- containerPort: 8443
  protocol: TCP
......
```

修改后保存文件,执行以下命令运行模板文件。

```
$ kubectl apply -f Kubernetes-dashboard.yaml
```

运行结果如图 10-1 所示。

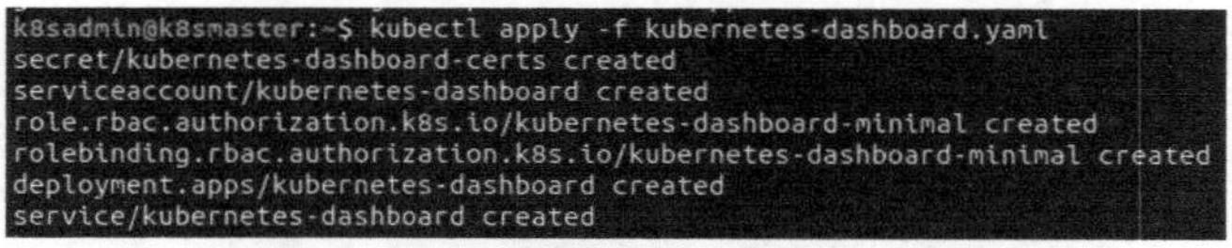

图 10-1　运行结果

Kubernetes Dashboard 的命名空间为 kube-system,我们可以通过查找相关的 Pod、Deployment 控制器、Service,检查 Kubernetes Dashboard 是否已成功安装,如图 10-2 所示。

图 10-2　查询相关资源确认 Kubernetes Dashboard 是否已成功安装

可以看到 Kubernetes Dashboard 的相关内容已成功安装,对应的 Service 也已经创建完毕,其 IP 地址为 10.106.53.35,端口为 443,需通过 HTTPS 方式进行访问。

提示:Kubernetes Dashboard 模板中默认创建的 Service 类型为 ClusterIP,端口为 443。由于 ClusterIP 类型的 Service 只能在 Kubernetes 集群内访问,因此可根据需要将其设置为 NodePort 类型的 Service,然后再应用模板文件,这样集群外部的机器也可以访问 Kubernetes Dashboard。

现在我们在浏览器中访问 Service 地址(`https://10.106.53.35`),就可以进入 Kubernetes Dashboard 初始界面,如图 10-3 所示。

Kubernetes Dashboard 支持两种认证方式,分别为 Kuberconfig 和 Token。接下来,单击 Token 单选按钮,选择 Token 认证方式。

在第 9 章已经了解过身份认证及授权,由于 Kubernetes Dashboard 是管理型应用,需要较高的权限,因此接下来要实现 ServiceAccount 身份认证及 RBAC 授权。先通过以下命令创建模板文件。

```
$ vim dashboardauth.yml
```

10.1 可视化管理——Kubernetes Dashboard

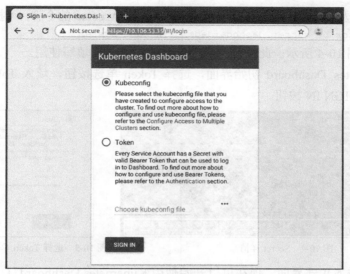

图 10-3 Kubernetes Dashboard 初始界面

然后，在文件中填入以下内容并保存。

```
apiVersion: v1
kind: ServiceAccount
metadata:
  name: dashboardadmin
  namespace: kube-system
---
apiVersion: rbac.authorization.k8s.io/v1
kind: ClusterRoleBinding
metadata:
  name: dashboardadminRBAC
roleRef:
  apiGroup: ""
  kind: ClusterRole
  name: cluster-admin
subjects:
- kind: ServiceAccount
  name: dashboardadmin
  namespace: kube-system
```

这里创建了一个名为 dashboardadmin 的 ServiceAccount，其命名空间为 kube-system。另外，还实现了相应的 RBAC 授权。ClusterRoleBinding 为它绑定了一个名为 cluster-admin 的 ClusterRole，cluster-admin 是 Kubernetes 在安装时就已经设置好的集群角色，用于 Kubernetes 系统组件，无须再单独定义。

运行以下命令，通过模板实现身份认证及授权。

```
$ kubectl apply -f dashboardauth.yml
```

第 10 章 Kubernetes 的扩展

实现身份认证及授权后,为了获取刚才创建的 ServiceAccount 的令牌,可执行以下命令查看。

```
$ kubectl describe secret dashboardadmin -n kube-system
```

执行结果如图 10-4 所示。此时复制令牌的值,以便之后填写使用。

返回 Kubernetes Dashboard 初始界面,选择 Token 单选按钮,填入 Token 值,如图 10-5 所示,然后单击 SIGN IN 按钮。

图 10-4 Secret 详情　　　　　　　　图 10-5 选择 Token 单选按钮并输入 Token 值

接下来,会进入正式界面,现在可以开始使用 Kubernetes Dashboard 了!这个界面列出了当前默认命名空间下的资源概况,如图 10-6 所示。

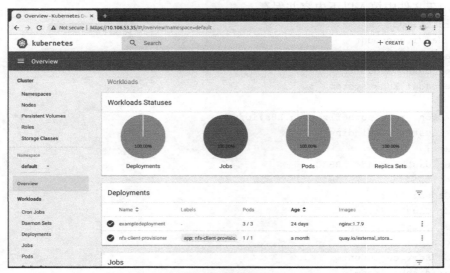

图 10-6 资源概况

10.1.2 使用 Kubernetes Dashboard

Kubernetes Dashboard 界面左侧的列表列出了所有可管理的资源类型。其中,Cluster 表示集群资源,这些资源不限命名空间。命名空间下的资源如图 10-7 所示,默认选中的命名空间为 default,可以通过下拉列表框选择其他命名空间,命名空间菜单下的所有选项都隶属于当前选中的命名空间。

10.1 可视化管理——Kubernetes Dashboard

图 10-7 命名空间下的资源

可以看到，Kubernetes Dashboard 的功能非常强大，我们以创建一个基本的 Pod 为例讲解其功能。

首先，在菜单中选择 Pods 选项，进入 Pods 维护页面，如图 10-8 所示。

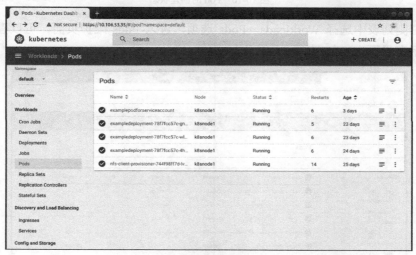

图 10-8 Pods 维护页面

然后，单击界面右上角的"+ CREATE"按钮，进入 Pod 创建界面。

接下来，选择 CREATE FROM TEXT INPUT 选项卡，并在输入栏中填入 Pod 模板代码，如图 10-9 所示。

265

图 10-9 Pod 创建界面

接下来,单击 UPLOAD 按钮,开始创建 Pod。此时将返回预览(Overview)界面,从中可以看到 Pod 的创建状态,如图 10-10 所示。

图 10-10 Pod 的创建状态

再次在左侧列表中选择 Workloads→Pods 选项,进入 Pods 维护页面,可以看到刚才创建的 Pod 已显示在界面上,如图 10-11 所示。

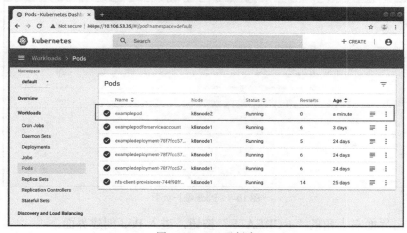

图 10-11 Pod 已创建

单击 examplepod,可以进入 Pod 详情页面,如图 10-12 所示。

10.1 可视化管理——Kubernetes Dashboard

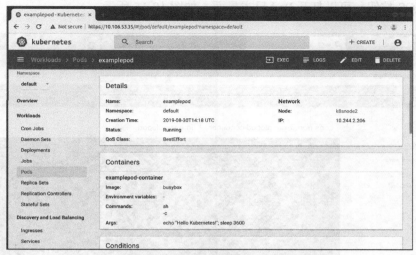

图 10-12　Pod 详情页面

在 Pod 详情页面左上角有一系列按钮，如图 10-13 所示。

图 10-13　Pod 详情页面左上角的按钮

接下来，将分别演示 EXEC、LOGS、EDIT 按钮的使用方法。

单击 EXEC 按钮，进入 Pod 内部的命令行界面，如图 10-14 所示，这相当于在 Pod 内部执行命令。

图 10-14　Pod 内部的命令行界面

单击 LOGS 按钮，可以打开 Pod 日志界面，如图 10-15 所示。

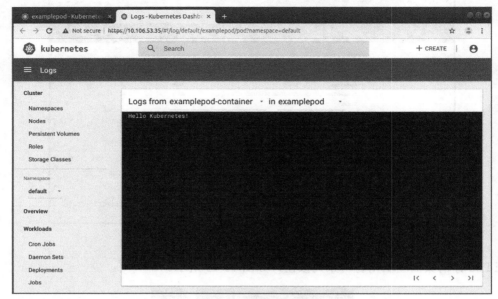

图 10-15　Pod 日志界面

单击 EDIT 按钮，将弹出 Pod 编辑界面，此时可以编辑 Pod 的模板，如图 10-16 所示。

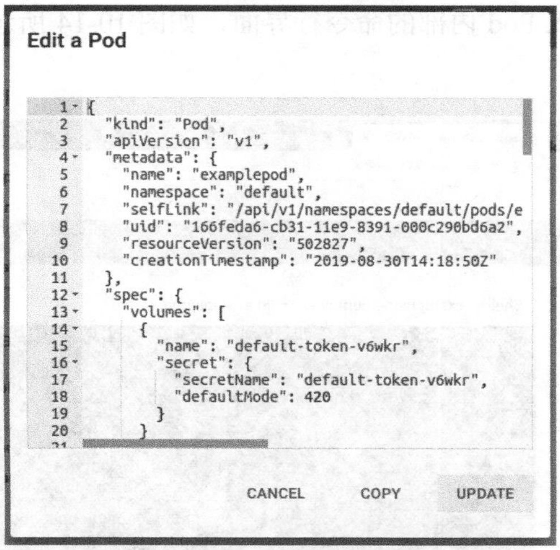

图 10-16　Pod 编辑界面

相对于直接使用命令行来说，使用 Kubernetes Dashboard 对集群资源进行可视化管理更清晰、直观、方便。

10.2 资源监控——Prometheus 与 Grafana

作为容器管理平台，Kubernetes 在简化应用的部署和运维的同时，也给集群及应用的性能监控也带来了全新的挑战。

Prometheus 是一个开源的系统监控和报警工具，最初由 SoundCloud 发布，是功能非常全面的监控平台，正好可以解决 Kubernetes 集群及各个资源的监控问题。而 Grafana 是一种监控可视化工具，不但提供了多种数据源的对接，而且提供了丰富的图表，功能特别完善。Grafana 支持多种监控系统，可以很好地与 Prometheus 配合使用。

10.2.1 安装与配置 Prometheus

Prometheus 的安装过程非常简单，只需要依次执行以下命令即可。

首先，执行以下命令，为 Prometheus 设置身份认证并实现 RBAC 授权。

```
$ kubectl apply -f https://raw.githubusercontent.com/realdigit/PrometheusAndGrafanaForK8S/master/prometheus.rbac.yml
```

然后，执行以下命令，以 Configmap 形式设置 Prometheus 会用到的各项配置。

```
$ kubectl apply -f https://raw.githubusercontent.com/realdigit/PrometheusAndGrafanaForK8S/master/prometheus.configmap.yml
```

接下来，执行以下命令，部署 Prometheus 的实际应用，这里使用 Deployment 方式部署。

```
$ kubectl apply -f https://raw.githubusercontent.com/realdigit/PrometheusAndGrafanaForK8S/master/prometheus.deployment.yml
```

最后，执行以下命令为 Prometheus 应用创建 Service，提供对外访问的地址。在这个文件中定义的是 NodePort 类型的 Service，其访问端口为 31000。

```
$ kubectl apply -f https://raw.githubusercontent.com/realdigit/PrometheusAndGrafanaForK8S/master/prometheus.service.yml
```

Prometheus 的命名空间为 kube-system，我们可以查找相关的 Pod、Deployment 控制器、Service，从而检查 Prometheus 是否已成功安装，如图 10-17 所示。

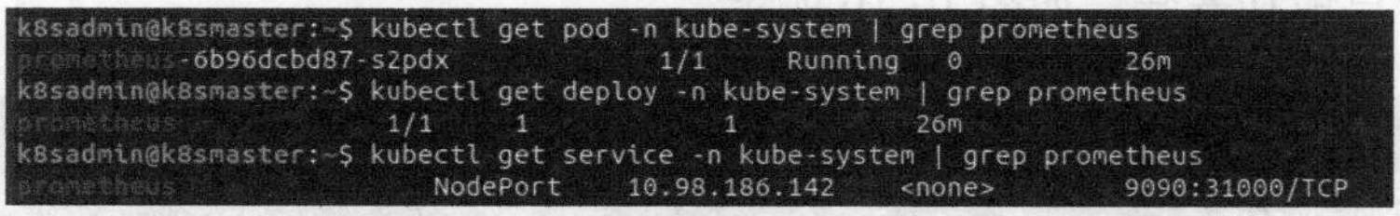

图 10-17　Prometheus 的安装状态

访问 http://192.169.100.100:31000/targets 可以看到 Prometheus 已经成功连接到 Kubernetes 的 API Server，并从中取得了基础信息，如图 10-18 所示。

虽然在 Prometheus 中可以创建各种监控图表，但通常会使用 Grafana，用它基于 Prometheus

创建更专业的可视化图表。接下来，将介绍 Grafana 的安装与使用。

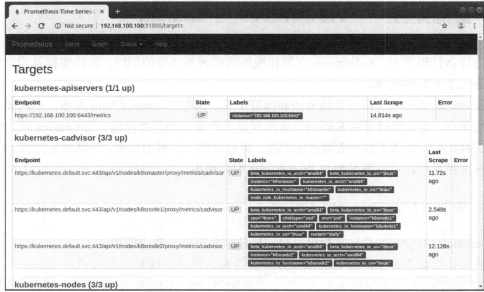

图 10-18　Prometheus 界面

10.2.2　安装与配置 Grafana

Grafana 的安装过程只需要两个步骤。

首先，执行以下命令，部署 Grafana 的实际应用，这里使用 Deployment 方式部署。

```
$ kubectl apply -f https://raw.githubusercontent.com/realdigit/PrometheusAndGrafanaForK8S/master/grafana.deployment.yml
```

然后，执行以下命令为 Grafana 创建 Service，提供对外访问的地址。在这个文件中定义的是 NodePort 类型的 Service，其访问端口为 32000。

```
$ kubectl apply -f https://raw.githubusercontent.com/realdigit/PrometheusAndGrafanaForK8S/master/grafana.service.yml
```

Grafana 的命名空间为 kube-system，我们可以查找相关的 Pod、Deployment 控制器、Service，从而检查它是否已成功安装，如图 10-19 所示。

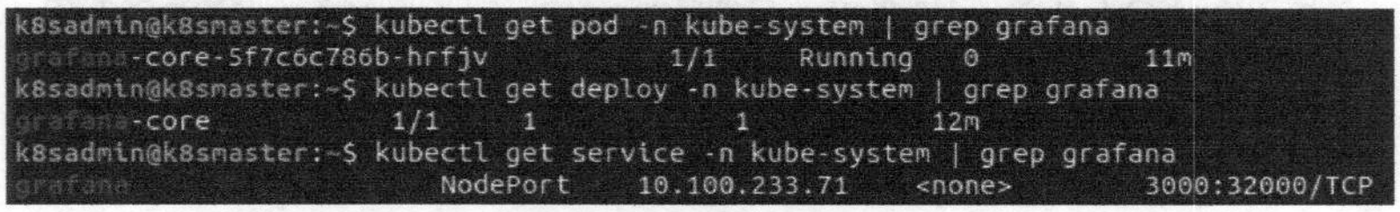

图 10-19　Grafana 安装状态

访问 http://192.169.100.100:32000/可以进入 Grafana 登录页面，如图 10-20 所示，默认的账号密码为 admin/admin，输入后单击 Login 按钮即可。

10.2 资源监控——Prometheus 与 Grafana

图 10-20 Grafana 登录页面

登录 Grafana 后,将会看到配置指引,提示第一步已经完成,需要执行第二步,如图 10-21 所示,这里我们单击 Add data source 按钮。

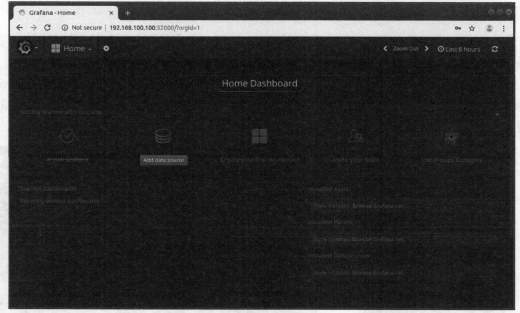

图 10-21 配置指引

接下来,进入 Add data source 界面,在此填入相关配置,如图 10-22 所示。在本例中,Name 字段设置为 k8sprometheuse;Type 字段表示选择哪种监控工具,这里选择 Prometheus;Url 表示监控工具的访问地址，这里直接使用之前已配置的 Prometheus 地址，即 `http://192.168.100.100:31000`；对于 Access，选择 direct 即可。配置完成后，单击 Add 按钮。

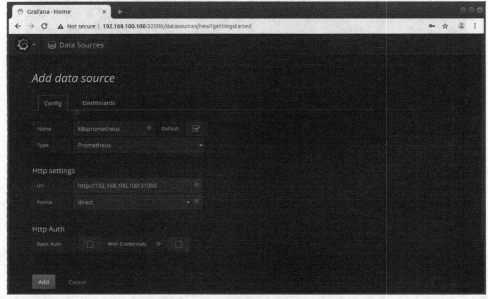

图 10-22　Add data source 界面

数据源添加成功后，就可以创建图形面板了。接下来单击界面左上角的螺旋状图标，在左侧列表中选择 Dashboards→Import，以导入图形面板，如图 10-23 所示。

接着，进入 Import Dashboard 页面，这里我们使用比较流行的 Kubernetes cluster monitoring（via Prometheus），其对应 ID 为 315，所以在 Grafana.net Dashboard 文本框中填入 315 即可，如图 10-24 所示。Grafana 会从网上下载该模板的所有设置。接下来，单击 Load 按钮。

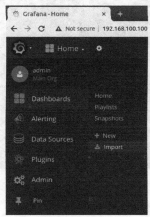

图 10-23　在左侧列表中选择 Dashboards→Import

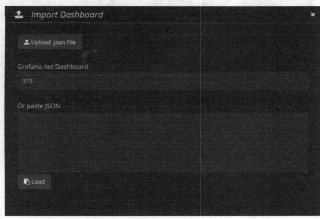

图 10-24　Import Dashboard 页面

10.2 资源监控——Prometheus 与 Grafana

接着，进入导入确认页面，这里展示了所导入模板的基础信息，如图 10-25 所示。在此可以不做修改，直接单击 Import 按钮。

图 10-25　导入模板的基础信息

这样面板就成功导入了。图 10-26 直观地显示了整个集群的监控信息，如网络 I/O 压力、集群内存、CPU、文件系统使用情况等。为了显示单个主机的资源情况，只需要在左上角选择 Node 即可，目前默认选择 All。

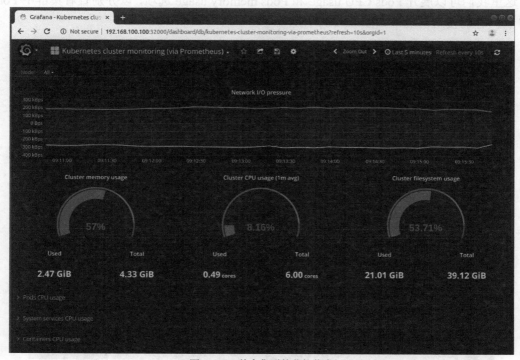

图 10-26　整个集群的监控信息

273

往下滑动整个界面还可以看到更多可展开的监控选项，如图 10-27 所示。

图 10-27　更多监控信息

这里我们可以展开 Pods CPU usage 和 Pods memory usage 选项，以分别查看集群中 Pod 的 CPU 和内存的使用情况，如图 10-28 所示。

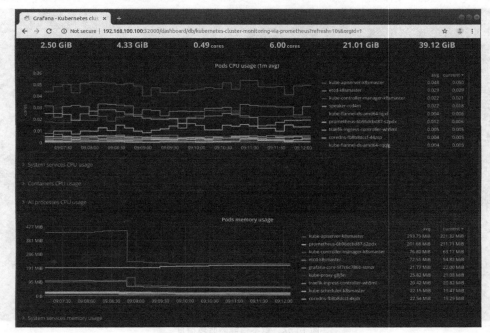

图 10-28　Pod 的 CPU 和内存使用情况

可以看到，Prometheus 和 Grafana 不仅可以进行全面的监控，还可以用非常直观的方式显示出来，这为 Kubernetes 的集群与资源监控带来了极大的便利。

10.3 日志管理——ElasticSearch、Fluentd、Kibana

Kubernetes 推荐采用 ElasticSearch、Fluentd、Kibana（简称 EFK）三者组合的方式，对系统与容器日志进行收集与查询。它们之间的关系如下。

- ElasticSearch 是一种搜索引擎，用于存储日志并进行查询。
- Fluentd 用于将日志消息从 Kubernetes 中发送到 ElasticSearch。
- Kibana 是一种图形界面，用于查询存储在 ElasticSearch 中的日志。

EFK 的原理如图 10-29 所示。

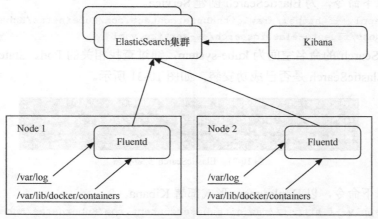

图 10-29　EFK 的原理

EFK 之间的交互过程如下。

（1）容器运行时（container runtime）会将日志输出到控制台，并以"-json.log"结尾将日志文件存放到/var/lib/docker/containers 目录中。而/var/log 则是 Linux 系统日志的目录。

（2）在各个 Node 上运行的 Fluentd 服务可以收集所在计算机的/var/log 与/var/lib/docker/containers 目录下的日志，并将日志数据发送给 ElasticSearch 集群。

（3）Kibana 是直接与用户交互的界面，可以查询存储在 ElasticSearch 中的日志并将其展示出来。

EFK 的安装过程如下。

（1）执行以下命令，设置 Fluentd 需要的配置。

```
$ kubectl apply -f https://raw.githubusercontent.com/Kubernetes/Kubernetes/master/cluster/addons/fluentd-elasticsearch/fluentd-es-configmap.yaml
```

（2）执行以下命令创建 Fluentd 的 DaemonSet 控制器，它在每个 Node 上部署 Fluentd。

```
$ kubectl apply -f https://raw.githubusercontent.com/Kubernetes/Kubernetes/master/cluster/addons/fluentd-elasticsearch/fluentd-es-ds.yaml
```

（3）Fluentd 的命名空间为 kube-system，通过查找相关的 Pod、DaemonSet 控制器，检查 Fluentd 是否已成功安装，如图 10-30 所示。

图 10-30　Fluentd 安装状态

（4）执行以下命令，以 StatefulSet 形式部署 ElasticSearch。

```
$ kubectl apply -f https://raw.githubusercontent.com/Kubernetes/Kubernetes/master/cluster/addons/fluentd-elasticsearch/es-statefulset.yaml
```

（5）执行以下命令，为 ElasticSearch 创建 Service。

```
$ kubectl apply -f https://raw.githubusercontent.com/Kubernetes/Kubernetes/master/cluster/addons/fluentd-elasticsearch/es-service.yaml
```

（6）ElasticSearch 的命名空间为 kube-system，通过查找相关的 Pod、StatefulSet 控制器、Service，检查 ElasticSearch 是否已成功安装，如图 10-31 所示。

图 10-31　ElasticSearch 安装状态

（7）执行以下命令，以 Deployment 形式部署 Kibana。

```
$ kubectl apply -f https://raw.githubusercontent.com/Kubernetes/Kubernetes/master/cluster/addons/fluentd-elasticsearch/kibana-deployment.yaml
```

（8）执行以下命令，为 Kibana 创建 Service。

```
$ kubectl apply -f https://raw.githubusercontent.com/Kubernetes/Kubernetes/master/cluster/addons/fluentd-elasticsearch/kibana-service.yaml
```

（9）Kibana 的命名空间为 kube-system，通过查找相关的 Pod、Deployment 控制器、Service，检查 Kibana 是否已成功安装，如图 10-32 所示。

图 10-32　Kibana 安装状态

安装完成后，就可以访问了。执行以下命令，查看 Kibana 服务的访问地址。

```
$ kubectl cluster-info | grep Kibana
```

命令执行结果如图 10-33 所示。可以看到 Kibana 的访问地址是挂载到 API Server 中的，这意味着需要通过 API Server 的认证授权才可以访问。

```
k8sadmin@k8smaster:~$ kubectl cluster-info | grep Kibana
Kibana is running at https://192.168.100.100:6443/api/v1/namespaces/kube-system/services/kibana-logging/proxy
```

图 10-33　命令执行结果

当然，也可以通过 kubectl 代理方式来访问。通过使 kubectl 反向代理 API Server，就可以直接使用 kubectl 命令的认证授权来访问 API Server，命令如下所示。

```
$ kubectl proxy --address='0.0.0.0' --port=8080 --accept-hosts='^*$'
```

将图 10-33 所示地址中的 `https://{Master节点IP地点}:6443` 更改为 `http://{Master节点IP地点}:8080`，然后，就可以直接访问了。在本例中访问的地址为 `http://192.168.100.100:8080/api/v1/namespaces/kube-system/services/kibana-logging/proxy`。

首次进入 Kibana 时，需要进行配置。直接单击 Create 按钮，然后就可以正式使用 Kibana 来查询日志了，如图 10-34 所示。

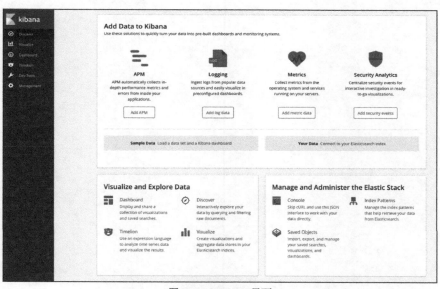

图 10-34　Kibana 界面

10.4 本章小结

本章主要讲解了 Kubernetes 中常用且实用的几种扩展，它们能够使用户更加便捷与深入地运用 Kubernetes 的核心功能。

- ❑ Kubernetes Dashboard 可对集群资源进行可视化管理，非常清晰、直观、方便。它可以实现 Pod、控制器、Service、存储卷等资源的创建与维护，并可以对它们进行持续监控。
- Prometheus 和 Grafana 可以对 Kubernetes 集群及资源进行全面监控，并以非常直观的方式显示出来。
- ElasticSearch、Fluentd 和 Kibana 可以对系统与容器日志进行收集与查询，并提供非常友好的图形界面。

除此之外，Kubernetes 还支持更多的扩展与插件，可以在 Kubernetes 源码中找到各种可用的官方插件示例，其路径位于源码库 `cluster/addons` 中。

第四部分 实践

第 11 章 项目部署案例

第 11 章 项目部署案例

之前的章节已经介绍了 Kubernetes 的所有关键特性，现在可以使用它们来进行实际项目的部署了。本章将列举两种不同性质项目的部署案例，讲解如何运用 Kubernetes 进行部署，讨论如何用 Helm 打包工具进行部署。

11.1 无状态项目的部署案例

本节将演示如何用 Kubernetes 来部署无状态的多层 Web 应用程序——Guestbook。该应用程序是一个简单的留言板程序，包含以下 3 个部分，并拥有读写分离机制。
- 前端应用：Guestbook 的留言板应用，将部署多个实例以供用户访问。
- 后端存储（写）：Redis 主应用，用于写入留言信息，只部署一个实例。
- 后端存储（读）：Redis 从属应用，用于读取留言信息，将部署多个实例。

Guestbook 的整体结构与各部分之间的交互如图 11-1 所示。

留言板使用 Redis 存储数据，因为它必须要将数据写入 Redis 主实例，而 Redis 从属实例也会使用 Redis 主实例，所以应先部署 Redis 主存储。为了演示如何部署该项目，首先，创建一个名为 redis-master.deployment.yml 的文件，在文件中填入以下内容并保存。

```
apiVersion: apps/v1
kind: Deployment
metadata:
  name: redis-master
  labels:
    app: redis
spec:
  selector:
    matchLabels:
```

```
      app: redis
      role: master
      tier: backend
  replicas: 1
  template:
    metadata:
      labels:
        app: redis
        role: master
        tier: backend
    spec:
      containers:
      - name: master
        image: googlecontainer/redis:e2e
        resources:
          requests:
            cpu: 100m
            memory: 100Mi
        ports:
        - containerPort: 6379
```

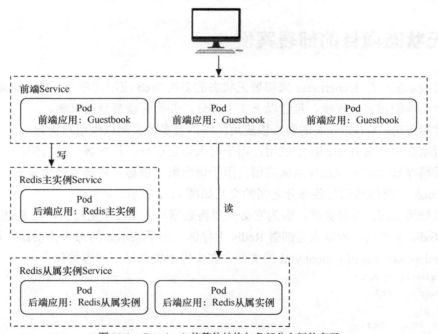

图 11-1　Guestbook 的整体结构与各部分之间的交互

这个模板中使用了 Redis 镜像，并将作为主存储使用，其实例数量为 1。应用模板后，Redis 主实例的 Pod 状态如图 11-2 所示。

11.1 无状态项目的部署案例

```
k8sadmin@k8smaster:~$ kubectl get pod | grep redis-master
redis-master-5ff8845d76-c7pg9              1/1     Running           0          40m
k8sadmin@k8smaster:~$ kubectl get deployment | grep redis-master
redis-master                1/1     1            1           22h
```

图 11-2 Redis 主实例的 Pod 状态

Redis-Master Pod 创建完毕后，需要为其创建 Service，以便前端应用可以调用它来存储数据，以及从属应用可以从中同步数据。接下来，创建一个名为 redis-master.service.yml 的文件，在文件中填入以下内容并保存。

```yaml
apiVersion: v1
kind: Service
metadata:
  name: redis-master
  labels:
    app: redis
    role: master
    tier: backend
spec:
  ports:
  - port: 6379
    targetPort: 6379
  selector:
    app: redis
    role: master
    tier: backend
```

这个模板通过标签引用了 Redis 的 Pod，并为其创建了类型为 ClusterIP 的 Service。应用模板后，Redis 主实例的 Service 状态如图 11-3 所示。

图 11-3 Redis 主实例的 Service 状态

虽然 Redis 主实例是单个容器，但是可以添加 Redis 从属实例来增加其负载能力。接下来，部署 Redis 从属应用，并为其指定两个实例。创建一个名为 redis-slave.deployment.yml 的文件，在文件中填入以下内容并保存。

```yaml
apiVersion: apps/v1
kind: Deployment
metadata:
  name: redis-slave
  labels:
    app: redis
spec:
  selector:
    matchLabels:
      app: redis
      role: slave
```

```
      tier: backend
  replicas: 2
  template:
    metadata:
      labels:
        app: redis
        role: slave
        tier: backend
    spec:
      containers:
      - name: slave
        image: googlecontainer/gb-redisslave:v3
        resources:
          requests:
            cpu: 100m
            memory: 100Mi
        env:
        - name: GET_HOSTS_FROM
          value: dns
        ports:
        - containerPort: 6379
```

这个模板使用了 Redis 从属镜像，其实例数量为 2，后续可根据访问的负载情况随时调整实例数量。该模板通过两个环境变量 `name: GET_HOSTS_FROM` 和 `value: dns` 自动从中解析出 Redis 主实例的地址并加以引用。应用模板后，Redis 从属实例的 Pod 状态如图 11-4 所示。

图 11-4　Redis 从属实例的 Pod 状态

Redis-Slave Pod 创建完毕后，需要为其创建 Service，以便前端应用可以调用它来读取数据。接下来，创建一个名为 redis-slave.service.yml 的文件，在文件中填入以下内容并保存。

```
apiVersion: v1
kind: Service
metadata:
  name: redis-slave
  labels:
    app: redis
    role: slave
    tier: backend
spec:
  ports:
  - port: 6379
  selector:
    app: redis
```

应用模板后，其状态如图 11-5 所示。

图 11-5 Redis 从属实例的 Service 状态

Redis 存储实例创建完毕后，就可以创建前端应用程序了。留言板应用程序是一个前端 Web 程序，基于 PHP 编写。该应用程序会连接到 Redis 主实例以执行写入请求，同时会连接到 Redis 从属实例以执行读取请求。接下来创建一个名为 frontend.deployment.yml 的文件，在文件中填入以下内容并保存。

```yaml
apiVersion: apps/v1
kind: Deployment
metadata:
  name: frontend
  labels:
    app: guestbook
spec:
  selector:
    matchLabels:
      app: guestbook
      tier: frontend
  replicas: 3
  template:
    metadata:
      labels:
        app: guestbook
        tier: frontend
    spec:
      containers:
      - name: php-redis
        image: googlecontainer/gb-frontend:v4
        resources:
          requests:
            cpu: 100m
            memory: 100Mi
        env:
        - name: GET_HOSTS_FROM
          value: dns
        ports:
        - containerPort: 80
```

这个模板使用了 gb-frontend 镜像，其实例数量为 3，后续可根据所访问的负载情况随时调整实例数量。该模板通过两个环境变量 `name: GET_HOSTS_FROM` 和 `value: dns` 自动从中解析出 Redis 主实例和 Redis 从属实例的地址并引用。应用模板后，Guestbook 实例 Pod 的状态如图 11-6 所示。

```
k8sadmin@k8smaster:~$ kubectl get pod | grep frontend
frontend-77c6968896-lm2gc               1/1     Running               1          23h
frontend-77c6968896-pvvnh               1/1     Running               1          23h
frontend-77c6968896-tt99b               1/1     Running               1          23h
k8sadmin@k8smaster:~$ kubectl get deployment | grep frontend
frontend                3/3     3            3           23h
```

图 11-6　Guestbook 实例 Pod 的状态

最后，为前端留言板应用创建 Service，这样就可以供用户访问了，因此，创建一个名为 frontend.service.yml 的文件，在文件中填入以下内容并保存。

```
apiVersion: v1
kind: Service
metadata:
  name: frontend
  labels:
    app: guestbook
    tier: frontend
spec:
  type: NodePort
  ports:
  - port: 80
    nodePort: 30222
  selector:
    app: guestbook
    tier: frontend
```

该模板通过 NodePort 类型的 Service 将服务提供给各个集群主机的 30222 端口，这样就可以在浏览器地址栏中输入"http://{主机 IP}:30222"来访问留言板页面了。应用模板后，Guestbook 实例的 Service 状态如图 11-7 所示。

```
k8sadmin@k8smaster:~$ kubectl get service | grep frontend
frontend                 NodePort    10.99.231.121   <none>        80:30222/TCP   23h
```

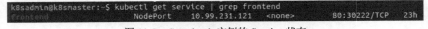

图 11-7　Guestbook 实例的 Service 状态

接下来，就可以在 URL 中输入地址访问留言板应用了。在本例中地址为 `http://192.168.100.100:30222`，进入页面后在文本框中输入文字，然后单击 Submit 按钮，留言将自动显示在页面下方，如图 11-8 所示。

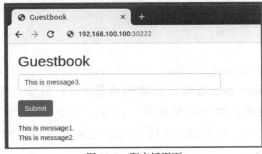

图 11-8　留言板页面

11.2 有状态项目的部署案例

WordPress 是使用 PHP 语言开发的开源的个人博客平台，是一套非常完善的内容管理系统，支持非常丰富的插件和模板。WordPress 包含以下两个部分。

- 前端应用：WordPress 博客前端应用，拥有各种操作界面以供给用户访问。它使用 PVC 来存储博客网页等文件。
- 数据库：MySQL 数据库，用于存储该博客的内容数据。它使用 PVC 来存储博客内容等数据。

WordPress 的整体结构与各部分之间的交互如图 11-9 所示。

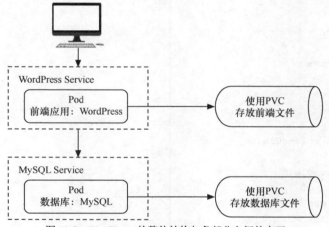

图 11-9　WordPress 的整体结构与各部分之间的交互

本节演示如何部署该项目。因为本例中涉及数据库，所以需要设置一个 MySQL 初始密码，WordPress 在引用数据库时也会用到该密码。可以定义一个 Secret 来存储密码。

本例中将数据库初始密码设置为 "abc12345"。首先，执行以下命令，对密码字符串进行 base64 编码。

```
$ echo -n "abc12345" | base64
```

编码后的内容如图 11-10 所示。

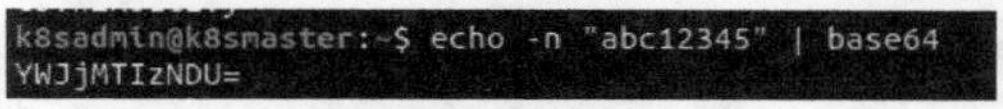

图 11-10　编码后的内容

然后，创建 mysql-pass.yml 文件，在文件中填入以下内容并保存，其中 password 字段使用了刚才编码后的内容。

```
apiVersion: v1
```

```yaml
kind: Secret
metadata:
  name: mysql-pass
type: Opaque
data:
  password: YWJjMTIzNDU=
```

接下来，部署 WordPress 将会用到的 MySQL 数据库。创建 **wordpress-mysql.yml** 文件，在文件中填入以下内容并保存。

```yaml
apiVersion: v1
kind: Service
metadata:
  name: wordpress-mysql
  labels:
    app: wordpress
spec:
  ports:
    - port: 3306
  selector:
    app: wordpress
    tier: mysql
  clusterIP: None
---
apiVersion: v1
kind: PersistentVolumeClaim
metadata:
  name: mysql-pv-claim
  labels:
    app: wordpress
spec:
  accessModes:
    - ReadWriteOnce
  storageClassName: "managed-nfs-storage"
  resources:
    requests:
      storage: 2Gi
---
apiVersion: apps/v1
kind: Deployment
metadata:
  name: wordpress-mysql
  labels:
    app: wordpress
spec:
  selector:
    matchLabels:
      app: wordpress
```

```yaml
      tier: mysql
  strategy:
    type: Recreate
  template:
    metadata:
      labels:
        app: wordpress
        tier: mysql
    spec:
      containers:
      - image: mysql:5.6
        name: mysql
        env:
        - name: MYSQL_ROOT_PASSWORD
          valueFrom:
            secretKeyRef:
              name: mysql-pass
              key: password
        ports:
        - containerPort: 3306
          name: mysql
        volumeMounts:
        - name: mysql-persistent-storage
          mountPath: /var/lib/mysql
      volumes:
      - name: mysql-persistent-storage
        persistentVolumeClaim:
          claimName: mysql-pv-claim
```

这个模板包含 4 个部分。首先，定义一个无头 Service，用于提供 MySQL 服务。然后，定义一个 2GiB 的 PVC 以供 MySQL 存放数据库文件，这里使用了前几章定义的 StorageClass，以便自动为 PVC 创建 PV。接下来，定义单实例的 Deployment 控制器，其镜像为 mysql，该实例引用了刚才创建的 Secret，以便初始化数据库密码。最后，引用模板中定义的 PVC，映射路径为/var/lib/mysql 以存放数据库文件。

应用模板后，MySQL 实例的状态如图 11-11 所示。

图 11-11　MySQL 实例的状态

接下来，部署 WordPress 前端应用程序。该应用程序会引用之前创建的 MySQL 数据库，为用户提供博客管理功能。为了创建 wordpress.yml 文件，在文件中填入以下内容并保存。

```yaml
apiVersion: v1
kind: Service
metadata:
  name: wordpress
  labels:
    app: wordpress
spec:
  ports:
    - port: 80
      nodePort: 30111
  selector:
    app: wordpress
    tier: frontend
  type: NodePort
---
apiVersion: v1
kind: PersistentVolumeClaim
metadata:
  name: wp-pv-claim
  labels:
    app: wordpress
spec:
  storageClassName: "managed-nfs-storage"
  accessModes:
    - ReadWriteOnce
  resources:
    requests:
      storage: 2Gi
---
apiVersion: apps/v1
kind: Deployment
metadata:
  name: wordpress
  labels:
    app: wordpress
spec:
  selector:
    matchLabels:
      app: wordpress
      tier: frontend
  strategy:
    type: Recreate
  template:
    metadata:
      labels:
        app: wordpress
        tier: frontend
```

```
  spec:
    containers:
    - image: wordpress:4.8-apache
      name: wordpress
      env:
      - name: WORDPRESS_DB_HOST
        value: wordpress-mysql
      - name: WORDPRESS_DB_PASSWORD
        valueFrom:
          secretKeyRef:
            name: mysql-pass
            key: password
      ports:
      - containerPort: 80
        name: wordpress
      volumeMounts:
      - name: wordpress-persistent-storage
        mountPath: /var/www/html
    volumes:
    - name: wordpress-persistent-storage
      persistentVolumeClaim:
        claimName: wp-pv-claim
```

这个模板包含 3 个部分。首先，定义的 NodePort 类型的 Service 将 WordPress 入口提供给各个集群主机的 30111 端口，这样在浏览器地址栏中输入 http://{主机 IP}:30111 就可以访问留言板页面了。然后，定义一个 2GiB 的 PVC 用于供 WordPress 存放博客、网页等文件，这里使用了前几章定义的 StorageClass，以便自动为 PVC 创建 PV。最后，定义单实例的 Deployment，其镜像为 wordpress，该实例通过 `WORDPRESS_DB_HOST` 环境变量引用刚才定义的 MySQL 服务的名称。接下来，该实例通过 `WORDPRESS_DB_PASSWORD` 环境变量引用数据库密码，以便 WordPress 服务访问数据库，并引用模板中定义的 PVC（映射路径为`/var/www/html`），以存放网页等文件。

应用模板后，WordPress 实例的状态如图 11-12 所示。

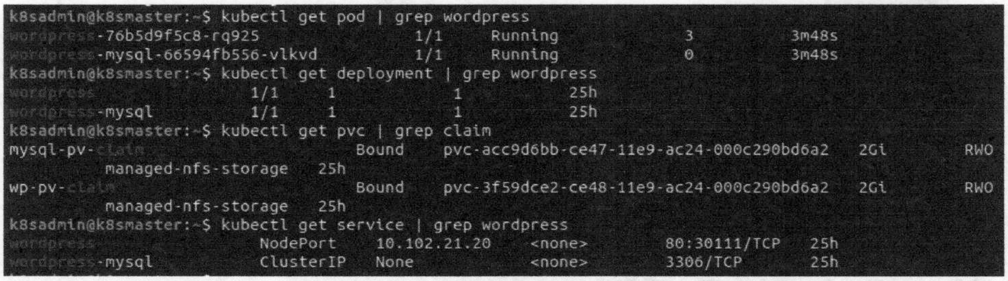

```
k8sadmin@k8smaster:~$ kubectl get pod | grep wordpress
wordpress-76b5d9f5c8-rq925            1/1     Running            3          3m48s
wordpress-mysql-66594fb556-vlkvd      1/1     Running            0          3m48s
k8sadmin@k8smaster:~$ kubectl get deployment | grep wordpress
wordpress          1/1     1            1           25h
wordpress-mysql    1/1     1            1           25h
k8sadmin@k8smaster:~$ kubectl get pvc | grep claim
mysql-pv-claim                  Bound    pvc-acc9d6bb-ce47-11e9-ac24-000c290bd6a2   2Gi        RWO
        managed-nfs-storage   25h
wp-pv-claim                     Bound    pvc-3f59dce2-ce48-11e9-ac24-000c290bd6a2   2Gi        RWO
        managed-nfs-storage   25h
k8sadmin@k8smaster:~$ kubectl get service | grep wordpress
wordpress            NodePort    10.102.21.20    <none>        80:30111/TCP   25h
wordpress-mysql      ClusterIP   None            <none>        3306/TCP       25h
```

图 11-12　WordPress 实例的状态

接下来，就可以在 URL 中输入地址访问 WordPress 应用了，在本例中地址为`http://192. 168. 100.100:30111`。之后会进入初始界面，如图 11-13 所示，选择“简体中文”，然后单击"继续"按钮。

图 11-13　WordPress 初始界面

接着，设置初始账号和密码，并使用它们进行登录。之后，就会进入 WordPress 操作界面，如图 11-14 所示。

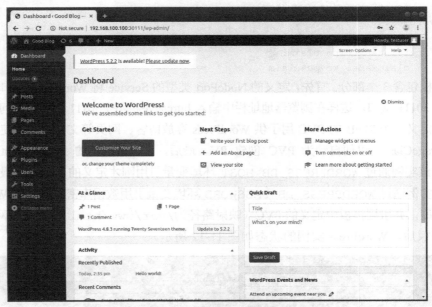

图 11-14　WordPress 操作界面

接下来，就可以尽情使用 WordPress 了。

11.3　使用 Helm 部署项目

Kubernetes 是一套容器集群管理系统，拥有自动包装、自我修复、横向缩放、服务发现和

11.3 使用 Helm 部署项目

负载均衡、自动部署和升级回滚、存储编排等特性，不仅支持 Docker，还支持 Rocket 等容器。

从前两节的部署示例中，我们可以发现 Kubernetes 的部署需要设置各式各样的模板文件，一个完整的应用程序会涉及多个 Kubernetes 资源对象，而且为了描述这些对象要同时维护很多个 yaml 模板文件。

不难发现，对于复杂的应用程序，在使用 Kubernetes 部署项目的过程中会面临一些维护难题，如下所示。

- 如何将这些分散而互相关联的应用模板文件作为一个整体统一管理？
- 如何同时发布和重用这些应用模板文件？如何进行版本控制？
- 如何统一维护模板文件产生的各种资源（如 Pod、Service、PVC 等）？

而 Helm 正是以上问题的解决方案。

11.3.1 Helm 简介

Helm 是 Kubernetes 的一个子项目，是一种 Kubernetes 包管理平台。Helm 能有效管理 Kubernetes 应用集合。使用 Helm，可以轻松定义、部署、升级非常复杂的 Kubernetes 应用集合，并进行版本管理。Helm 具有对 Kubernetes 资源进行统一部署、删除、升级、回滚等强大功能。

Helm 的整体架构如图 11-15 所示。

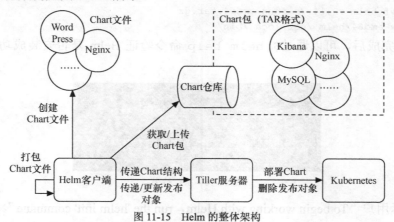

图 11-15　Helm 的整体架构

Helm 的各个组件如下所示。

- Helm 客户端：Helm 客户端是一种命令行客户端工具，主要用于 Chart 文件的创建、打包和发布部署，以及本地和远程 Chart 仓库的管理。用户将直接使用 Helm 客户端进行操作。
- Tiller 服务器：Tiller 服务器以 Deployment 控制器形式部署在 Kubernetes 集群中以接收 Helm 发出的请求，根据 Chart 结构生成发布（release）对象，并将 Chart 解析成各个 Kubernetes 资源的实际部署文件，供 Kubernetes 创建相应资源。Tiller 服务器还提供了发布对象的更新、回滚、统一删除等功能。

- Chart：Chart 是应用程序的部署定义，包含一组与 Kubernetes 资源相关的 yaml 模板文件。它通过一定文件结构组织模板文件（Chart 文件），可采用 TAR 格式打包。
- Chart 仓库：Helm 中存放了各种应用程序的 Chart 包以供用户下载。Helm 可以同时管理多个 Chart 仓库，默认情况下管理一个本地仓库和一个远程仓库。
- 发布（release）对象：在 Kubernetes 集群中部署的 Chart 称为发布对象。Chart 和发布对象的关系类似于镜像和容器，前者是部署的定义，而后者是实际部署好的应用程序，基于一个 Chart 可以部署多个发布对象。

接下来介绍 Helm 的安装与使用。

11.3.2 Helm 的安装

Helm 的安装非常简单，这里提供两种安装方法。

方法 1：依次执行以下命令，运行官方提供的脚本完成安装过程。

```
$ curl https://raw.githubusercontent.com/Kubernetes/helm/master/scripts/get > get_helm.sh
$ chmod 700 get_helm.sh
$ ./get_helm.sh
```

方法 2：依次执行以下命令，下载二进制包，然后解压并安装。

```
$ wget https://get.helm.sh/helm-v2.14.3-linux-amd64.tar.gz
$ tar -zxvf helm-v2.14.3-linux-amd64.tar.gz
$ cp linux-amd64/helm /usr/local/bin/
```

初步安装完成后，可以通过 $ helm help 命令验证 Helm 是否安装成功。执行结果如图 11-16 所示。

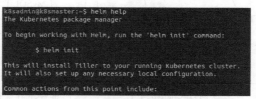

图 11-16 执行结果

Helm 提示用户 "To begin working with Helm, run the 'helm init' command"。$ helm init 命令会初始化 Helm 功能，下载、安装 Helm 的 Tiller 服务器端，并将其以 Deployment 控制器形式部署到 Kubernetes 集群中。

由于 $ helm init 会访问国外的域名，但基于防火墙原因可能无法访问，因此可以执行以下命令，使用国内的云镜像完成 Helm 相关资源的下载与安装，并将默认的 Chart 远程仓库设置为国内的镜像仓库。

```
$ helm init --upgrade --tiller-image registry.cn-hangzhou.aliyuncs.com/google_containers/tiller:v2.14.3 --stable-repo-url https://Kubernetes.oss-cn-hangzhou.aliyuncs.com/charts
```

执行结果如图 11-17 所示，Helm 已完成初始化设置，Tiller 已成功安装到 Kubernetes 集群中。

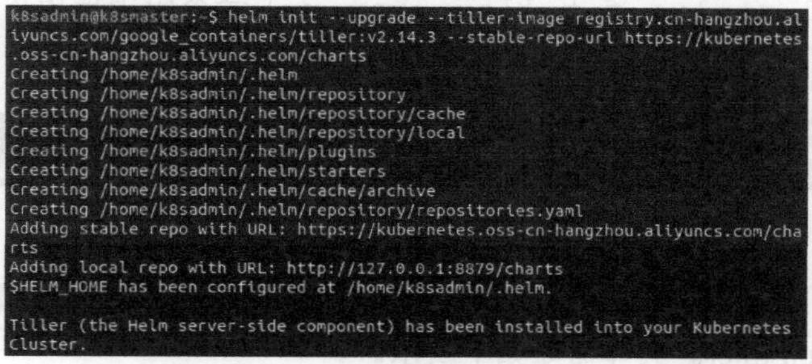

11.3 使用 Helm 部署项目

图 11-17 初始化设置完成

启动 Pod 需要一定时间,可以通过 `$ kubectl get deployment -n kube-system` 命令查看名为 tiller-deploy 的控制器是否已成功运行,当 tiller-deploy 中的所有 Pod 都处于可用状态时再进行下一步,如图 11-18 所示。

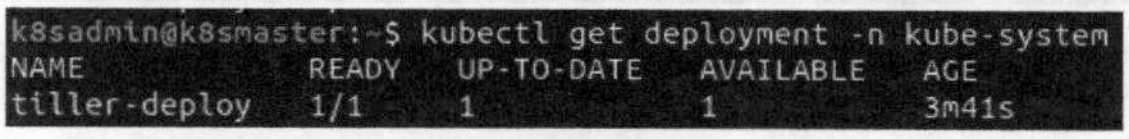

图 11-18 查看控制器运行状态

由于 Tiller 作为一个 Kubernetes 管理型应用会调用 API Server 对各种资源进行增删查改的操作,因此需要较高级别的权限,并需要对其进行认证授权。首先,创建一个名为 tiller-rbac.yml 的模板文件,定义一个名为 tiller 的 ServiceAccount 认证,以供 tiller-deploy 的 Pod 使用。然后,通过 RBAC 授权,给这个 ServiceAccount tiller 绑定 cluster-admin 集群角色。cluster-admin 是 Kubernetes 安装完成时就设置的集群角色,拥有最高级别的权限。tiller-rbac.yml 文件的内容如下所示。

```
apiVersion: v1
kind: ServiceAccount
metadata:
  name: tiller
  namespace: kube-system
---
apiVersion: rbac.authorization.k8s.io/v1
kind: ClusterRoleBinding
metadata:
  name: tillerclusterrole
roleRef:
  apiGroup: ""
  kind: ClusterRole
  name: cluster-admin
subjects:
  - kind: ServiceAccount
    name: tiller
    namespace: kube-system
```

运行 $ kubectl apply -f tiller-rbac.yml 命令应用模板，执行结果如图 11-19 所示。

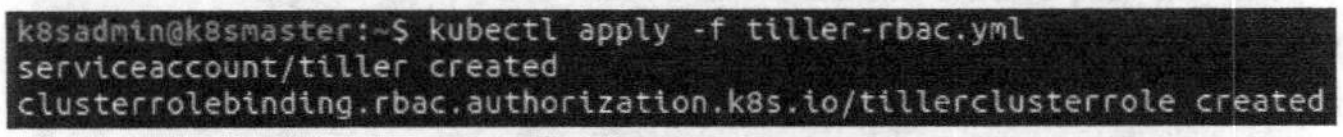

图 11-19　应用模板后的结果

接下来，使用 $ kubectl patch 命令更新 tiller-deploy 控制器，以便它的 Pod 使用刚才设置的 ServiceAccount tiller。具体命令如下所示。

```
$ kubectl patch deploy --namespace kube-system tiller-deploy -p '{"spec":{"template":{"spec":{"serviceAccount":"tiller"}}}}'
```

更新结果如图 11-20 所示。

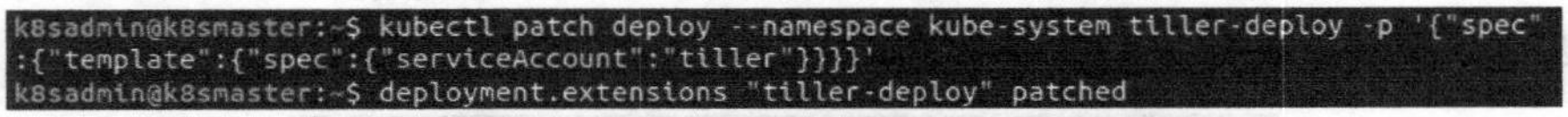

图 11-20　tiller-deploy 控制器的更新结果

此时若通过 $ kubectl describe deployment tiller-deploy -n kube-system 命令查看控制器详情（见图 11-21），可以看到 ServiceAccount 已成功更新。

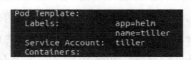

图 11-21　tiller-deploy 控制器详情

Helm 安装过程到此已全部完成，现在可以正式开始使用 Helm 了。

提示：如果要卸载 Helm 的 Tiller 服务器端，可使用 $ helm reset 或 $ helm reset --force 命令。

11.3.3　Helm Chart 的基本操作

1. Chart 的创建

要创建一个自定义 Chart，执行以下命令即可。

```
$ helm create {Chart 名称}
```

在本例中，执行的命令为 $ helm create examplechart，执行结果如图 11-22 所示。

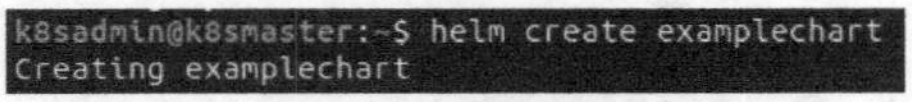

图 11-22　examplechart 创建成功

该命令会在当前目录下创建一个名为 **examplechart** 的子目录，其结构可以通过以下命令查看。

```
$ tree examplechart/
```

命令执行后，目录的结构如图 11-23 所示，里面包含一些示例模板。它主要分为 4 个部分——charts 目录、Chart.yaml、templates 目录、values.yaml。接下来，将分别介绍这几个部分。

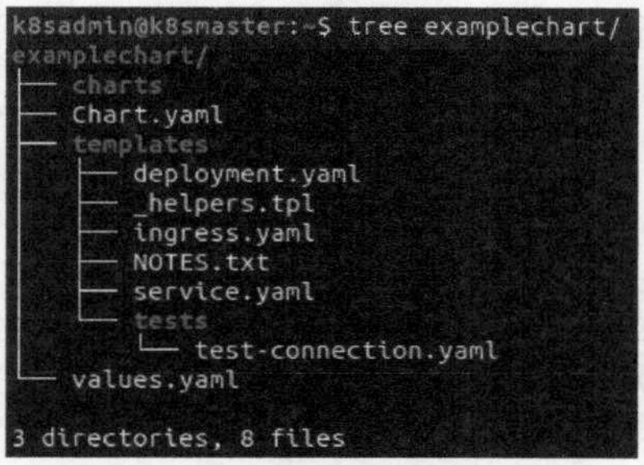

```
k8sadmin@k8smaster:~$ tree examplechart/
examplechart/
├── charts
├── Chart.yaml
├── templates
│   ├── deployment.yaml
│   ├── _helpers.tpl
│   ├── ingress.yaml
│   ├── NOTES.txt
│   ├── service.yaml
│   └── tests
│       └── test-connection.yaml
└── values.yaml

3 directories, 8 files
```

图 11-23　examplechart 目录的结构

charts 目录用于存放该 Chart 依赖的所有子 Chart 的目录，这些子 Chart 的目录也遵从目前的 Chart 文件结构（即拥有 4 个部分）。如果有子 Chart，则需要在父 Chart 中新建 requirements.yaml 文件，并在文件中记录这些子 Chart。在创建新 Chart 时默认没有依赖的子 Chart。

Chart.yaml 用于记录该 Chart 的关键信息，如名称、描述、版本等。该文件的内容如下所示。

```
apiVersion: v1
appVersion: "1.0"
description: A Helm chart for Kubernetes
name: examplechart
version: 0.1.0
```

templates 目录中存放了 Kubernetes 部署文件的 Helm 模板，该模板并不完全等同于 Kubernetes 中的 yaml 模板，这里的模板扩展了 Go Template 语法。

我们先来看看与要部署的应用有关的几个模板文件。

首先是 deployment.yaml 文件，其内容如下所示。

```
apiVersion: apps/v1
kind: Deployment
metadata:
  name: {{ include "examplechart.fullname" . }}
  labels:
{{ include "examplechart.labels" . | indent 4 }}
spec:
  replicas: {{ .Values.replicaCount }}
  selector:
    matchLabels:
      app.Kubernetes.io/name: {{ include "examplechart.name" . }}
      app.Kubernetes.io/instance: {{ .Release.Name }}
```

```yaml
template:
  metadata:
    labels:
      app.Kubernetes.io/name: {{ include "examplechart.name" . }}
      app.Kubernetes.io/instance: {{ .Release.Name }}
  spec:
  {{- with .Values.imagePullSecrets }}
    imagePullSecrets:
      {{- toYaml . | nindent 8 }}
  {{- end }}
    containers:
      - name: {{ .Chart.Name }}
        image: "{{ .Values.image.repository }}:{{ .Values.image.tag }}"
        imagePullPolicy: {{ .Values.image.pullPolicy }}
        ports:
          - name: http
            containerPort: 80
            protocol: TCP
        livenessProbe:
          httpGet:
            path: /
            port: http
        readinessProbe:
          httpGet:
            path: /
            port: http
        resources:
          {{- toYaml .Values.resources | nindent 12 }}
    {{- with .Values.nodeSelector }}
      nodeSelector:
        {{- toYaml . | nindent 8 }}
      {{- end }}
  {{- with .Values.affinity }}
    affinity:
      {{- toYaml . | nindent 8 }}
  {{- end }}
  {{- with .Values.tolerations }}
    tolerations:
      {{- toYaml . | nindent 8 }}
  {{- end }}
```

这是一个示例性质的 yaml 模板。和普通模板的区别在于，其中有很多属性值是用两个大括号括起来的，被双大括号括起来的部分是 Go Template，大括号中以 `.Values` 开头的属性值是在 values.yaml 文件中定义的，而其他的属性（如以 `.Chart` 开头的属性）则是在 Chart.yaml 中定义的内容，而以 `.Release` 开头的属性则依赖于发布版本部署时的实际值。通过 Go Template，可以使模板的具体部署操作和部署参数分离开来，各自单独维护。

然后，查看 service.yaml 文件，其内容如下所示。

```yaml
apiVersion: v1
kind: Service
metadata:
  name: {{ include "examplechart.fullname" . }}
  labels:
{{ include "examplechart.labels" . | indent 4 }}
spec:
  type: {{ .Values.service.type }}
  ports:
    - port: {{ .Values.service.port }}
      targetPort: http
      protocol: TCP
      name: http
  selector:
    app.Kubernetes.io/name: {{ include "examplechart.name" . }}
    app.Kubernetes.io/instance: {{ .Release.Name }}
```

可以看到它定义了一个基于上述 Deployment 控制器的 Service。和 Deployment 控制器的定义类似，里面有很多值取决于其他处的引用。

接下来，查看 ingress.yaml 文件，因为示例模板中默认不启用 Ingress，所以这里只列出该文件中的前面几行以进行说明。ingress.yaml 文件的前几行如下所示。

```yaml
{{- if .Values.ingress.enabled -}}
{{- $fullName := include "examplechart.fullname" . -}}
apiVersion: extensions/v1beta1
kind: Ingress
metadata:
  name: {{ $fullName }}
  labels:
......
```

定义 Ingress 的方式与之前定义 Deployment 控制器和 Service 的方式差不多，但最大区别在于，其模板首行为`{{- if .Values.ingress.enabled -}}`，这表示只有当 values.yaml 文件中 ingress.enabled 属性为 true 时，该模板才生效。

最后一个与要部署的应用有关的文件是_helpers.tpl，它是一个模板助手文件。该文件主要用于定义通用信息（比如，命名和设置标签），然后在其他地方使用。之前的各个模板都引用了_helpers.tpl 中定义的命名信息和标签信息。_helpers.tpl 文件的内容如下所示。

```
{{/* vim: set filetype=mustache: */}}
{{/*
对 Chart 的名称进行扩展
*/}}
{{- define "examplechart.name" -}}
{{- default .Chart.Name .Values.nameOverride | trunc 63 | trimSuffix "-" -}}
{{- end -}}
```

```
{{/*
创建一个默认基于一定规则的应用全名,
字符的最大长度为 63,超过该数值会被截断,因为一些 Kubernetes 名称字段拥有这样的限制（根据 DNS 命名规范）
如果发布（release）对象的名称已经包含 Chart 名称,则将前者作为全名
*/}}
{{- define "examplechart.fullname" -}}
{{- if .Values.fullnameOverride -}}
{{- .Values.fullnameOverride | trunc 63 | trimSuffix "-" -}}
{{- else -}}
{{- $name := default .Chart.Name .Values.nameOverride -}}
{{- if contains $name .Release.Name -}}
{{- .Release.Name | trunc 63 | trimSuffix "-" -}}
{{- else -}}
{{- printf "%s-%s" .Release.Name $name | trunc 63 | trimSuffix "-" -}}
{{- end -}}
{{- end -}}
{{- end -}}


{{/*
根据 Chart 标签创建 Chart 名称和版本
*/}}
{{- define "examplechart.chart" -}}
{{- printf "%s-%s" .Chart.Name .Chart.Version | replace "+" "_" | trunc 63 | trimSuffix "-" -}}
{{- end -}}

{{/*
公用标签
*/}}
{{- define "examplechart.labels" -}}
app.Kubernetes.io/name: {{ include "examplechart.name" . }}
helm.sh/chart: {{ include "examplechart.chart" . }}
app.Kubernetes.io/instance: {{ .Release.Name }}
{{- if .Chart.AppVersion }}
app.Kubernetes.io/version: {{ .Chart.AppVersion | quote }}
{{- end }}
app.Kubernetes.io/managed-by: {{ .Release.Service }}
{{- end -}}
```

以上文件已经定义了要部署的应用的全部内容。

另外还有两个附加文件,它们在部署后产生说明文档和部署检查。

第一个附加文件是 NOTES.txt。在执行 Chart 部署命令后,它会代入具体的参数值,产生说明信息。该文件主要讲述的是用户如何操作才能访问 Service,并根据不同的 Service 类型进行了不同的分支处理和内容输出。

```
1. Get the application URL by running these commands:
{{- if .Values.ingress.enabled }}
{{- range $host := .Values.ingress.hosts }}
  {{- range .paths }}
  http{{ if $.Values.ingress.tls }}s{{ end }}://{{ $host.host }}{{ . }}
  {{- end }}
{{- end }}
{{- else if contains "NodePort" .Values.service.type }}
  export NODE_PORT=$(kubectl get --namespace {{ .Release.Namespace }} -o jsonpath=
"{.spec.ports[0].nodePort}" services {{ include "examplechart.fullname" . }})
  export NODE_IP=$(kubectl get nodes --namespace {{ .Release.Namespace }} -o jsonpath=
"{.items[0].status.addresses[0].address}")
  echo http://$NODE_IP:$NODE_PORT
{{- else if contains "LoadBalancer" .Values.service.type }}
     NOTE: It may take a few minutes for the LoadBalancer IP to be available.
           You can watch the status of by running 'kubectl get --namespace {{ .Release.
           Namespace }} svc -w {{ include "examplechart.fullname" . }}'
  export SERVICE_IP=$(kubectl get svc --namespace {{ .Release.Namespace }} {{ include
"examplechart.fullname" . }} -o jsonpath='{.status.loadBalancer.ingress[0].ip}')
  echo http://$SERVICE_IP:{{ .Values.service.port }}
{{- else if contains "ClusterIP" .Values.service.type }}
  export POD_NAME=$(kubectl get pods --namespace {{ .Release.Namespace }} -l "app.
  Kubernetes.io/name={{ include "examplechart.name" . }},app.Kubernetes.io/instance=
  {{ .Release.Name }}" -o jsonpath="{.items[0].metadata.name}")
  echo "Visit http://127.0.0.1:8080 to use your application"
  kubectl port-forward $POD_NAME 8080:80
{{- end }}
```

在之后的示例中会进行部署，稍后可以看到该文件的实际作用。

第二个附加文件是 tests 目录下的 test-connection.yaml 文件。它用于定义部署完成后需要执行的测试内容，以便验证应用是否已成功部署。test-connection.yaml 文件的内容如下所示。

```
apiVersion: v1
kind: Pod
metadata:
  name: "{{ include "examplechart.fullname" . }}-test-connection"
  labels:
{{ include "examplechart.labels" . | indent 4 }}
  annotations:
    "helm.sh/hook": test-success
spec:
  containers:
    - name: wget
      image: busybox
      command: ['wget']
      args: ['{{ include "examplechart.fullname" . }}:{{ .Values.service.port }}']
  restartPolicy: Never
```

可以看到它的镜像为 busybox,它会执行 wget 命令,测试部署的 Service 是否可以正常访问。

接下来,我们来看看 values.yaml 文件,在这个文件中定义了以上所有模板需要的具体部署参数值。values.yaml 文件的内容如下所示。

```yaml
# 此处定义 examplechart 的默认值
# 这是一个 yaml 格式的文件
# 此处定义的变量可以传递至各个模板文件

replicaCount: 1

image:
  repository: nginx
  tag: stable
  pullPolicy: IfNotPresent

imagePullSecrets: []
nameOverride: ""
fullnameOverride: ""

service:
  type: ClusterIP
  port: 80

ingress:
  enabled: false
  annotations: {}
  hosts:
    - host: chart-example.local
      paths: []
  tls: []

resources: {}
nodeSelector: {}
tolerations: []
affinity: {}
```

将这些值分别代入之前的模板,可以发现 examplechart 的整个示例模板定义的是一个使用 Nginx 作为镜像的 Deployment 控制器,其副本数量为 1。基于该 Deployment 控制器创建了一个 Service,其类型为 ClusterIP,端口为 80。Ingress 默认没有启用。

2. Chart 的验证

在发布之前,可以通过以下命令检查 Chart 文件的依赖项和模板配置是否正确。如果文件格式错误,可以根据提示进行修改。

```
$ helm lint examplechart/
```

命令的执行结果如图 11-24 所示,Chart 文件没有任何错误。

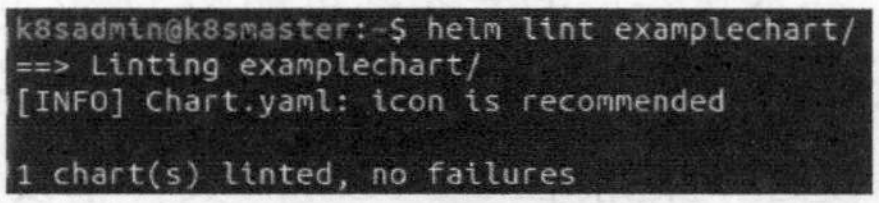

11.3 使用 Helm 部署项目

图 11-24 模板检查结果

在使用 Helm 进行实际部署时，实际上将 Chart 文件解析为 Kubernetes 能够识别的各种资源的 yaml 模板文件以进行部署。可以使用 `$ helm install --dry-run --debug {Chart 文件目录}` 命令来验证 Chart 配置。命令执行后输出的内容为最终 Kubernetes 中 Helm 各模板与参数值合成在一起的 yaml 模板文件，可以用该文件来检查 Chart 的部署行为是否符合预期。在本例中，需要执行的命令如下。

```
$ helm install --dry-run --debug examplechart --name examplerelease
```

命令中通过 `--name` 指定了发布对象的名称为 **examplerelease**。如果没有指定，会生成一个随机名称。执行结果如图 11-25（a）～（c）所示（由于内容较长，这里分成 3 个截图），这些内容都是真正会在 Kubernetes 集群中执行的模板内容。

图 11-25 真正会在 Kubernetes 集群中执行的模板内容

3. Chart 的发布

可以通过 `$ helm install {Chart 名称}` 命令将 Chart 发布到 Kubernetes 集群中。在本例中，执行的命令如下。

```
$ helm install examplechart --name examplerelease
```

命令中通过 `--name` 指定了发布版本的名称为 **examplerelease**。如果没有指定发布版本的名称，会生成一个随机名称。命令执行后的发布结果如图 11-26 所示。可以在输出结果中看到这个发布版本在部署后的总体状态，以及部署的各个资源（Deployment 控制器、Pod 和 Service），还可以看到提示信息，这些信息正是之前在 NOTES.txt 文件中设置的内容。

```
k8sadmin@k8smaster:~$ helm install examplechart --name examplerelease
NAME:   examplerelease
LAST DEPLOYED: Sat Sep 14 17:45:47 2019
NAMESPACE: default
STATUS: DEPLOYED

RESOURCES:
==> v1/Deployment
NAME                         READY  UP-TO-DATE  AVAILABLE  AGE
examplerelease-examplechart  0/1    1           0          0s

==> v1/Pod(related)
NAME                                          READY  STATUS             RESTARTS  AGE
examplerelease-examplechart-7cb979dc44-wjp58  0/1    ContainerCreating  0         0s

==> v1/Service
NAME                         TYPE       CLUSTER-IP      EXTERNAL-IP  PORT(S)  AGE
examplerelease-examplechart  ClusterIP  10.104.211.228  <none>       80/TCP   0s


NOTES:
1. Get the application URL by running these commands:
  export POD_NAME=$(kubectl get pods --namespace default -l "app.kubernetes.io/name=ex
amplechart,app.kubernetes.io/instance=examplerelease" -o jsonpath="{.items[0].metadata
.name}")
  echo "Visit http://127.0.0.1:8080 to use your application"
  kubectl port-forward $POD_NAME 8080:80
```

图 11-26　发布结果

Chart 发布后，可以通过`$ helm list`命令查看当前集群下的所有发布版本。

发布版本的列表如图 11-27 所示。可以看到一个名为 examplerelease 的发布版本，其状态为已部署，所使用的 Chart 为 examplechart-0.1.0。

```
k8sadmin@k8smaster:~$ helm list
NAME            REVISION        UPDATED                         STATUS          CHART                   APP VERSION     NAMESPACE
examplerelease  1               Sat Sep 14 17:45:47 2019        DEPLOYED        examplechart-0.1.0      1.0             default
```

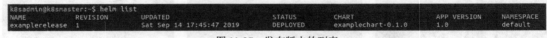

图 11-27　发布版本的列表

当相关 Pod 处于运行状态后，就可以通过 Service 进行访问了。如图 11-26 所示，Service 类型为 ClusterIP，其虚拟 IP 地址为 10.104.211.228，端口为 80。此时可以用集群中的某台机器通过“{ServiceIP}:{端口}”访问 Nginx，访问结果如图 11-28 所示。

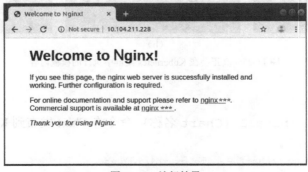

图 11-28　访问结果

当然，也可以根据 NOTES 中的提示，依次执行提示中的 3 条命令，以便直接使用 127.0.0.1:8080 进行访问。命令执行结果如图 11-29 所示。

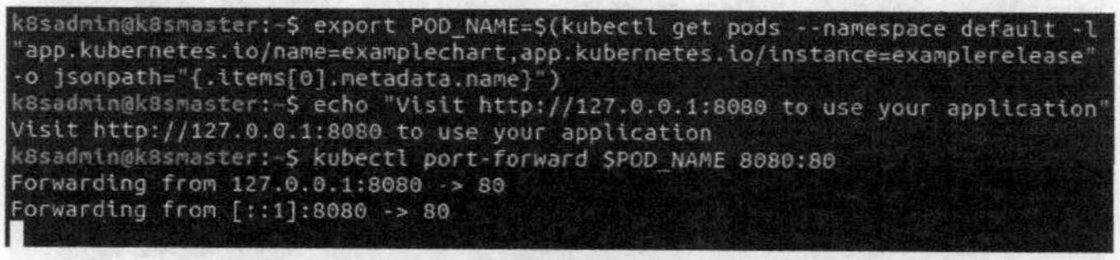

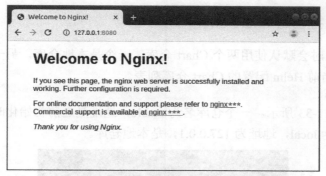

图 11-29　提示中的命令执行结果

执行提示中的各个命令后，就可以直接通过 127.0.0.1:8080 来访问 Nginx 了，访问结果如图 11-30 所示。

图 11-30　根据提示操作的访问结果

在使用 Helm 前，如果要查看某个应用在 Kubernetes 上的资源，就要记住这个应用有哪些资源，然后依次执行 $ kubectl get 命令查看各个资源的状态，本例中的应用拥有 3 种类型的资源（Deployment 控制器、Pod 和 Service）。如果没有用 Helm 进行部署，就需要依次执行 kubectl get 命令来查看状态，如图 11-31 所示。

图 11-31　执行多条命令查看各类资源的状态

使用 Helm 后，可以只通过 $ helm status examplerelease 命令来查看某个发布版本下所有 Kubernetes 资源的状态了。

命令执行结果如图 11-32 所示。它显示了发布版本的整体状态，可以看到输出结果中展示了各个 Kubernetes 资源的状态。

```
k8sadmin@k8smaster:~$ helm status examplerelease
LAST DEPLOYED: Sat Sep 14 17:45:47 2019
NAMESPACE: default
STATUS: DEPLOYED

RESOURCES:
==> v1/Deployment
NAME                          READY  UP-TO-DATE  AVAILABLE  AGE
examplerelease-examplechart   1/1    1           1          4m48s

==> v1/Pod(related)
NAME                                             READY  STATUS   RESTARTS  AGE
examplerelease-examplechart-7cb979dc44-wjp58     1/1    Running  0         4m48s

==> v1/Service
NAME                          TYPE       CLUSTER-IP      EXTERNAL-IP  PORT(S)  AGE
examplerelease-examplechart   ClusterIP  10.104.211.228  <none>       80/TCP   4m48s


NOTES:
1. Get the application URL by running these commands:
  export POD_NAME=$(kubectl get pods --namespace default -l "app.kubernetes.io/name=ex
amplechart,app.kubernetes.io/instance=examplerelease" -o jsonpath="{.items[0].metadata
.name}")
  echo "Visit http://127.0.0.1:8080 to use your application"
  kubectl port-forward $POD_NAME 8080:80
```

图 11-32　查看发布版本的整体状态

11.3.4　将 Chart 打包到 Chart 仓库中

在初始化 Helm 时会默认使用两个 Chart 仓库，一个是本地仓库，另一个远程仓库。可以通过以下命令查看当前 Helm 配置的 Chart 仓库列表。

```
$ helm repo list
```

执行结果如图 11-33 所示。一个仓库名为 stable，地址是之前初始化时配置的国内镜像仓库。另一个仓库名为 local，地址为 127.0.0.1，是本地仓库。

```
k8sadmin@k8smaster:~$ helm repo list
NAME    URL
stable  https://kubernetes.oss-cn-hangzhou.aliyuncs.com/charts
local   http://127.0.0.1:8879/charts
```

图 11-33　仓库列表

通过以下命令，可以查看所有位于远程仓库和本地仓库中的 Chart 包。

```
$ helm search
```

执行结果如图 11-34 所示。列表非常长，这里只截取了一部分。由于本地还没有 Chart 包，因此这里显示的都是远程仓库中的 Chart 包。

```
k8sadmin@k8smaster:~$ helm search
NAME                          CHART VERSION  APP VERSION  DESCRIPTION
stable/acs-engine-autoscaler  2.1.3          2.1.1        Scales worker nodes within agent pools
stable/aerospike              0.1.7          v3.14.1.2    A Helm chart for Aerospike in Kubernetes
stable/anchore-engine         0.1.3          0.1.6        Anchore container analysis and policy evaluation engine s...
stable/artifactory            7.0.3          5.8.4        Universal Repository Manager supporting all major packagi...
stable/artifactory-ha         0.1.0          5.8.4        Universal Repository Manager supporting all major packagi...
stable/aws-cluster-autoscaler 0.3.2                       Scales worker nodes within autoscaling groups.
stable/bitcoind               0.1.0          0.15.1       Bitcoin is an innovative payment network and a new kind o...
stable/buildkite              0.2.1          3            Agent for Buildkite
stable/centrifugo             2.0.0          1.7.3        Centrifugo is a real-time messaging server.
stable/cert-manager           0.2.2          0.2.3        A Helm chart for cert-manager
stable/chaoskube              0.6.2          0.6.1        Chaoskube periodically kills random pods in your Kubernet...
stable/chronograf             0.4.2                       Open-source web application written in Go and React.js th...
stable/cluster-autoscaler     0.4.2          1.1.0        Scales worker nodes within autoscaling groups.
stable/cockroachdb            0.6.5          1.1.5        CockroachDB is a scalable, survivable, strongly-consisten...
stable/concourse              1.0.2          3.9.0        Concourse is a simple and scalable CI system.
stable/consul                 1.3.1          1.0.0        Highly available and distributed service discovery and ke...
```

图 11-34　Chart 包列表

接下来，执行以下命令将之前创建的 Chart 文件以 TAR 格式压缩成 Chart 包，并存放到本地仓库中。

```
$ helm package examplechart
```

执行结果如图 11-35 所示，这表明 Chart 包已成功生成。

```
k8sadmin@k8smaster:~$ helm package examplechart
Successfully packaged chart and saved it to: /home/k8sadmin/examplechart-0.1.0.tgz
```

图 11-35　Chart 包已成功生成

打包完成后，可以执行以下命令查询远程仓库和本地仓库中所有名为 examplechart 的 Chart 包。

```
$ helm search examplechart
```

执行结果如图 11-36 所示，可以看到已成功查询出刚才生成的 Chart 包，其名称为 local/examplechart。

```
k8sadmin@k8smaster:~$ helm search examplechart
NAME                    CHART VERSION   APP VERSION     DESCRIPTION
local/examplechart      0.1.0           1.0             A Helm chart for Kubernetes
```

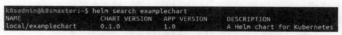

图 11-36　examplechart 查询结果

假设现在要对 examplechart 进行升级，并将更新后的 Chart 文件重新打包到本地仓库中，那么需要编辑 Chart 文件目录下之前的各个模板，并修改 Chart.yaml 文件和更改 Chart 的整体版本号。首先，通过以下命令打开之前创建的 Chart.yaml 文件。

```
$ vim examplechart/Chart.yaml
```

然后，编辑文件内容，将 version 字段由原先的 0.1.0 修改为 0.2.0，并保存文件。

```
apiVersion: v1
appVersion: "1.0"
description: A Helm chart for Kubernetes
name: examplechart
version: 0.2.0
```

接下来，再次执行 `helm package examplechart` 命令，将 Chart 文件打包并存放到本地仓库中，如图 11-37 所示。

```
k8sadmin@k8smaster:~$ helm package examplechart
Successfully packaged chart and saved it to: /home/k8sadmin/examplechart-0.2.0.tgz
```

图 11-37　再次打包的结果

此时再通过以下命令查询仓库中名为 examplechart 的 Chart 包。若命令中有`--versions` 参数，则将会查询出 examplechart 中所有版本的 Chart 包；如果不带`--versions` 参数，只会查询出一条最新版本的 Chart 包。

```
$ helm search examplechart --versions
```

命令执行结果如图 11-38 所示。可以看到本地仓库中包含两名为 examplechart 的 Chart 包，最新版本为 0.2.0，旧版本为 0.1.0。

```
k8sadmin@k8smaster:~$ helm search examplechart --versions
NAME                    CHART VERSION   APP VERSION     DESCRIPTION
local/examplechart      0.2.0           1.0             A Helm chart for Kubernetes
local/examplechart      0.1.0           1.0             A Helm chart for Kubernetes
```

图 11-38　两个名为 examplechart 的 Chart 包

11.3.5 发布版本的更新、回滚和删除

现在 examplechart 在本地仓库中分别有 0.1.0 和 0.2.0 两个版本。在之前我们已经发布了 0.1.0 版本，现在可以更新之前部署的名为 examplerelease 的发布版本，将其升级为 examplechart 0.2.0 版本。

由于接下来将使用本地仓库，因此要先执行以下命令来启动本地仓库服务。

```
$ helm serve
```

执行结果如图 11-39 所示，这表明本地仓库服务已经启动。

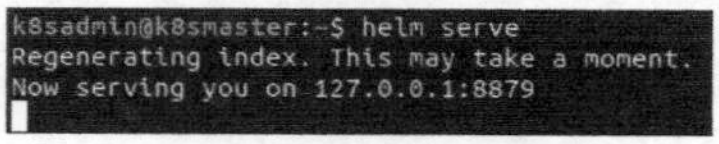

图 11-39 启动本地仓库服务

然后，使用 `$ helm upgrade` 命令将已部署的名为 **examplerelease** 的发布版本更新到最新版本。可以通过 `--version` 参数指定需要更新的版本号（如 `--version 0.2.0`）。如果没有指定版本号，Helm 默认会使用最新版本进行更新。具体命令如下所示。

```
$ helm upgrade examplerelease local/examplechart
```

命令执行结果如图 11-40 所示，这表明 **examplerelease** 发布版本已更新为最新版本的 **examplechart**。

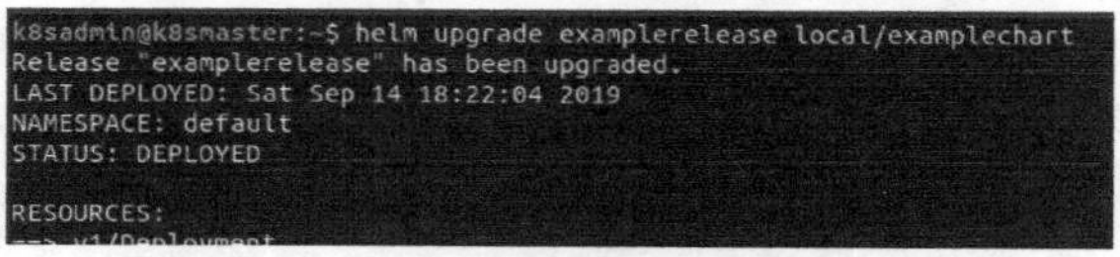

图 11-40 版本更新成功

使用 `$ helm list` 命令查看发布版本的列表可以发现，REVISION 字段由 1 变成 2，表示变更记录了两次；而 CHART 字段的值为 examplechart-0.2.0，表示已升级到最新版本，如图 11-41 所示。

图 11-41 发布版本的列表

如果版本升级后存在问题，需要回滚到旧版本。可以先执行以下命令查看某个发布版本中的所有变更记录。

```
$ helm history examplerelease
```

命令执行结果如图 11-42 所示。可以看到有两条变更记录，一条为 0.1.0 版本的 Chart，其描述为 Install complete，表示首次安装；另一条为 0.2.0 版本的 Chart，其描述为 Upgrade complete，表示升级的变更记录。

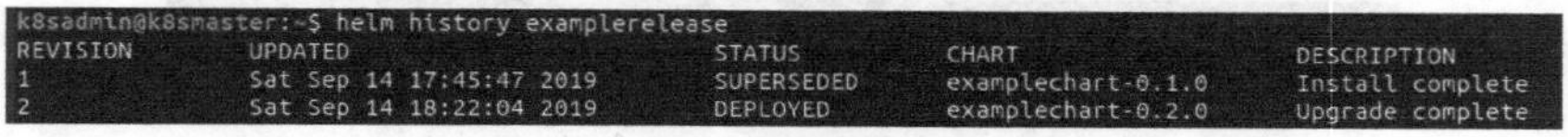

图 11-42 发布变更记录

接下来，通过`$ helm rollback {发布名称} {Revision 编号}`命令，将发布回滚到指定版本。本例中执行的命令如下。

```
$ helm rollback examplerelease 1
```

命令执行结果如图 11-43 所示。之后再执行`$ helm list`命令，可以看到 REVISION 字段为 3，而 CHART 字段已经变为 examplechart-0.1.0，表示已回滚到 0.1.0 版本。

```
k8sadmin@k8smaster:~$ helm rollback examplerelease 1
Rollback was a success.
k8sadmin@k8smaster:~$ helm list
NAME            REVISION        UPDATED                         STATUS          CHART                   APP VERSION     NAMESPACE
examplerelease  3               Sat Sep 14 18:25:12 2019        DEPLOYED        examplechart-0.1.0      1.0             default
```

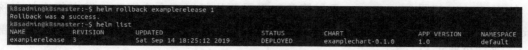

图 11-43　回滚结果

如果此时再通过`$ helm history examplerelease`命令查看变更记录，可以看到末尾多了一条编号为 3 的记录，其描述为 Rollback to 1，表示已回滚到第一个变更，如图 11-44 所示。

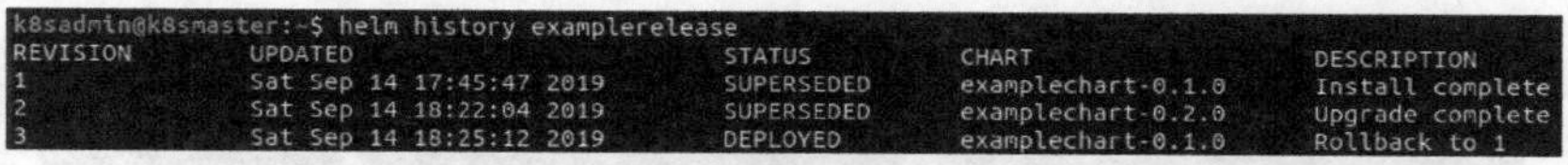

```
k8sadmin@k8smaster:~$ helm history examplerelease
REVISION        UPDATED                         STATUS          CHART                   DESCRIPTION
1               Sat Sep 14 17:45:47 2019        SUPERSEDED      examplechart-0.1.0      Install complete
2               Sat Sep 14 18:22:04 2019        SUPERSEDED      examplechart-0.2.0      Upgrade complete
3               Sat Sep 14 18:25:12 2019        DEPLOYED        examplechart-0.1.0      Rollback to 1
```

图 11-44　回滚后的变更记录

如果要删除某个已部署的发布版本，可以执行以下命令。

```
$ helm delete examplerelease
```

执行结果如图 11-45 所示。

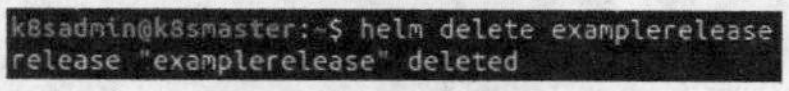

```
k8sadmin@k8smaster:~$ helm delete examplerelease
release "examplerelease" deleted
```

图 11-45　发布版本删除成功

但这样的删除并不彻底，通过`$ helm history examplerelease`命令查看变更记录可以看到最后一条记录的状态为 DELETED，其描述信息为 Deletion complete，表示已完成删除，如图 11-46 所示。

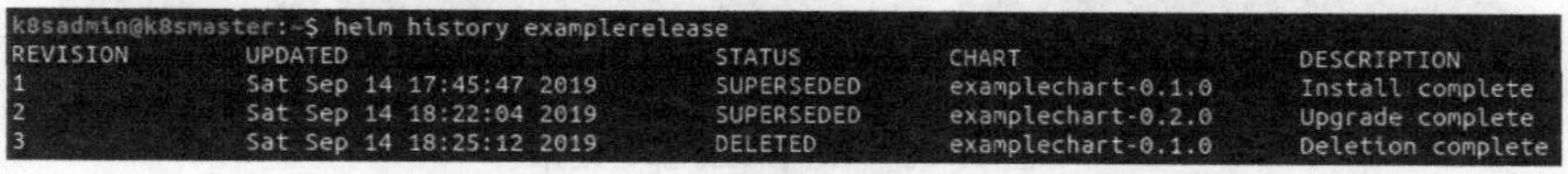

```
k8sadmin@k8smaster:~$ helm history examplerelease
REVISION        UPDATED                         STATUS          CHART                   DESCRIPTION
1               Sat Sep 14 17:45:47 2019        SUPERSEDED      examplechart-0.1.0      Install complete
2               Sat Sep 14 18:22:04 2019        SUPERSEDED      examplechart-0.2.0      Upgrade complete
3               Sat Sep 14 18:25:12 2019        DELETED         examplechart-0.1.0      Deletion complete
```

图 11-46　删除后的变更记录

也就是说，删除命令本质上只是将这个发布版本标记为“已删除”，但其实并没有真正删除。如果要彻底删除一个发布版本，则需要执行以下命令，且应带上`--purge`参数。

```
$ helm delete --purge examplerelease
```

当再次执行`$ helm history examplerelease`命令查看变更记录时，可以看到查找的发布版本已经不存在，如图 11-47 所示。

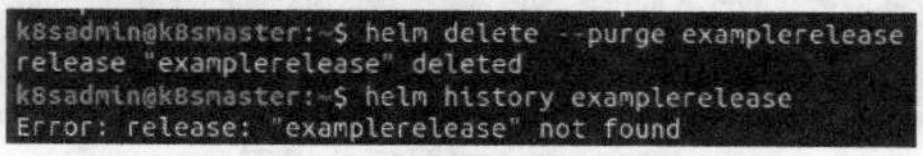

```
k8sadmin@k8smaster:~$ helm delete --purge examplerelease
release "examplerelease" deleted
k8sadmin@k8smaster:~$ helm history examplerelease
Error: release: "examplerelease" not found
```

图 11-47　完全删除发布版本后的结果

11.3.6 使用 Helm 部署的项目案例

在之前的章节中我们已经部署过 WordPress 应用，它分别由 WordPress 前端应用、MySQL 数据库应用以及各自的 Service 和 PVC 构成。对于这个案例，还可以使用 Helm 进行部署。

使用 Helm 部署 WordPress 更加简单，只需要执行以下命令即可。发布版本的名称为 wordpress，它会从远程仓库下载名为 stable/wordpress 的 Chart 包，并通过`--set` 参数将部署 Service 类型设置为 NodePort。

```
$ helm install --name wordpress --set "serviceType=NodePort" stable/wordpress
```

命令执行后的输出结果如图 11-48 所示。可以在 RESOURCES 栏看到本次发布涉及的所有与 Kubernetes 相关的资源（ConfigMap、PVC、Pod、Secret、Service、Deployment 控制器）。

```
k8sadmin@k8smaster:~$ helm install --name wordpress --set "serviceType=NodePort"  stable/wordpress
NAME:   wordpress
LAST DEPLOYED: Sat Sep 14 18:30:22 2019
NAMESPACE: default
STATUS: DEPLOYED

RESOURCES:
==> v1/ConfigMap
NAME                     DATA  AGE
wordpress-mariadb        1     1s
wordpress-mariadb-tests  1     1s

==> v1/PersistentVolumeClaim
NAME                 STATUS   VOLUME               CAPACITY  ACCESS MODES  STORAGECLASS  AGE
wordpress-mariadb    Pending  managed-nfs-storage  0s
wordpress-wordpress  Pending  managed-nfs-storage  0s

==> v1/Pod(related)
NAME                                  READY  STATUS   RESTARTS  AGE
wordpress-mariadb-79d777579c-jzrfv    0/1    Pending  0         0s
wordpress-wordpress-6d98dc647c-h47ts  0/1    Pending  0         0s

==> v1/Secret
NAME                 TYPE    DATA  AGE
wordpress-mariadb    Opaque  2     1s
wordpress-wordpress  Opaque  2     1s

==> v1/Service
NAME                 TYPE       CLUSTER-IP     EXTERNAL-IP  PORT(S)                     AGE
wordpress-mariadb    ClusterIP  10.103.225.249  <none>      3306/TCP                    0s
wordpress-wordpress  NodePort   10.96.64.51     <none>      80:32715/TCP,443:32699/TCP  0s

==> v1beta1/Deployment
NAME                 READY  UP-TO-DATE  AVAILABLE  AGE
wordpress-mariadb    0/1    1           0          0s
wordpress-wordpress  0/1    1           0          0s
```

图 11-48　WordPress 部署结果

在输出结果底部的 NOTES 栏显示了部署后的提示，如图 11-49 所示。它详细讲述了可以执行哪些命令来获得 WordPress 网站的访问地址，并获取登录账号和密码。

```
NOTES:
1. Get the WordPress URL:

  Or running:

  export NODE_PORT=$(kubectl get --namespace default -o jsonpath="{.spec.ports[0].nodePort}" services wordpress-wordpress)
  export NODE_IP=$(kubectl get nodes --namespace default -o jsonpath="{.items[0].status.addresses[0].address}")
  echo http://$NODE_IP:$NODE_PORT/admin

2. Login with the following credentials to see your blog

  echo Username: user
  echo Password: $(kubectl get secret --namespace default wordpress-wordpress -o jsonpath="{.data.wordpress-password}" | base64 --decode)
```

图 11-49　部署后的提示

通过 $ helm list 命令，可以查看 WordPress 发布的部署状态概要，如图 11-50 所示。

图 11-50　WordPress 发布的部署状态概要

然后，执行 $ helm status wordpress 命令，查看各个 Kubernetes 资源的最新状态，直到所有的 Pod 变为运行状态，所有的 PVC 进入绑定状态，如图 11-51 所示。

图 11-51　各个 Kubernetes 资源的最新状态

接下来，依次执行之前在 NOTES 栏提示中给出的命令，获取 WordPress 的访问地址和登录账号及密码，如图 11-52 所示。

图 11-52　提示中命令的执行结果

若在浏览器中输入 http://192.168.100.100:32715/admin，将进入图 11-53 所示页面。此时输入登录账号和密码，单击 Log In 按钮。

接下来，就会进入 WordPress 操作界面，如图 11-54 所示。之后，就可以尽情使用 WordPress 了。

如果对 WordPress 的 Chart 文件的定义感兴趣，可以执行以下命令，将远程仓库中的 stable/wordpress 包下载到本地当前目录下并解压出来。

```
$ helm fetch stable/wordpress --untar
```

图 11-53 WordPress 登录页面

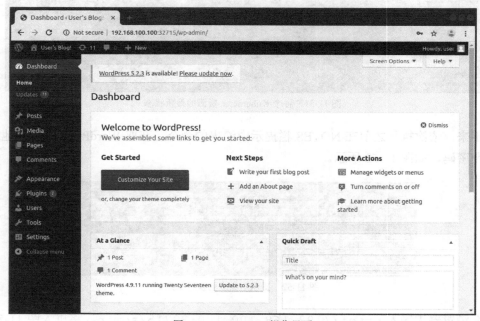

图 11-54 WordPress 操作界面

接下来，可以执行 `$ tree wordpress` 命令查看其 Chart 文件的结构，如图 11-55 所示。打开文件和模板就可以查看每个文件及模板的定义了。

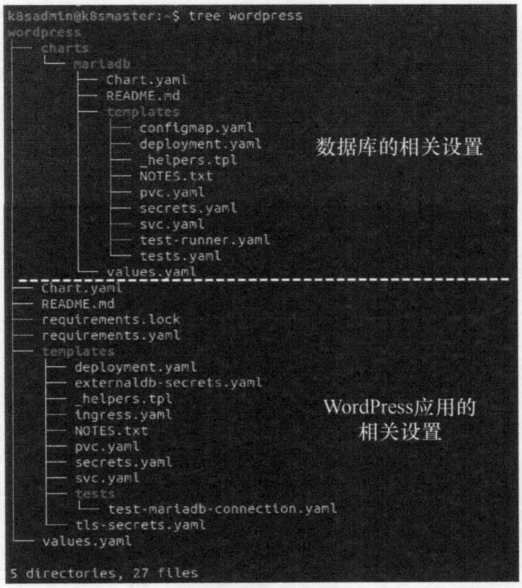

图 11-55　Chart 文件结构

11.4　本章小结

本章主要讲解了两类项目的部署案例。可以看到，通过 Kubernetes 部署项目非常方便，根据项目的特性制作相应的模板，之后直接运行即可，无须人工执行复杂的安装过程。

然而，Kubernetes 的部署需要设置各式各样的模板文件，一个完整的应用程序会涉及多个 Kubernetes 资源对象，而且为了描述这些对象，还要同时维护很多个 yaml 模板文件。对于复杂的应用，会面临一些维护难题。通过 Helm 可以解决这些难题，简化复杂应用的部署和运维。Helm 可以实现以下功能。

- 将分散而互相关联的应用模板文件作为一个整体统一管理。
- 同时发布和重用这些应用模板文件，并进行版本控制。
- 统一维护模板文件产生的各种资源（如 Pod、Service、PVC 等）。